职业教育"十三五"
数字媒体应用人才培养规划教材

U0160583

CorelDRAW

X6

平面设计应用教程

第4版
微课版

亓越 ◎ 主编　邵菊 韩丽华 刘军 ◎ 副主编

人民邮电出版社

北　京

图书在版编目（ＣＩＰ）数据

CorelDRAW X6平面设计应用教程：微课版 / 亓越主编. -- 4版. -- 北京：人民邮电出版社，2020.6（2024.1重印）
职业教育"十三五"数字媒体应用人才培养规划教材
ISBN 978-7-115-53408-8

Ⅰ．①C… Ⅱ．①亓… Ⅲ．①图形软件－职业教育－教材 Ⅳ．①TP391.412

中国版本图书馆CIP数据核字(2020)第017478号

内 容 提 要

　　CorelDRAW 是目前最强大的矢量图形设计软件之一。本书对 CorelDRAW X6 的基本操作方法、图形图像处理技巧及在各个领域中的应用进行了全面的讲解。全书共分上、下两篇。上篇为基础技能篇，介绍 CorelDRAW X6 的基本操作，包括 CorelDRAW 的功能特色、图形的绘制和编辑、曲线的绘制和颜色填充、对象的排序和组合、文本的编辑、位图的编辑和图形的特殊效果。下篇为案例实训篇，介绍 CorelDRAW X6 在各个领域中的应用，包括实物的绘制、插画的绘制、书籍装帧设计、杂志设计、海报设计、宣传单设计、广告设计、包装设计和 VI 设计。

　　本书适合作为职业院校数字媒体艺术类专业"CorelDRAW"课程的教材，也可供相关人员自学参考。

◆ 主　　编　亓　越
　副 主 编　邵　菊　韩丽华　刘　军
　责任编辑　桑　珊
　责任印制　王　郁　马振武

◆ 人民邮电出版社出版发行　　北京市丰台区成寿寺路 11 号
　邮编　100164　电子邮件　315@ptpress.com.cn
　网址　https://www.ptpress.com.cn
　固安县铭成印刷有限公司印刷

◆ 开本：787×1092　1/16
　印张：19.75　　　　　　　2020 年 6 月第 4 版
　字数：503 千字　　　　　　2024 年 1 月河北第 6 次印刷

定价：59.80 元

读者服务热线：(010)81055256　印装质量热线：(010)81055316
反盗版热线：(010)81055315
广告经营许可证：京东市监广登字20170147号

第4版前言

CorelDRAW 是矢量图形处理软件中功能最强大的软件之一。目前，我国很多职业院校的数字媒体艺术类专业，都将 CorelDRAW 作为一门重要的专业课程。为了帮助职业院校的教师全面、系统地讲授这门课程，使学生能够熟练地使用 CorelDRAW 来实现设计创意，我们几位长期在高职院校从事 CorelDRAW 教学的教师和专业平面设计公司经验丰富的设计师，共同编写了本书。

此次改版将所讲解的软件版本升级为 CorelDRAW X6。本书具有完善的知识结构体系。在基础技能篇中，按照"软件功能解析→课堂案例→课堂练习→课后习题"这一思路对内容进行编排，通过软件功能解析，使学生快速熟悉软件功能和制作特色；通过课堂案例演练，使学生深入了解软件功能和开拓艺术设计思路；通过课堂练习和课后习题，拓展学生的实际应用能力。在案例实训篇中，根据 CorelDRAW 在设计中的各个应用领域，精心选择了专业设计公司的 19 个精彩实例，通过对这些案例进行全面的分析和详细的讲解，使学生在学习的过程中更加了解其实际应用，更加开阔艺术创意思维，进一步提升实际设计制作水平。本书在内容编写方面力求细致全面、重点突出，在文字叙述方面注意言简意赅、通俗易懂，在案例选取方面强调案例的针对性和实用性。

为方便教师教学，本书配套了案例的素材及效果文件、详尽的课堂练习和课后习题的操作步骤及答案，以及 PPT 课件、教学大纲等丰富的教学资源，任课教师可登录人邮教育社区（www.ryjiaoyu.com）免费下载使用。本书的参考学时为 66 学时，其中实践环节为 24 学时，各章的参考学时见后面的学时分配表。

第4版前言

章	课程内容	学时分配	
		讲授（学时）	实训（学时）
第 1 章	CorelDRAW 的功能特色	1	
第 2 章	图形的绘制和编辑	2	1
第 3 章	曲线的绘制和颜色填充	3	1
第 4 章	对象的排序和组合	2	1
第 5 章	文本的编辑	3	1
第 6 章	位图的编辑	2	1
第 7 章	图形的特殊效果	4	1
第 8 章	实物的绘制	2	2
第 9 章	插画的绘制	2	2
第 10 章	书籍装帧设计	4	2
第 11 章	杂志设计	4	2
第 12 章	海报设计	2	2
第 13 章	宣传单设计	2	2
第 14 章	广告设计	2	2
第 15 章	包装设计	4	2
第 16 章	VI 设计	3	2
学 时 总 计		42	24

由于编者水平有限，书中难免存在疏漏之处，敬请广大读者批评指正。

编 者

2020 年 4 月

第4版前言

教学辅助资源

资源类型	数量	资源类型	数量
教学大纲	1 套	课堂案例	40 个
电子教案	16 个	课堂练习与课后习题	50 个
PPT 课件	16 个	课后答案	50 个

配套视频列表

章	视频微课	章	视频微课
第 2 章 图形的绘制 和编辑	绘制卡通手表	第 6 章 位图的编辑	制作饮食宣传单
	绘制卡通火车		制作卡片
	制作饮品标志		制作夜吧海报
	绘制卡通风车	第 7 章 图形的特殊 效果	制作相册图标
	绘制扇子		制作口红海报
第 3 章 曲线的绘制 和颜色填充	绘制卡通绵羊		制作网络世界标志
	绘制小天使		制作咖啡标识
	绘制电池图标		制作儿童节插画
	绘制棒棒糖		制作商场吊旗
	绘制卡通锁		制作俱乐部卡片
	绘制 DVD		制作演唱会宣传单
第 4 章 对象的排序 和组合	制作房地产宣传单		制作立体字
	绘制可爱猫头鹰	第 8 章 实物的绘制	绘制火箭图标
	制作四季养生书籍封面		绘制小蛋糕
	制作京剧脸谱书籍封面		绘制卡通闹钟
第 5 章 文本的编辑	制作商场促销海报		绘制茶壶
	制作美容图标		绘制南瓜
	制作网站标志		绘制校车
	制作网页广告	第 9 章 插画的绘制	绘制可爱棒冰插画
	制作台历		绘制生态保护插画
	制作纪念牌		绘制城市夜景插画

第4版前言

续表

章	视频微课	章	视频微课
第 9 章 插画的绘制	绘制酒吧插画	第 13 章 宣传单设计	制作旅游宣传单
	绘制城市印象插画		制作时尚鞋宣传单
	绘制风景插画		制作咖啡宣传单
第 10 章 书籍装帧设计	制作茶鉴赏书籍封面	第 14 章 广告设计	制作汽车广告
	制作旅行英语书籍封面		制作茶叶广告
	制作影随心生书籍封面		制作情人节广告
	制作创意家居书籍封面		制作 POP 广告
	制作古物鉴赏书籍封面		制作网页广告
	制作文学书籍封面		制作开业庆典广告
第 11 章 杂志设计	制作旅游杂志封面	第 15 章 包装设计	制作干果包装
	制作旅游杂志内页 1		制作婴儿米粉包装
	制作旅游杂志内页 2		制作红豆包装
	制作旅游杂志内页 3		制作牛奶包装
	制作旅游杂志内页 4		制作橙汁包装盒
	制作时尚杂志封面		制作洗发水包装
第 12 章 海报设计	制作房地产海报	第 16 章 VI 设计	标志设计
	制作冰淇淋海报		制作模板
	制作 MP3 宣传海报		制作标志制图
	制作数码相机海报		制作标志组合规范
	制作街舞大赛海报		制作标准色
	制作商城促销海报		制作公司名片
第 13 章 宣传单设计	制作儿童摄影宣传单		制作信封
	制作鸡肉卷宣传单		制作纸杯
	制作糕点宣传单		制作文件夹

目 录　　　　　　C O N T E N T S

CONTENTS

目 录

CONTENTS

下篇　案例实训篇

目 录

CONTENTS

上篇 基础技能篇

01

第1章
CorelDRAW 的功能特色

CorelDRAW X6 的入门知识和基本操作是学习该软件的基础。本章主要讲解 CorelDRAW X6 的工作环境、文件的操作方法、版面的设置方法和图形图像的基本知识，这些内容的学习可以为后期的设计制作打下坚实的基础。

课堂学习目标

- ✔ 了解 CorelDRAW X6 中文版的工作界面
- ✔ 掌握文件的基本操作方法
- ✔ 掌握版面设置的方法和技巧
- ✔ 理解图形和图像的基础知识

1.1　CorelDRAW X6 中文版的工作界面

本节将简要介绍 CorelDRAW X6 中文版的工作界面，还将对 CorelDRAW X6 中文版的菜单、工具栏、工具箱及泊坞窗做简单介绍。

1.1.1　工作界面

CorelDRAW X6 中文版的工作界面主要由"标题栏""菜单栏""标准工具栏""属性栏""工具箱""标尺""调色板""页面控制栏""状态栏""泊坞窗""绘图页面"等部分组成，如图 1-1 所示。

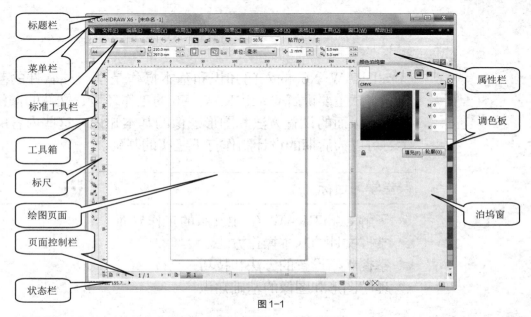

图 1-1

标题栏：用于显示软件和当前操作文件的文件名，还可以调整 CorelDRAW X6 中文版窗口的大小。

菜单栏：集合了 CorelDRAW X6 中文版中的所有命令，并分门别类地放置在不同的菜单中，供用户选择使用。执行 CorelDRAW X6 中文版菜单中的命令是最基本的操作方式。

标准工具栏：提供了最常用的几种操作工具，可使用户轻松地完成最基本的操作任务。

属性栏：显示了所绘制图形的信息，并提供了一系列可对图形进行相关修改操作的工具。

工具箱：分类存放着 CorelDRAW X6 中文版中最常用的工具，这些工具可以帮助用户完成各种工作。使用工具箱可以大大简化操作步骤，提高工作效率。

标尺：用于度量图形的尺寸并对图形进行定位，是进行平面设计工作不可缺少的辅助工具。

调色板：可以直接对所选定的图形或图形边缘的轮廓线进行颜色填充。

页面控制栏：可以创建新页面，并显示 CorelDRAW X6 中文版中文档各页面的内容。

状态栏：可以为用户提供有关当前操作的各种提示信息。

泊坞窗：这是 CorelDRAW X6 中文版中最具特色的窗口，因可以被放在绘图窗口边缘而得名，它提供了许多常用的功能，使用户在创作时更加方便快捷。

绘图页面：指绘图窗口中带矩形边缘的区域，只有此区域内的图形才可以被打印出来。

1.1.2 使用菜单

CorelDRAW X6 中文版的菜单栏包含"文件""编辑""视图""布局""排列""效果""位图""文本""表格""工具""窗口"和"帮助"12 个大类的菜单，如图 1-2 所示。

图 1-2

单击每一类的按钮都将弹出其下拉菜单。如单击"编辑"按钮，将弹出图 1-3 所示的"编辑"下拉菜单。

下拉菜单中每一行命令最左边为图标，其功能和工具栏中相同的图标一致，便于用户记忆和使用。最右边显示的组合键则为该命令的操作快捷键，便于用户提高工作效率。

某些命令后带有▶按钮，这表明该命令还有下一级菜单，将鼠标指针停放其上即可打开下一级菜单。

某些命令后带有...按钮，单击该命令即可弹出对话框，允许进一步对其进行设置。

此外，"编辑"下拉菜单中的有些命令呈灰色状，这表明该命令当前还不可使用，须进行一些相关的操作后方可使用。

图 1-3

1.1.3 使用工具栏

工具栏通常位于菜单栏的下方，但实际上，工具栏摆放的位置可由用户决定。其实不单是工具栏，在 CorelDRAW X6 中文版中，只要在各栏前端出现控制柄‖的，用户均可按自己的习惯进行拖曳摆放。CorelDRAW X6 中文版的"标准"工具栏如图 1-4 所示。

图 1-4

"标准"工具栏中存放了最常用的命令按钮，从左至右依次为"新建""打开""保存""打印""剪切""复制""粘贴""撤销""重做""搜索内容""导入""导出""应用程序启动器""欢迎屏幕""缩放级别""贴齐""选项"。它们可以使用户便捷地完成最基本的操作。

此外，CorelDRAW X6 中文版还提供了其他工具栏，用户可以在"选项"对话框中选择它们。选择"窗口 > 工具栏 > 文本"命令，则可显示"文本"工具栏，如图 1-5 所示。

图 1-5

选择"窗口 > 工具栏 > 变换"命令，则显示"变换"工具栏，如图 1-6 所示。

图 1-6

1.1.4 使用工具箱

CorelDRAW X6 中文版的工具箱中放置着在绘制图形时常用到的一些工具，这些工具是每一个软件使用者必须掌握的。CorelDRAW X6 中文版的工具箱如图 1-7 所示。

图 1-7

在工具箱中，从左至右依次为"选择"工具、"形状"工具、"裁剪"工具、"缩放"工具、"手绘"工具、"智能填充"工具、"矩形"工具、"椭圆形"工具、"多边形"工具、"基本形状"工具、"文本"工具、"表格"工具、"平行度量"工具、"直线连接器"工具、"调和"工具、"颜色滴管"工具、"轮廓笔"工具、"填充"工具和"交互式填充"工具。

图 1-8

其中，有些带有小三角标记◢的工具按钮，表明其还有展开工具栏，在工具按钮上长按鼠标左键或单击小三角标记即可展开。例如，按住"填充"工具◇或单击其右下角的小三角标记，将展开其工具栏，如图 1-8 所示。此外，也可将其拖曳出来，变成固定工具栏，如图 1-9 所示。

图 1-9

1.1.5 使用泊坞窗

CorelDRAW X6 中文版的泊坞窗十分有特色，它会停靠在绘图窗口的边缘，因此被称为"泊坞窗"。选择"窗口 > 泊坞窗 > 对象属性"命令，或按 Alt+Enter 组合键，弹出图 1-10 所示的"对象属性"泊坞窗。

此外，还可将泊坞窗拖曳出来，放在任意的位置，并可通过单击窗口右上角的▭或▣按钮将窗口卷起或展开，如图 1-11 所示。因此，泊坞窗又被称为"卷帘工具"。

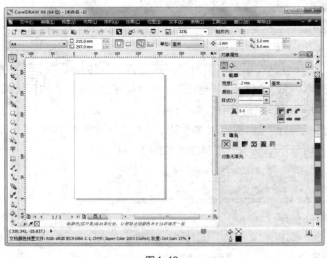

图 1-10

图 1-11

CorelDRAW X6 中文版泊坞窗的列表位于"窗口 > 泊坞窗"子菜单中，可以选择"泊坞窗"下的各个命令来打开相应的泊坞窗。用户可以打开一个或多个泊坞窗。当多个泊坞窗都打开时，除了活动的泊坞窗之外，其余的泊坞窗将沿着活动的泊坞窗的边缘以标签形式显示，效果如图 1-12 所示。

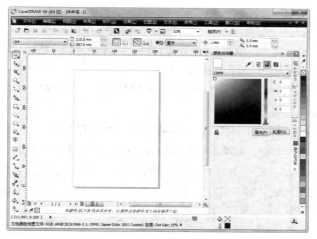

图 1-12

1.2　文件的基本操作

掌握一些基本的文件操作是设计和制作作品的基础。下面将介绍 CorelDRAW X6 中文件的一些基本操作。

1.2.1　新建和打开文件

启动 CorelDRAW X6 时的欢迎窗口如图 1-13 所示。单击"新建空白文档"按钮，可以建立一个新的文档；单击"从模板新建"按钮，可以使用系统默认的模板创建文件；单击"打开其他文档"按钮，弹出图 1-14 所示的"打开绘图"对话框，可以从中选择要打开的图形文件；单击"打开其他文档"按钮上方的文件名，可以打开最近编辑过的图形文件，在左侧的"最近用过的文档的预览"框中显示选中文件的效果图，在"文档信息"框中显示文件名称、文件创建时间和位置、文件大小等信息。

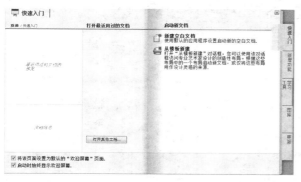

图 1-13

图 1-14

选择"文件 > 新建"命令，或按 Ctrl+N 组合键，可以新建文件。选择"文件 > 从模板新建"或"打开"命令，或按 Ctrl+O 组合键，可以打开文件。

使用 CorelDRAW X6 标准工具栏中的"新建"按钮 ☐ 和"打开"按钮 ☐，可新建和打开文件。

1.2.2　保存和关闭文件

选择"文件 > 保存"命令，或按 Ctrl+S 组合键，可保存文件。选择"文件 > 另存为"命令，或按 Ctrl+Shift+S 组合键，可保存或更名保存文件。

如果是第一次保存文件，将弹出图 1–15 所示的"保存绘图"对话框。在对话框中，可以设置"文件名""保存类型""版本"等选项。

使用 CorelDRAW X6 标准工具栏中的"保存"按钮 ☐ 可保存文件。

选择"文件 > 关闭"命令，或单击绘图窗口右上角的"关闭"按钮 ☒，可关闭文件。

此时，如果文件未存储，将弹出图 1–16 所示的提示框，询问是否保存文件。单击"是"按钮，将保存文件；单击"否"按钮，将不保存文件；单击"取消"按钮，将取消关闭操作。

图 1–15

图 1–16

1.2.3　导出文件

选择"文件 > 导出"命令，或按 Ctrl+E 组合键，弹出图 1–17 所示的"导出"对话框。在对话框中，可以设置"文件名""保存类型"等。使用 CorelDRAW X6 标准工具栏中的"导出"按钮 ☐，也可以将文件导出。

图 1–17

1.3 设置版面

利用"选择"工具属性栏就可以轻松地进行 CorelDRAW 版面的设置。选择"工具 > 选项"命令，或按 Ctrl+J 组合键，弹出"选项"对话框；单击"自定义 > 命令栏"选项，再勾选"属性栏"复选框，如图 1-18 所示；单击"确定"按钮，则可显示图 1-19 所示的"选择"工具属性栏。在属性栏中，可以设置纸张的类型、大小、高度、宽度、放置方向等。

图 1-18

图 1-19

1.3.1 设置页面大小

利用"布局"菜单下的"页面设置"命令，可以进行更详细的设置。选择"布局 > 页面设置"命令，弹出"选项"对话框，如图 1-20 所示。

在"页面尺寸"选项区域中对版面纸张类型、大小、高度、宽度和方向等进行设置，还可设置页面出血、分辨率等。选择"布局"选项，"选项"对话框显示如图 1-21 所示，可从中选择版面的样式。

图 1-20

图 1-21

1.3.2 设置页面标签

选择"标签"选项，"选项"对话框显示如图 1-22 所示，这里汇集了由 40 多家标签制造商设计的 800 多种标签格式供用户选择。

图 1-22

1.3.3 设置页面背景

选择"背景"选项，"选项"对话框显示如图 1-23 所示，可以从中选择纯色或位图图像作为绘图页面的背景。

图 1-23

1.3.4 插入、删除与重命名页面

选择"布局 > 插入页面"命令，弹出图 1-24 所示的"插入页面"对话框。在对话框中，可以设置插入的页面数目、位置、页面大小、方向等。

在 CorelDRAW X6 页面控制栏的页面标签上单击鼠标右键，弹出图 1-25 所示的快捷菜单，在菜单中可选择页面的相关命令。

图 1-24   图 1-25

选择"布局 > 删除页面"命令，弹出图 1-26 所示的"删除页面"对话框。在对话框中，可以设置要删除的页面序号，另外还可以同时删除多个连续的页面。

选择"布局 > 重命名页面"命令，弹出图 1-27 所示的"重命名页面"对话框。在对话框中的"页名"文本框中输入名称，单击"确定"按钮即可重命名页面。

图 1-26   图 1-27

1.4 图形和图像的基础知识

想要应用好 CorelDRAW X6，就需要对图像的种类、色彩模式及文件格式有所了解和掌握。下面对比进行详细的介绍。

1.4.1 位图与矢量图

在计算机中，图像大致可以分为两种：位图图像和矢量图像。位图图像效果如图 1-28 所示，矢量图像效果如图 1-29 所示。

图 1-28   图 1-29

位图图像又称为点阵图，是由许多点组成的，这些点称为像素。许许多多不同色彩的像素组合在一起便构成了一幅图像。由于位图采取了点阵的方式，每个像素都能够记录图像的色彩信息，因而可以精确地表现色彩丰富的图像。但图像的色彩越丰富，图像的像素就越多（即分辨率越高），文件也就越大。因此软件在处理位图图像时，对计算机性能的要求也较高。同时，由于位图本身的特点，位图图像在缩放和旋转变形时会产生失真的现象。

矢量图像是相对位图图像而言的，也称为向量图像，它是以数学的矢量方式来记录图像内容的。矢量图像中的图形元素称为对象，每个对象都是独立的，具有各自的属性（如颜色、形状、轮廓、大小、位置等）。矢量图像在缩放时不会产生失真的现象，并且它的文件所占用的内存空间较小。这种图像的缺点是不易制作色彩丰富的图像，无法像位图图像那样精确地描绘各种绚丽的色彩。

这两种类型的图像各具特色，也各有优缺点，且两者之间具有良好的互补性。因此，在图像处理和绘制图形的过程中，如果将这两种图像交互使用、取长补短，一定能使创作出来的作品更加完美。

1.4.2 色彩模式

CorelDRAW X6 提供了多种色彩模式。这些色彩模式提供了把色彩协调一致地用数值表示的方法，是使设计制作的作品能够在屏幕和印刷品上成功表现的重要保障。在这些色彩模式中，经常用到的有 RGB 模式、CMYK 模式、Lab 模式、HSB 模式、灰度模式等。每种色彩模式都有不同的色域，用户可以根据需要选择合适的色彩模式，并且可以在各个模式之间进行切换。

1. RGB 模式

RGB 模式是工作中使用最广泛的一种色彩模式。RGB 模式是一种加色模式，它通过将红、绿、蓝 3 种色光相叠加而形成更多的颜色。同时，RGB 也是色光的彩色模式，一幅 24 位的 RGB 图像有 3 个色彩信息的通道：红色（R）、绿色（G）和蓝色（B）。每个通道都有 8 位的色彩信息——1个 0～255 的亮度值色域。RGB 3 种色彩的数值越大，颜色就越浅，如 3 种色彩的数值都为 255，颜色会被调整为白色。RGB 3 种色彩的数值越小，颜色就越深，如 3 种色彩的数值都为 0，颜色则被调整为黑色。

3 种色彩的每一种色彩都有 256 个亮度水平级。3 种色彩相叠加，可以有 256×256×256≈1678 万种可能的颜色。这 1678 万种颜色足以表现这个绚丽多彩的世界。用户使用的显示器就是 RGB 模式的。

选择 RGB 模式的操作步骤：选择"填充"工具 ◇，展开工具栏中的"均匀填充"，或按 Shift+F11 组合键，弹出"均匀填充"对话框，选择"RGB"颜色模式，如图 1-30 所示。在对话框中设置 RGB 颜色值。

图 1-30

在编辑图像时，RGB 色彩模式应是最佳的选择，因为它可以提供全屏幕的多达 24 位的色彩范围，一些计算机领域的色彩专家称之为"True Color"，即真彩显示。

2. CMYK 模式

CMYK 模式在印刷时应用了色彩学中的减法混合原理，它通过反射某些颜色的光并吸收另外一些颜色的光来产生不同的颜色，是一种减色色彩模式。CMYK 代表了印刷用的 4 种油墨色：C 代表青色，

M 代表品红色，Y 代表黄色，K 代表黑色。CorelDRAW X6 默认状态下使用的就是 CMYK 模式。

CMYK 模式是图片和其他作品中最常采用的一种印刷方式，这是因为在印刷中通常都要进行四色分色，出四色胶片，然后进行印刷。

选择 CMYK 模式的操作步骤：选择"填充"工具，展开工具栏中的"均匀填充"，弹出"均匀填充"对话框，选择"CMYK"颜色模式，如图 1-31 所示。在对话框中设置 CMYK 颜色值。

3. Lab 模式

Lab 是一种国际色彩标准模式，它由 3 个通道组成：一个通道是透明度，即 L；其他两个是色彩通道，即色相和饱和度，分别用 a 和 b 表示。a 通道包括从深绿色到灰色，再到亮粉红色的颜色值；b 通道是从亮蓝色到灰色，再到焦黄色。这些色彩混合后将产生明亮的色彩。

选择 Lab 模式的操作步骤：选择"填充"工具，展开工具栏中的"均匀填充"，弹出"均匀填充"对话框，选择"Lab"颜色模式，如图 1-32 所示。在对话框中设置 Lab 颜色值。

图 1-31

图 1-32

Lab 模式在理论上包括人眼可见的所有色彩，它弥补了 CMYK 模式和 RGB 模式的不足。在这种模式下，图像的处理速度比在 CMYK 模式下快数倍，与 RGB 模式的速度相仿，而且在把 Lab 模式转成 CMYK 模式的过程中，所有的色彩不会丢失或被替换。事实上，将 RGB 模式转换成 CMYK 模式时，Lab 模式一直扮演着中间者的角色。也就是说，RGB 模式是先转换成 Lab 模式，再转换成 CMYK 模式。

4. HSB 模式

HSB 模式是一种更直观的色彩模式，它的调色方法更接近人的视觉原理，让用户在调色过程中更容易找到需要的颜色。

H 代表色相，S 代表饱和度，B 代表亮度。色相的意思是纯色，即组成可见光谱的单色。红色为 0 度（360 度），绿色为 120 度，蓝色为 240 度。饱和度代表色彩的纯度，饱和度为 0 时即为灰色，黑、白、灰 3 种色彩都没有饱和度。亮度是色彩的明亮程度，最大亮度是色彩最鲜明的状态，黑色的亮度为 0。

进入 HSB 模式的操作步骤：选择"填充"工具，展开工具栏中的"均匀填充"，弹出"均匀填充"对话框，选择"HSB"颜色模式，如图 1-33 所示。在对话框中设置 HSB 颜色值。

5. 灰度模式

灰度图又叫 8 比特深度图，它将每个像素用 8 个二进制位表示，能产生 2^8 即 256 级灰色调。当一个彩色文件被转换为灰度模式文件时，所有的颜色信息都将从文件中丢失。尽管 CorelDRAW X6 允许将灰度文件转换为彩色模式文件，但不可能将原来的颜色完全还原。所以，若要转换图像为灰度模式时，需先做好图像的备份。

像黑白照片一样，一个灰度模式的图像只有明暗值，没有色相和饱和度这两种颜色信息。明暗值为 0 时代表黑，为 255 时代表白，其中的 K 值用于衡量黑色油墨用量。

将彩色模式转换为双色调模式（用两种油墨打印一个灰度图像）时，必须先将其转换为灰度模式，然后由灰度模式转换为双色调模式。在制作黑白印刷品时会经常使用灰度模式。

进入灰度模式的操作步骤：选择"填充"工具 ，展开工具栏中的"均匀填充"，弹出"均匀填充"对话框，选择"灰度"颜色模式，如图 1-34 所示。在对话框中设置灰度值。

图 1-33

图 1-34

02

第 2 章
图形的绘制和编辑

图形的绘制和编辑功能是绘制和组合复杂图形的基础。本章主要讲解 CorelDRAW X6 的绘图工具和编辑命令。使用多个绘图工具和编辑功能，可以设计制作出丰富的图形效果，而丰富的图形效果是完美设计作品的重要组成元素。

课堂学习目标

✔ 掌握绘制几何图形的方法和技巧
✔ 掌握并灵活运用对象的编辑功能
✔ 掌握整形对象的方法和技巧

2.1 绘制几何图形

使用 CorelDRAW X6 的基本绘图工具可以绘制简单的几何图形。通过本节的讲解和练习，用户可以初步掌握 CorelDRAW X6 基本绘图工具的特性，为今后绘制更复杂、更优质的图形打下坚实的基础。

2.1.1 绘制各种形式的矩形

1. 绘制矩形

单击工具箱中的"矩形"工具 ，在绘图页面中按住鼠标左键不放，拖曳鼠标指针到需要的位置，松开鼠标左键，完成矩形的绘制，如图 2-1 所示。绘制矩形的属性栏如图 2-2 所示。

按 Esc 键，取消矩形的选中状态，效果如图 2-3 所示。选择"选择"工具 ，在矩形上单击，选择刚刚绘制好的矩形。

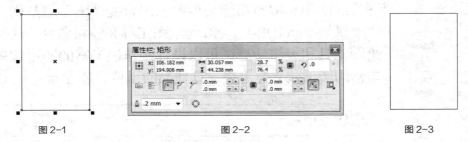

图 2-1   图 2-2   图 2-3

按 F6 键，可快速选择"矩形"工具 ，在绘图页面中适当的位置绘制矩形。

按住 Ctrl 键，可在绘图页面中绘制正方形。

按住 Shift 键，可在绘图页面中以当前点为中心绘制矩形。

按住 Shift+Ctrl 组合键，可在绘图页面以当前点为中心绘制正方形。

提示

双击工具箱中的"矩形"工具 ，可以绘制出一个和绘图页面大小一样的矩形。

2. 使用"矩形"工具 绘制圆角矩形

在绘图页面中绘制一个矩形，如图 2-4 所示。在绘制矩形的属性栏中，如果先将"圆角半径"后的小锁图标 选定，在改变"圆角半径"时，4 个角的半径值将进行相同的改变。设定"圆角半径" 为图 2-5 所示的值。按 Enter 键，效果如图 2-6 所示。

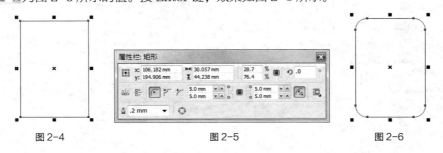

图 2-4   图 2-5   图 2-6

　　如果不选定小锁图标🔒，则可以单独改变一个圆角的半径数值。在绘制矩形的属性栏中，分别设定"圆角半径"为图 2-7 所示的值。按 Enter 键，效果如图 2-8 所示。如果要将圆角矩形还原为直角矩形，可以将"圆角半径"设定为 0。

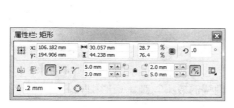
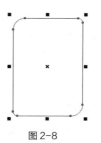

图 2-7 　　　　　　　　　　　　　　　　　　　　　图 2-8

3. 使用"矩形"工具 □ 绘制扇形角图形

　　在绘图页面中绘制一个矩形，如图 2-9 所示。在绘制矩形的属性栏中，单击"扇形角"按钮，在"圆角半径"数值框中设置值为 10，如图 2-10 所示。按 Enter 键，效果如图 2-11 所示。

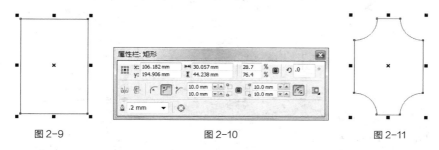

图 2-9 　　　　　　　　　　　图 2-10 　　　　　　　　　　　图 2-11

　　扇形角图形"圆角半径"的设置与圆角矩形相同，这里不再赘述。

4. 使用"矩形"工具 □ 绘制倒棱角图形

　　在绘图页面中绘制一个矩形，如图 2-12 所示。在绘制矩形的属性栏中，单击"倒棱角"按钮，在"圆角半径"数值框中设置值为 10，如图 2-13 所示。按 Enter 键，效果如图 2-14 所示。

　　倒棱角图形"圆角半径"的设置与圆角矩形相同，这里不再赘述。

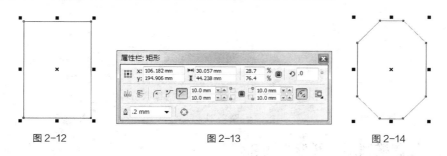

图 2-12 　　　　　　　　　　　图 2-13 　　　　　　　　　　　图 2-14

5. 使用角缩放按钮调整图形

　　在绘图页面中绘制一个圆角图形，属性栏和效果如图 2-15 所示。在绘制矩形的属性栏中，单击"相对的角缩放"按钮，拖曳控制手柄调整图形的大小，圆角的半径将根据图形的调整进行改变，属性栏和效果如图 2-16 所示。

图 2-15   图 2-16

当图形为扇形角图形和倒棱角图形时，调整的效果与圆角矩形相同。

6. 拖曳矩形的节点来绘制圆角矩形

绘制一个矩形。按 F10 键，快速选择"形状"工具 ，选中矩形边角的节点，效果如图 2-17 所示。

按住鼠标左键拖曳矩形边角的节点，可以改变边角的圆角程度，如图 2-18 所示。松开鼠标左键，圆角矩形的效果如图 2-19 所示。

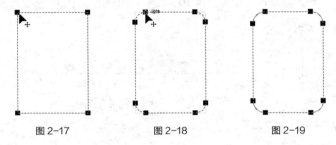

图 2-17   图 2-18   图 2-19

7. 绘制任何角度的矩形

选择"矩形"工具 展开工具栏中的"3 点矩形"工具 ，在绘图页面中按住鼠标左键不放，拖曳鼠标到需要的位置，可绘制出一条任意方向的线段作为矩形的一条边，如图 2-20 所示。

松开鼠标左键，再拖曳鼠标到需要的位置，即可确定矩形的另一条边，如图 2-21 所示。单击后，有角度的矩形绘制完成，效果如图 2-22 所示。

图 2-20   图 2-21   图 2-22

2.1.2 绘制椭圆形、圆形饼图和弧

1. 绘制椭圆形和圆形

单击"椭圆形"工具 ，在绘图页面中按住鼠标左键不放，拖曳鼠标到需要的位置，松开鼠标左键，椭圆形绘制完成，如图 2-23 所示。椭圆形的属性栏如图 2-24 所示。

按住 Ctrl 键，在绘图页面中可以绘制圆形，如图 2-25 所示。

图 2-23　　　　　　　　　图 2-24　　　　　　　　　图 2-25

按 F7 键，可快速选择"椭圆形"工具 ◯，在绘图页面中适当的位置绘制椭圆形。

按住 Shift 键，可在绘图页面中以当前点为中心绘制椭圆形。

同时按 Shift+Ctrl 组合键，可在绘图页面中以当前点为中心绘制圆形。

2．使用"椭圆形"工具 ◯ 绘制饼图和弧

绘制一个圆形，如图 2-26 所示。单击属性栏中的"饼图"按钮 ◔，椭圆形属性栏如图 2-27 所示。将圆形转换为饼图，如图 2-28 所示。

图 2-26　　　　　　　　　图 2-27　　　　　　　　　图 2-28

单击属性栏中的"弧"按钮 ◠，椭圆形属性栏如图 2-29 所示。将圆形转换为弧，如图 2-30 所示。

图 2-29　　　　　　　　　　　　　图 2-30

在"起始和结束角度" ◔ 中设置饼图和弧的起始角度和终止角度，按 Enter 键可以获得饼图和弧角度的精确值，效果如图 2-31 所示。

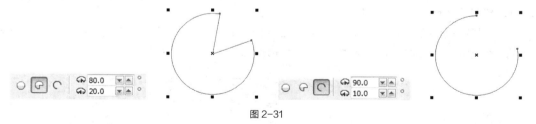

图 2-31

提示

　　　　在选中椭圆形的状态下，在椭圆形属性栏中，单击"饼图"按钮 ◔ 或"弧"按钮 ◠，可以使图形在饼图和弧之间切换。单击属性栏中的"更改方向"按钮 ◷，可以将饼图或弧进行 180°的镜像转换。

3．拖曳椭圆形的节点来绘制饼图和弧

单击"椭圆形"工具 ◯，绘制一个圆形。按 F10 键快速选择"形状"工具 ▨，单击轮廓线上的节点并按住鼠标左键不放，如图 2-32 所示。

向圆形内拖曳节点，如图 2-33 所示。松开鼠标左键，圆形变成饼图，效果如图 2-34 所示。向圆形外拖曳轮廓线上的节点，可使椭圆形变成弧。

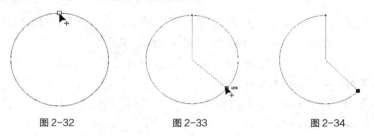

图 2-32　　　　　　图 2-33　　　　　　图 2-34

4．绘制任何角度的椭圆形

选择"椭圆形"工具 ◯ 展开工具栏中的"3 点椭圆形"工具 ▨，在绘图页面中按住鼠标左键不放，拖曳鼠标到需要的位置，可绘制一条任意方向的线段作为椭圆形的一个轴，如图 2-35 所示。

松开鼠标左键，再拖曳鼠标到需要的位置，即可确定椭圆形的形状，如图 2-36 所示。单击，有角度的椭圆形绘制完成，如图 2-37 所示。

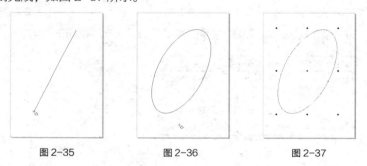

图 2-35　　　　　　图 2-36　　　　　　图 2-37

2.1.3　绘制多边形和星形

1．绘制多边形

选择"多边形"工具 ◯，在绘图页面中按住鼠标左键不放，拖曳鼠标到需要的位置，松开鼠标左键，对称多边形绘制完成，如图 2-38 所示。多边形属性栏如图 2-39 所示。

图 2-38　　　　　　　　　　图 2-39

设置多边形属性栏中"点数或边数" ◯ 5 ↕ 的数值为 9，如图 2-40 所示。按 Enter 键，多边形效果如图 2-41 所示。

图 2-40　　　　　　　　　　　　　　图 2-41

2. 绘制星形

选择"多边形"工具 ◌ 展开工具栏中的"星形"工具 ☆，在绘图页面中按住鼠标左键不放，拖曳鼠标到需要的位置，松开鼠标左键，星形绘制完成，如图 2-42 所示。星形属性栏如图 2-43 所示。

设置星形属性栏中"点数或边数" ☆ 5 的数值为 8，按 Enter 键，星形效果如图 2-44 所示。

图 2-42　　　　　　　　　图 2-43　　　　　　　　　图 2-44

3. 绘制复杂星形

选择"多边形"工具 ◌ 展开工具栏中的"复杂星形"工具 ✿，在绘图页面中按住鼠标左键不放，拖曳鼠标到需要的位置，松开鼠标左键，星形绘制完成，如图 2-45 所示。其属性栏如图 2-46 所示。设置复杂星形属性栏中"点数或边数" ✿ 9 的数值为 12，"锐度" ▲ 2 的数值为 4，如图 2-47 所示。按 Enter 键，星形效果如图 2-48 所示。

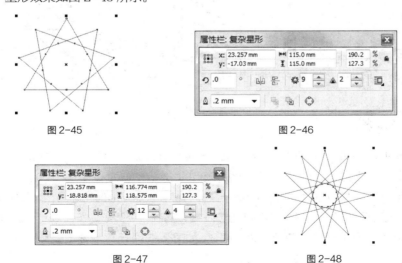

图 2-45　　　　　　　　　　图 2-46

图 2-47　　　　　　　　　图 2-48

4. 拖曳多边形的节点来绘制星形

绘制一个多边形，如图 2-49 所示。选择"形状"工具 ，单击轮廓线上的节点并按住鼠标左键不放，如图 2-50 所示。向多边形外拖曳轮廓线上的节点，如图 2-51 所示，可以将多边形改变为星形，效果如图 2-52 所示。

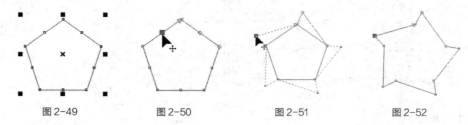

图 2-49　　　　　图 2-50　　　　　图 2-51　　　　　图 2-52

2.1.4　课堂案例——绘制卡通手表

案例学习目标

学习使用基本绘图工具绘制卡通手表。

案例知识要点

使用"椭圆形"工具和"矩形"工具绘制表盘和表带；使用"矩形"工具和"简化"命令制作表扣；卡通手表效果如图 2-53 所示。

效果所在位置

云盘/Ch02/效果/绘制卡通手表.cdr。

扫码观看
本案例视频

扫码观看
扩展案例

图 2-53

案例操作步骤

（1）按 Ctrl+N 组合键，新建一个 A4 页面。选择"椭圆形"工具○，按住 Ctrl 键，在页面中适当的位置拖曳鼠标指针绘制一个圆形，设置图形颜色的 CMYK 值为 40、0、100、0，填充圆形，在"CMYK 调色板"中的"无填充"按钮⊠上单击鼠标右键，去除圆形的轮廓线，效果如图 2-54 所示。

（2）选择"选择"工具▷，按数字键盘上的+键，复制一个圆形。按住 Shift 键，向内拖曳圆形右上角的控制手柄到适当的位置，等比例缩小圆形，如图 2-55 所示。设置图形颜色的 CMYK 值为 0、0、20、0，填充圆形，效果如图 2-56 所示。

（3）选择"矩形"工具□，绘制一个矩形。设置图形颜色的 CMYK 值为 40、0、100、0，填充矩形，在"CMYK 调色板"中的"无填充"按钮⊠上单击鼠标右键，去除矩形的轮廓线，效果如图 2-57 所示。

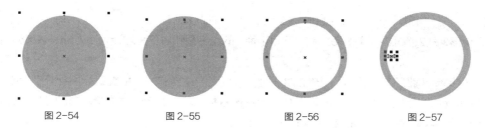

图 2-54　　　　　图 2-55　　　　　图 2-56　　　　　图 2-57

（4）选择"选择"工具 ，再次单击图形，使其处于旋转状态，按数字键盘上的+键，复制一个图形。将旋转中心拖曳到适当的位置，拖曳右下角的控制手柄，将图形旋转到需要的角度，如图 2-58 所示。按住 Ctrl 键的同时，再连续按 D 键，制出多个图形，效果如图 2-59 所示。

（5）选择"矩形"工具 ，绘制一个矩形。设置图形颜色的 CMYK 值为 40、0、100、0，填充矩形，并去除矩形的轮廓线，效果如图 2-60 所示。单击图标 使其处于不锁定状态，将"圆角半径"的左上角设为 10mm，效果如图 2-61 所示。

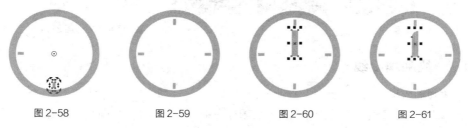

图 2-58　　　　　图 2-59　　　　　图 2-60　　　　　图 2-61

（6）用相同的方法绘制另一个矩形，并填充相同的颜色，将"圆角半径"的右上角设为 15mm，效果如图 2-62 所示。

（7）选择"椭圆形"工具 ，按住 Ctrl 键，在页面中适当的位置拖曳鼠标指针绘制一个圆形，设置图形颜色的 CMYK 值为 0、60、100、0，填充圆形，并去除圆形的轮廓线，效果如图 2-63 所示。

（8）选择"矩形"工具 ，绘制一个矩形。设置图形颜色的 CMYK 值为 40、0、100、0，填充矩形，并去除矩形的轮廓线，将"圆角半径"的左上角和右上角设为 5mm，效果如图 2-64 所示。复制图形并重新设置"圆角半径"，效果如图 2-65 所示。

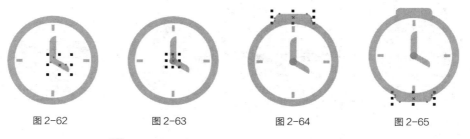

图 2-62　　　　　图 2-63　　　　　图 2-64　　　　　图 2-65

（9）选择"矩形"工具 ，分别绘制 3 个矩形。分别在"CMYK 调色板"中的"80%黑""90%黑"和"橙"色块，填充矩形，并去除矩形的轮廓线，效果如图 2-66 所示。再绘制两个矩形，如图 2-67 所示。

（10）选择"选择"工具 ，将新绘制的两个矩形同时选取，单击属性栏中的"简化"按钮 ，简化图形，删除前面的矩形，效果如图 2-68 所示。在"CMYK 调色板"中的"橙"色块上单击鼠标，填充矩形，并去除矩形的轮廓线，效果如图 2-69 所示。

（11）选择"矩形"工具 ◻，绘制一个矩形。在"CMYK 调色板"中的"80%黑"色块上单击鼠标，填充矩形，并去除矩形的轮廓线，将"圆角半径"的左下角和右下角均设为 15mm，效果如图 2-70 所示。

（12）选择"椭圆形"工具 ○，按住 Ctrl 键，在页面中适当的位置拖曳鼠标指针分别绘制 3 个圆形，在"CMYK 调色板"中的"90%黑"色块上单击鼠标，填充圆形，并去除圆形的轮廓线，效果如图 2-71 所示。卡通手表绘制完成，如图 2-72 所示。

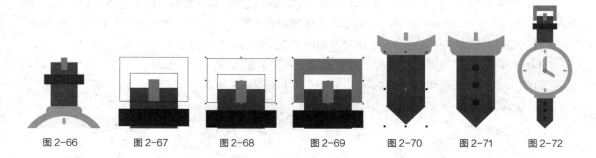

图 2-66　　　图 2-67　　　图 2-68　　　图 2-69　　　图 2-70　　　图 2-71　　　图 2-72

2.1.5　绘制螺旋线

1. 绘制对称式螺旋线

选择"螺纹"工具 ◉，在绘图页面中按住鼠标左键不放，从左上角向右下角拖曳鼠标到需要的位置，松开鼠标左键，对称式螺旋线绘制完成，如图 2-73 所示。属性栏如图 2-74 所示。

如果从右下角向左上角拖曳鼠标到需要的位置，可以绘制出反向的对称式螺旋线。在"螺纹回圈" ◉4 的数值框中可以重新设定螺旋线的圈数，以绘制需要的螺旋线效果。

2. 绘制对数式螺旋线

选择"螺纹"工具 ◉，在"图纸和螺旋工具"属性栏中单击"对数螺纹"按钮 ◎，在绘图页面中按住鼠标左键不放，从左上角向右下角拖曳鼠标到需要的位置，松开鼠标左键，对数式螺旋线绘制完成，如图 2-75 所示。属性栏如图 2-76 所示。

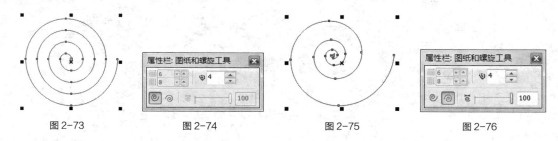

图 2-73　　　　　图 2-74　　　　　图 2-75　　　　　图 2-76

在"螺纹扩展参数" 🎚 100 中可以重新设定螺旋线的扩展参数。将数值设定为 80，如图 2-77 所示，螺旋线向外扩展的幅度如图 2-78 所示。将数值设定为 20，如图 2-79 所示，螺旋线向外扩展的幅度会逐渐变小，如图 2-80 所示。当数值为 1 时，将绘制出对称式螺旋线。

按 A 键，可选择"螺纹"工具 ◉，在绘图页面中适当的位置绘制螺旋线。

按住 Ctrl 键，在绘图页面中可以绘制圆形螺旋线。

按住 Shift 键，在绘图页面中会以当前点为中心绘制螺旋线。

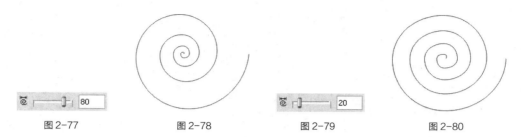

图 2-77　　　　　　　图 2-78　　　　　　　图 2-79　　　　　　　图 2-80

同时按 Shift+Ctrl 组合键，在绘图页面中会以当前点为中心绘制圆形螺旋线。

2.1.6　绘制和调整基本形状

1．绘制基本形状

选择"基本形状"工具 ，在"完美形状"属性栏中的"完美形状"按钮 下选择需要的基本
图形，如图 2-81 所示。

在绘图页面中按住鼠标左键不放，从左上角向右下角拖曳鼠标到需要的位置，松开鼠标左键，基
本图形绘制完成，效果如图 2-82 所示。

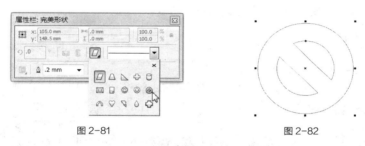

图 2-81　　　　　　　　　　　　　　　　　图 2-82

2．绘制其他图形

除了基本形状外，CorelDRAW X6 还提供了箭头形状、流程图形状、标题形状和标注形状。各
个形状的面板如图 2-83 所示，绘制的方法与绘制基本形状的方法相同。

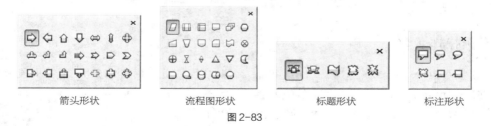

箭头形状　　　　　　　流程图形状　　　　　　　标题形状　　　　　　　标注形状

图 2-83

3．调整基本形状

绘制一个基本形状，如图 2-84 所示。单击要调整的基本图形的红色菱形符号，并按住鼠标左键不放
将其拖曳到需要的位置，如图 2-85 所示。得到需要的形状后，松开鼠标左键，效果如图 2-86 所示。

在流程图形状中没有红色菱形符号，所以不能对它进行调整。

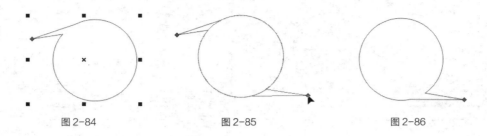

图 2-84　　　　　　图 2-85　　　　　　图 2-86

2.1.7　课堂案例——绘制卡通火车

案例学习目标

学习使用多种绘图工具、填充工具绘制卡通火车。

案例知识要点

使用"矩形"工具、"椭圆形"工具、"星形"工具和"贝塞尔"工具绘制车厢；使用"填充"工具和"渐变"工具填充绘制的图形；卡通火车效果如图 2-87 所示。

效果所在位置

云盘/Ch02/效果/绘制卡通火车.cdr。

图 2-87

扫码观看
本案例视频

扫码观看
扩展案例

案例操作步骤

（1）按 Ctrl+N 组合键，新建一个 A4 页面。在属性栏中单击"横向"按钮，页面显示为横向页面。选择"贝塞尔"工具，在适当的位置绘制一个不规则图形，如图 2-88 所示。设置图形颜色的 CMYK 值为 0、100、20、0，填充图形，效果如图 2-89 所示。

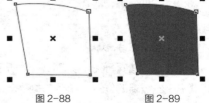

图 2-88　　　图 2-89

（2）选择"矩形"工具，在适当的位置绘制一个矩形，填充与图 2-89 相同的颜色，效果如图 2-90 所示。选择"贝塞尔"工具，在适当的位置绘制一个不规则图形，如图 2-91 所示。设置图形颜色的 CMYK 值为 0、50、10、0，填充图形；并设置轮廓线颜色的 CMYK 值为 44、96、85、51，填充图形轮廓线，效果如图 2-92 所示。按 Shift+PageDown 组合键，后移图形，效果如图 2-93 所示。

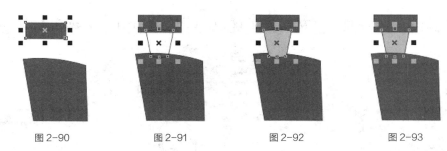

图 2-90　　　　　　图 2-91　　　　　　图 2-92　　　　　　图 2-93

（3）选择"贝塞尔"工具 ，在适当的位置绘制一个不规则图形，设置图形颜色的 CMYK 值为
0、50、10、0，填充图形；并设置轮廓线颜色的 CMYK
值为 44、96、85、51，填充图形轮廓线，效果如图 2-94
所示。用相同的方法绘制另一图形，并填充适当的颜色，
效果如图 2-95 所示。

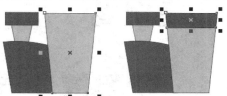

（4）选择"贝塞尔"工具 ，在适当的位置绘制多
个图形，如图 2-96 所示。选择"选择"工具 ，将其同

图 2-94　　　　　　图 2-95

时选取，设置图形颜色的 CMYK 值为 0、100、20、20，填充图形，并去除图形的轮廓线，效果如图
2-97 所示。用相同的方法绘制另外两个图形，并填充适当的颜色，效果如图 2-98 所示。

图 2-96　　　　　　　　图 2-97　　　　　　　　图 2-98

（5）选择"矩形"工具 ，在属性栏中将"圆角半径"选项设为 2mm，在适当的位置绘制圆角
矩形，填充图形为白色，效果如图 2-99 所示。选择"选择"工具 ，按数字键盘上的+键，复制图
形，并将其拖曳到适当的位置，效果如图 2-100 所示。

（6）选择"贝塞尔"工具 ，绘制两个不规则图形，设置图形颜色的 CMYK 值为 0、0、0、10，
填充图形，并去除图形的轮廓线，效果如图 2-101 所示。

图 2-99　　　　　　　　图 2-100　　　　　　　　图 2-101

（7）选择"椭圆形"工具 ，在适当的位置绘制椭圆形，如图 2-102 所示。按 F11 键，弹出"渐
变填充"对话框，选项的设置如图 2-103 所示，单击"确定"按钮，效果如图 2-104 所示。

（8）选择"选择"工具 ，选取椭圆形，按 Shift+PageDown 组合键，后移图形，效果如图 2-105
所示。选择"矩形"工具 ，在属性栏中将"圆角半径"选项均设为 5mm，在适当的位置绘制圆角矩形，

如图 2-106 所示。设置图形颜色的 CMYK 值为 100、0、0、0，填充图形，效果如图 2-107 所示。

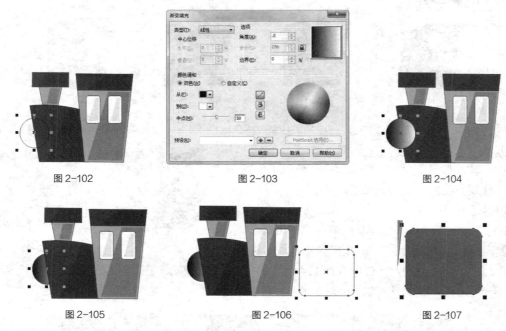

图 2-102　　　　　　　　图 2-103　　　　　　　　图 2-104

图 2-105　　　　　　　　图 2-106　　　　　　　　图 2-107

（9）选择"贝塞尔"工具，绘制一个不规则图形，设置图形颜色的 CMYK 值为 100、30、0、0，填充图形，并去除图形的轮廓线，效果如图 2-108 所示。

（10）选择"星形"工具，在属性栏中将"锐度"▲ 53 选项设为 40，在适当的位置绘制星形，填充图形为白色，并去除图形的轮廓线，效果如图 2-109 所示。用相同的方法绘制出右侧的两组图形，并填充适当的颜色，效果如图 2-110 所示。

图 2-108　　　　　　图 2-109　　　　　　　　图 2-110

（11）选择"矩形"工具，在适当的位置绘制矩形，设置图形颜色的 CMYK 值为 44、96、85、51，填充图形，并去除图形的轮廓线，效果如图 2-111 所示。选择"选择"工具，选取图形，按 Shift+PageDown 组合键，后移图形，效果如图 2-112 所示。

图 2-111　　　　　　　　　　　　图 2-112

（12）按数字键盘上的+键，复制图形，并将其拖曳到适当的位置，效果如图 2-113 所示。选择"椭圆形"工具 ⊙，在适当的位置绘制多个圆形，填充为白色，并去除图形的轮廓线，效果如图 2-114 所示。

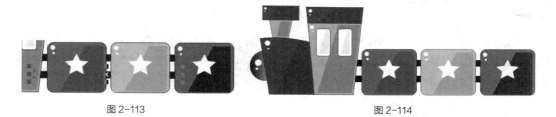

图 2-113　　　　　　　　　　　　　　　　图 2-114

（13）选择"椭圆形"工具 ⊙，按住 Ctrl 键，在页面外绘制圆形，设置图形颜色的 CMYK 值为 0、20、100、0，填充图形，效果如图 2-115 所示。再绘制两个椭圆形，如图 2-116 所示。选择"选择"工具 ▶，将其同时选取，如图 2-117 所示，单击属性栏中的"移除前面对象"按钮 □，效果如图 2-118 所示。

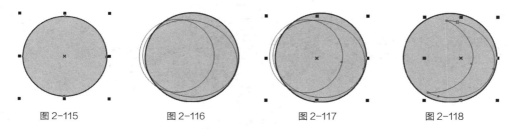

图 2-115　　　　　　图 2-116　　　　　　图 2-117　　　　　　图 2-118

（14）保持图形的选取状态，设置图形颜色的 CMYK 值为 0、40、100、0，填充图形，并去除图形的轮廓线，效果如图 2-119 所示。选择"椭圆形"工具 ⊙，按住 Ctrl 键，在适当的位置绘制圆形，填充为白色，并去除图形的轮廓线，效果如图 2-120 所示。用相同的方法绘制多个圆形，并填充适当的颜色，效果如图 2-121 所示。

图 2-119　　　　　　　图 2-120　　　　　　　图 2-121

（15）选择"选择"工具 ▶，将绘制的图形同时选取，拖曳到适当的位置，如图 2-122 所示。复制多个图形，并调整其位置和大小，效果如图 2-123 所示。卡通火车绘制完成。

图 2-122　　　　　　　　　　　　图 2-123

2.2 对象的编辑

在 CorelDRAW X6 中，可以使用强大的图形对象编辑功能对图形对象进行编辑，其中包括对象的多种选取方式，对象的缩放、移动、镜像、复制和删除以及对象的调整。本节将讲解多种编辑图形对象的方法和技巧。

2.2.1 对象的选取

在 CorelDRAW X6 中，新建一个图形对象时，一般图形对象呈选取状态，在对象的周围会出现圈选框。圈选框是由 8 个控制手柄组成的，对象的中心有一个"×"形的中心标记。选取状态的对象如图 2-124 所示。

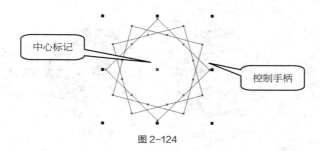

图 2-124

在 CorelDRAW X6 中，如果要编辑一个对象，首先要选取这个对象。当选取多个图形对象时，多个图形对象共有一个圈选框。要取消对象的选取状态，只要在绘图页面中的其他位置单击或按 Esc 键即可。

1. 用鼠标点选的方法选取对象

选择"选择"工具 ，在要选取的图形对象上单击，即可以选取该对象。

选取多个图形对象时，按住 Shift 键，在依次选取的对象上连续单击即可。同时选取的效果如图 2-125 所示。

2. 用鼠标圈选的方法选取对象

选择"选择"工具 ，在绘图页面中要选取的图形对象外围单击并拖曳鼠标，拖曳后会出现一个蓝色的虚线圈选框，如图 2-126 所示。在圈选框完全圈选住对象后松开鼠标，被圈选的对象处于选取状态，如图 2-127 所示。用圈选的方法可以同时选取一个或多个对象。在圈选的同时按住 Alt 键，蓝色的虚线圈选框接触到的对象都将被选取，如图 2-128 所示。

图 2-125

3. 使用命令选取对象

可选择"编辑 > 全选"子菜单下的各个命令来选取对象。按 Ctrl+A 组合键，可以选取绘图页面中的全部对象。

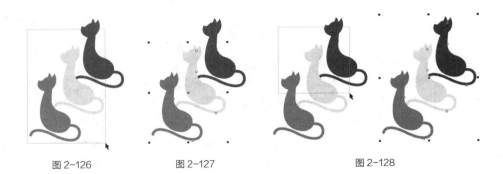

图 2-126　　　　图 2-127　　　　　　图 2-128

当绘图页面中有多个对象时，按空格键，可快速选择"选择"工具；连续按 Tab 键，
可以依次选择下一个对象；按住 Shift 键，再连续按 Tab 键，可以依次选择上一个对象；
按住 Ctrl 键，用鼠标点选可以选取群组中的单个对象。

2.2.2　对象的缩放

1．使用鼠标缩放对象

使用"选择"工具 选取要缩放的对象，对象的周围出现控制手柄。

拖曳控制手柄可以缩放对象。拖曳对角线上的控制手柄可以按比例缩放对象，如图 2-129 所示。
拖曳中间的控制手柄可以不按比例缩放对象，如图 2-130 所示。

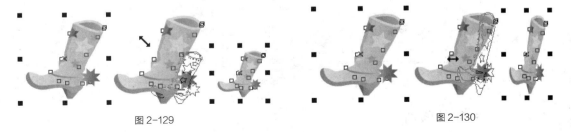

图 2-129　　　　　　　　　　　图 2-130

拖曳对角线上的控制手柄时，按住 Ctrl 键，对象会以 100% 的比例缩放。同时按下 Shift+Ctrl
组合键，对象会以 100% 的比例从中心缩放。

2．使用"自由变换"工具 属性栏缩放对象

选择"选择"工具 并选取要缩放的对象，对象的周围出现控制手柄。选择"形状"工具 展
开工具栏中的"自由变换"工具 ，这时的属性栏如图 2-131 所示。

图 2-131

在"自由变换工具"属性栏中的"对象的大小" 中，输入对象的宽度和高度。如果选择
了"缩放因子" 中的锁按钮 ，则宽度和高度将按比例缩放，只要改变宽度和高度中的一个值，
另一个值就会自动按比例调整。

在"自由变换工具"属性栏中调整好宽度和高度后，按 Enter 键，完成对象的缩放。缩放的效果如图 2-132 所示。

3. 使用"变换"泊坞窗缩放对象

使用"选择"工具 选取要缩放的对象，如图 2-133 所示。选择"窗口 > 泊坞窗 > 变换 > 大小"命令，或按 Alt+F10 组合键，弹出"变换"泊坞窗，如图 2-134 所示。其中，"y"表示高度，"x"表示宽度。如不勾选 按比例 复选框，就可以不按比例缩放对象。

图 2-132

在"变换"泊坞窗中，图 2-135 所示的是可供选择的圈选框控制手柄 8 个点的位置，单击一个按钮以定义一个在缩放对象时保持固定不动的点，缩放的对象将基于这个点进行缩放，这个点可以决定缩放后的图形与原图形的相对位置。

设置好需要的数值，如图 2-136 所示，单击"应用"按钮，对象的缩放完成，效果如图 2-137所示。在"副本"选项中输入数值，可以复制生成多个缩放好的对象。

选择"窗口 > 泊坞窗 > 变换 > 缩放和镜像"命令，或按 Alt+F9 组合键，在弹出的"变换"泊坞窗中可以对对象进行缩放。

图 2-133　　　　图 2-134　　　　图 2-135　　　　图 2-136　　　　图 2-137

2.2.3　对象的移动

1. 使用工具和键盘移动对象

使用"选择"工具 选取要移动的对象，如图 2-138 所示。使用"选择"工具 或其他的绘图工具，将鼠标指针移到对象的中心控制点，鼠标指针将变为十字箭头形 ✛，如图 2-139 所示。按住鼠标左键不放，拖曳对象到需要的位置，松开鼠标左键，完成对象的移动，效果如图 2-140 所示。

图 2-138　　　　　　　图 2-139　　　　　　　图 2-140

选取要移动的对象，用键盘上的方向键可以微调对象的位置，系统使用默认设置时，对象将以 2.54mm（0.1 英寸）的增量移动。选择"选择"工具 后不选取任何对象，在属性栏中的"微调距离" 数值框中可以重新设定每次微调移动的距离。

2. 使用属性栏移动对象

选取要移动的对象，在属性栏的"对象位置" 数值框中输入对象要移动到的新位置的横坐标和纵坐标，即可移动对象。

3. 使用"变换"泊坞窗移动对象

选取要移动的对象，选择"窗口 > 泊坞窗 > 变换 > 位置"命令，或按 Alt+F7 组合键，将弹出"变换"泊坞窗，"x"表示对象所在位置的横坐标，"y"表示对象所在位置的纵坐标。如果勾选"相对位置"复选框，对象将相对于原位置的中心进行移动。设置好后，单击"应用"按钮，或按 Enter 键，完成对象的移动。移动前后的位置如图 2-141 所示。

图 2-141

设置好数值后，在"副本"选项中输入数值 1，可以在移动的新位置复制生成一个新的对象。

2.2.4 对象的镜像

镜像效果经常被应用到作品设计中。在 CorelDRAW 中，可以使用多种方法使对象沿水平、垂直或对角线的方向做镜像翻转。

1. 使用鼠标镜像对象

选取要镜像的对象，如图 2-142 所示。按住鼠标左键直接拖曳控制手柄到相对的边，得到显示对象的对称蓝色虚线框，如图 2-143 所示，松开鼠标左键就可以得到不规则的镜像对象，如图 2-144 所示。

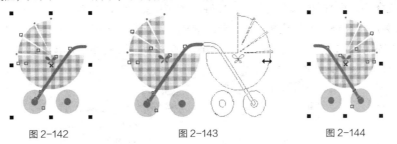

图 2-142   图 2-143   图 2-144

按住 Ctrl 键，直接拖曳左边或右边中间的控制手柄到相对的边，可以得到保持原对象比例的水平镜像，如图 2-145 所示。按住 Ctrl 键，直接拖曳上边或下边中间的控制手柄到相对的边，可以得到保持原对象比例的垂直镜像，如图 2-146 所示。按住 Ctrl 键，直接拖曳边角上的控制手柄到相对的边，可以得到保持原对象比例的沿对角线方向的镜像，如图 2-147 所示。

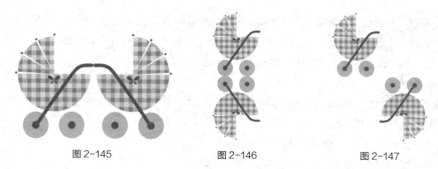

图 2-145 　　　　　 图 2-146 　　　　　 图 2-147

在镜像的过程中，只能使对象本身产生镜像，图形对象消失。如果想产生图 2-145、图 2-146、图 2-147 的效果，就要在镜像的位置生成一个复制对象。方法很简单，在松开鼠标左键之前单击鼠标右键，就可以在镜像的位置生成一个复制对象。

2. 使用属性栏镜像对象

使用"选择"工具 选取要镜像的对象，如图 2-148 所示，属性栏如图 2-149 所示。

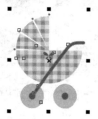

图 2-148 　　　　　　　　　　　 图 2-149

单击属性栏中的"水平镜像"按钮 ，可以使对象沿水平方向做镜像翻转。单击"垂直镜像"按钮 ，可以使对象沿垂直方向做镜像翻转。

3. 使用"变换"泊坞窗镜像对象

选取要镜像的对象，选择"窗口 > 泊坞窗 > 变换 > 缩放和镜像"命令，或按 Alt+F9 组合键，弹出"变换"泊坞窗，单击"水平镜像"按钮 ，可以使对象沿水平方向做镜像翻转。单击"垂直镜像"按钮 ，可以使对象沿垂直方向做镜像翻转。设置好需要的数值，单击"应用"按钮即可看到镜像效果。

还可以设置产生一个变形的镜像对象。对"变换"泊坞窗进行图 2-150 所示的参数设定，设置完成后，单击"应用"按钮，生成一个变形的镜像对象，效果如图 2-151 所示。

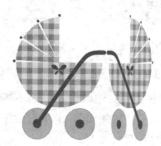

图 2-150 　　　　　　　　　 图 2-151

2.2.5 课堂案例——绘制饮品标志

案例学习目标

学习使用绘图工具和选取、移动、复制命令制作饮品标志。

案例知识要点

使用"矩形"工具绘制背景；使用"星形"工具、"椭圆形"工具、"3 点椭圆形"绘制杯子；使用"3 点矩形"绘制吸管；使用"3 点椭圆形"绘制果实；使用"文本"工具输入标志文字；饮品标志效果如图 2-152 所示。

效果所在位置

云盘/Ch02/效果/绘制饮品标志.cdr。

图 2-152

扫码观看
本案例视频

扫码观看
扩展案例

案例操作步骤

（1）按 Ctrl+N 组合键，新建一个 A4 页面。选择"矩形"工具 ▢，在页面适当的位置绘制一个矩形，如图 2-153 所示。在"CMYK 调色板"中的"宝石红"色块上单击鼠标左键，填充图形，并去除图形的轮廓线，效果如图 2-154 所示。

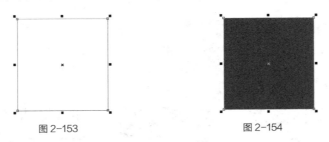

图 2-153　　　　　　　　　　图 2-154

（2）选择"星形"工具 ☆，其属性栏的设置如图 2-155 所示，在适当的位置绘制一个三角形，填充图形为白色，并去除图形的轮廓线，效果如图 2-156 所示。按数字键盘上的+键，复制三角形。选择"选择"工具 ➤，按住 Shift 键的同时，拖曳右上角的控制手柄到适当的位置，松开鼠标左键，向中心等比例缩小图形。在"CMYK 调色板"中的"深黄"色块上单击鼠标左键，填充图形，并微调到适当的位置，效果如图 2-157 所示。

图 2-155　　　　　　　　　　　图 2-156　　　　　　　　　图 2-157

（3）选择"矩形"工具 □，在适当的位置绘制一个矩形，填充图形为白色，并去除图形的轮廓线，效果如图 2-158 所示。选择"星形"工具 ☆，在适当的位置再绘制一个三角形，效果如图 2-159 所示。

（4）选择"椭圆形"工具 ○，按住 Ctrl 键，在适当的位置分别绘制多个圆形。选择"选择"工具 ▷，使用圈选的方法将绘制的圆形同时选中，填充图形为白色，并去除图形的轮廓线，效果如图 2-160 所示。

图 2-158　　　　　　　　　　图 2-159　　　　　　　　　图 2-160

（5）选择"3 点矩形"工具 □，在适当的位置绘制一个矩形，如图 2-161 所示，在"CMYK 调色板"中的"60%黑"色块上单击鼠标左键，填充图形，并去除图形的轮廓线，效果如图 2-162 所示。

（6）选择"3 点椭圆形"工具 ⚬，在适当的位置绘制一个椭圆形，填充图形为黑色，并去除图形的轮廓线，效果如图 2-163 所示。选择"3 点椭圆形"工具 ⚬，再绘制一个椭圆形，在"CMYK 调色板"中的"20%黑"色块上单击鼠标左键，填充图形，并去除图形的轮廓线，效果如图 2-164 所示。

图 2-161　　　　　　图 2-162　　　　　　图 2-163　　　　　　图 2-164

（7）选择"3 点矩形"工具 □ 和"矩形"工具 □，在适当的位置分别绘制两个矩形，如图 2-165 所示。选择"选择"工具 ▷，按住 Shift 键，将绘制的矩形同时选取，单击属性栏中的"合并"按钮 ⬚，合并图形，效果如图 2-166 所示。在"CMYK 调色板"中的"红"色块上单击鼠标左键，填充图形，并去除图形的轮廓线，效果如图 2-167 所示。

图 2-165　　　　　　　　　图 2-166　　　　　　　　图 2-167

（8）选择"椭圆形"工具 ○，在属性栏中单击"饼图"按钮 ⚬，其他选项的设置如图 2-168 所示，按住 Ctrl 键，在适当的位置绘制一个饼图，如图 2-169 所示。在"CMYK 调色板"中的"金色"块上单击鼠标左键，填充图形，并去除图形的轮廓线，效果如图 2-170 所示。

图 2-168　　　　　　　　　图 2-169　　　　　　　　　图 2-170

（9）按数字键盘上的+键，复制饼图。选择"选择"工具 ，按住 Shift 键，向内拖曳右上角的控制手柄到适当的位置，等比例缩小图形。在"CMYK 调色板"中的"浅橘红"色块上单击鼠标左键，填充图形，效果如图 2-171 所示。在属性栏中的"旋转角度" 数值框中设置数值为 11.5°，按 Enter 键，效果如图 2-172 所示。

（10）按数字键盘上的+键，再复制饼图。在"CMYK 调色板"中的"橘红"色块上单击鼠标左键，填充图形。在属性栏中的"旋转角度" 数值框中设置数值为 36°，按 Enter 键，效果如图 2-173 所示。选择"椭圆形"工具，在属性栏中单击"椭圆形"按钮，按住 Ctrl 键，在适当的位置绘制一个圆形，效果如图 2-174 所示。

图 2-171　　　　　　　图 2-172　　　　　　　图 2-173　　　　　　　图 2-174

（11）选择"星形"工具，在页面外拖曳鼠标绘制一个三角形，效果如图 2-175 所示。选择"选择"工具，拖曳图形到页面中适当的位置并旋转其角度，效果如图 2-176 所示。

（12）保持图形选取状态，再次单击图形，使其处于旋转状态，将旋转中心拖曳到适当的位置，如图 2-177 所示。选择"排列 > 变换 > 旋转"命令，弹出"变换"泊坞窗，将"旋转角度"选项设置为 -30°，其他选项的设置如图 2-178 所示，单击"应用"按钮，效果如图 2-179 所示。

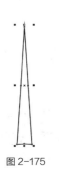
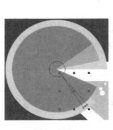
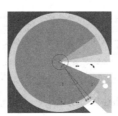

图 2-175　　　　图 2-176　　　　　　图 2-177　　　　　　图 2-178　　　　　　图 2-179

（13）选择"选择"工具 ，按住 Shift 键，将绘制的橘红色饼图、圆形和三角形同时选取，如图 2-180 所示。单击属性栏中的"移除前面对象"按钮 ，将多个图形减切为一个图形，效果如图 2-181 所示。

（14）选择"文本"工具 ，在页面输入需要的文字。选择"选择"工具 ，在属性栏中选取适当的字体并设置文字大小，填充文字为白色，效果如图 2-182 所示。在属性栏中的"旋转角度" 数值框中设置数值为 7.7°，按 Enter 键，效果如图 2-183 所示。饮品标志制作完成。

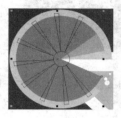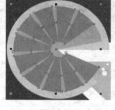

| 图 2-180 | 图 2-181 | 图 2-182 | 图 2-183 |

2.2.6 对象的旋转

1. 使用鼠标旋转对象

使用"选择"工具 选取要旋转的对象，对象的周围出现控制手柄。再次单击对象，这时对象的周围出现旋转 和倾斜 控制手柄，如图 2-184 所示。

将鼠标指针移动到旋转控制手柄上，这时的鼠标指针变为旋转符号 ，如图 2-185 所示。按住鼠标左键，拖曳鼠标旋转对象，旋转时对象会出现蓝色的虚线框指示旋转方向和角度，如图 2-186 所示。旋转到需要的角度后，松开鼠标左键，完成对象的旋转，效果如图 2-187 所示。

对象是围绕旋转中心 ⊙ 旋转的，默认的旋转中心 ⊙ 是对象的中心点，将鼠标指针移动到旋转中心上，按住鼠标左键拖曳旋转中心 ⊙ 到需要的位置，松开鼠标左键，完成对旋转中心的移动。

旋转中心

图 2-184

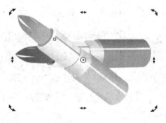

| 图 2-185 | 图 2-186 | 图 2-187 |

2. 使用属性栏旋转对象

选取要旋转的对象，效果如图 2-188 所示。选择"选择"工具 ，在属性栏中的"旋转角度" 数值框中输入旋转的角度数值为 40，如图 2-189 所示，按 Enter 键，效果如图 2-190 所示。

3. 使用"变换"泊坞窗旋转对象

选取要旋转的对象，如图 2-191 所示。选择"窗口 > 泊坞窗 > 变换 > 旋转"命令，或按 Alt+F8 组合键，弹出"变换"泊坞窗，选项的设置如图 2-192 所示。也可以在已打开的"变换"泊坞窗中单击"旋转"按钮 。

| 图 2-188 | 图 2-189 | 图 2-190 |

在"变换"泊坞窗的"旋转"设置区的"旋转角度"选项框中直接输入旋转的角度数值,旋转角度数值可以是正值也可以是负值。在"中心"选项的设置区中输入旋转中心的坐标位置。选中"相对中心"复选框,对象将以选中的旋转中心旋转。将"变换"泊坞窗按图 2-193 所示进行设置,设置完成后,单击"应用"按钮,对象旋转的效果如图 2-194 所示。

| 图 2-191 | 图 2-192 | 图 2-193 | 图 2-194 |

2.2.7 对象的倾斜变形

1. 使用鼠标倾斜变形对象

选取要倾斜变形的对象,对象的周围出现控制手柄。再次单击对象,这时对象的周围出现旋转 ↗ 和倾斜 ↔ 控制手柄,如图 2-195 所示。

将鼠标指针移动到倾斜控制手柄上,鼠标指针变为倾斜符号 ⇄,如图 2-196 所示。按住鼠标左键,拖曳鼠标变形对象。倾斜变形时,对象会出现蓝色的虚线框指示倾斜变形的方向和角度,如图 2-197 所示。倾斜到需要的角度后,松开鼠标左键,对象倾斜变形的效果如图 2-198 所示。

| 图 2-195 | 图 2-196 | 图 2-197 | 图 2-198 |

2. 使用"变换"泊坞窗倾斜变形对象

选取要倾斜变形的对象,如图 2-199 所示。选择"窗口 > 泊坞窗 > 变换 > 倾斜"命令,弹出"变换"泊坞窗,如图 2-200 所示。也可以在已打开的"变换"泊坞窗中单击"倾斜"按钮 ⤵。在"变换"泊坞窗中设定倾斜变形对象的数值,如图 2-201 所示。单击"应用"按钮,对象产生倾斜变形，效果如图 2-202 所示。

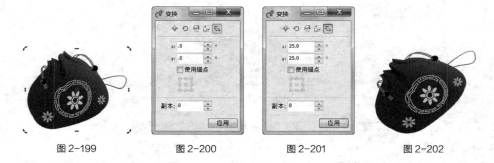

图 2-199　　　　图 2-200　　　　图 2-201　　　　图 2-202

2.2.8　对象的复制

1. 使用命令复制对象

选取要复制的对象，如图 2-203 所示。选择"编辑 > 复制"命令，或按 Ctrl+C 组合键，对象的副本将被放置在剪贴板中。选择"编辑 > 粘贴"命令，或按 Ctrl+V 组合键，对象的副本被粘贴到原对象的下面，位置和原对象是相同的。用鼠标指针移动对象，可以显示复制的对象，如图 2-204 所示。

图 2-203　　　　　　　　　　图 2-204

 选择"编辑 > 剪切"命令，或按 Ctrl+X 组合键，对象将从绘图页面中删除并被放置在剪贴板上。

2. 使用鼠标拖曳方式复制对象

选取要复制的对象，如图 2-205 所示。将鼠标指针移动到对象的中心点上，指针变为移动指针✦，如图 2-206 所示。按住鼠标左键拖曳对象到需要的位置，如图 2-207 所示。至合适的位置后单击鼠标右键，对象的复制完成，效果如图 2-208 所示。

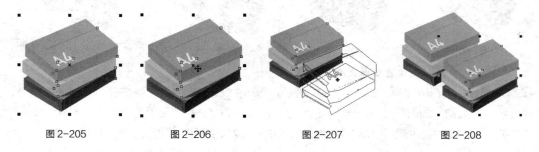

图 2-205　　　　图 2-206　　　　图 2-207　　　　图 2-208

选取要复制的对象，单击鼠标右键并拖曳对象到需要的位置，松开鼠标右键后弹出图 2-209 所示的快捷菜单，选择"复制"命令，完成对象的复制，如图 2-210 所示。

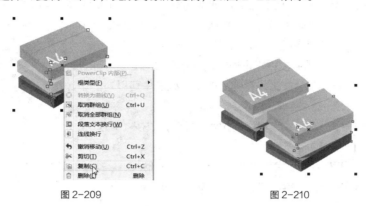

图 2-209   图 2-210

> 使用"选择"工具 选取要复制的对象，在数字键盘上按+键，可快速复制对象。
> 可以在两个不同的绘图页面中复制对象。按住鼠标左键拖曳其中一个绘图页面中的对象到另一个绘图页面中，在松开鼠标左键前单击右键即可复制对象。

3. 使用命令复制对象属性

选取要复制属性的对象，如图 2-211 所示。选择"编辑 > 复制属性自"命令，弹出"复制属性"对话框，如图 2-212 所示。在对话框中勾选"填充"复选框，单击"确定"按钮，鼠标指针显示为黑色箭头，在要复制其属性的对象上单击，如图 2-213 所示，对象的属性复制完成，效果如图 2-214 所示。

图 2-211   图 2-212   图 2-213   图 2-214

2.2.9 对象的删除

在 CorelDRAW X6 中，可以方便快捷地删除对象。下面介绍如何删除不需要的对象。

选取要删除的对象，选择"编辑 > 删除"命令，或按 Delete 键，可以将选取的对象删除。

> 如果想删除多个或全部的对象，首先要选取这些对象，再执行"删除"命令或按 Delete 键即可。

2.2.10　撤销和恢复对对象的操作

在进行设计制作的过程中，可能经常会出现错误的操作。下面介绍如何撤销和恢复对对象的操作。

撤销对对象的操作：选择"编辑 > 撤销"命令，如图 2-215 所示，或按 Ctrl+Z 组合键，可以撤销上一步的操作。

单击"标准工具栏"中的"撤销"按钮 ↩，也可以撤销上一步的操作。单击"撤销"按钮 ↩ 右侧的 ▾ 按钮，在弹出的下拉列表中可以对多个操作步骤进行撤销。

恢复对对象的操作：选择"编辑 > 重做"命令，或按 Ctrl+Shift+Z 组合键，可以恢复上一步的操作。

图 2-215

单击"标准工具栏"中的"重做"按钮 ↪，也可以恢复上一步的操作。单击"重做"按钮 ↪ 右侧的 ▾ 按钮，在弹出的下拉列表中可以对多个操作步骤进行恢复。

2.3　整形对象

在 CorelDRAW X6 中，修整功能是用于编辑图形对象的重要手段。使用修整功能中的焊接、修剪、相交、简化等命令可以创建出复杂的全新图形。

2.3.1　焊接

焊接是将几个图形结合成一个图形，新的图形轮廓由被焊接的图形边界组成，被焊接图形的交叉线都将消失。

使用"选择"工具 ▸ 选中要焊接的图形，如图 2-216 所示。选择"窗口 > 泊坞窗 > 造形"命令，弹出图 2-217 所示的"造形"泊坞窗。在"造形"泊坞窗中选择"焊接"选项，再单击"焊接到"按钮，将鼠标指针放到目标对象上单击，如图 2-218 所示。焊接后的效果如图 2-219 所示，新生成图形对象的边框和颜色填充与目标对象完全相同。

图 2-216　　　　　　图 2-217　　　　　　图 2-218　　　　　　图 2-219

在进行焊接操作之前，可以在"造形"泊坞窗中设置是否保留原始源对象和原目标对象。选择"保留原始源对象"和"保留原目标对象"选项，如图 2-220 所示。再焊接图形对象时，原始源对象和原目标对象都被保留，效果如图 2-221 所示。保留原始源对象和原目标对象对"修剪"和"相交"功能也适用。

图 2-220　　　　　　　图 2-221

选择几个要焊接的图形后，选择"排列 > 造形 > 合并"命令，或单击属性栏中的"合并"按钮 ⬚，可以完成多个对象的焊接。

2.3.2　修剪

修剪是将原目标对象与原始源对象的相交部分裁掉，使原目标对象的形状被更改。修剪后的目标对象保留其填充和轮廓属性。

使用"选择"工具 ⬚ 选择其中的原始源对象，如图 2-222 所示。在"造形"泊坞窗中选择"修剪"选项，如图 2-223 所示。单击"修剪"按钮，将鼠标指针放到原目标对象上单击，如图 2-224 所示。修剪后的效果如图 2-225 所示，修剪后的原目标对象保留其填充和轮廓属性。

图 2-222　　　　　　图 2-223　　　　　　图 2-224　　　　　　图 2-225

选择"排列 > 造形 > 修剪"命令，或单击属性栏中的"修剪"按钮 ⬚，也可以完成修剪，原始源对象和被修剪的原目标对象会同时存在于绘图页面中。

圈选多个图形时，在最底层的图形对象就是"原目标对象"。按住 Shift 键，选择多个图形时，最后选中的图形就是"原目标对象"。

2.3.3　相交

相交是将两个或两个以上对象的相交部分保留，使相交的部分成为一个新的图形对象。新创建的图形对象的填充和轮廓属性将与目标对象相同。

使用"选择"工具 ⬚ 选择其中的原始源对象，如图 2-226 所示。在"造形"泊坞窗中选择"相交"选项，如图 2-227 所示。单击"相交对象"按钮，将鼠标指针放到原目标对象上单击，如图 2-228 所示。相交后的效果如图 2-229 所示，相交后图形对象将保留原目标对象的填充和轮廓属性。

图 2-226　　　　　图 2-227　　　　　图 2-228　　　　　图 2-229

选择"排列 > 造形 > 相交"命令，或单击属性栏中的"相交"按钮，也可以完成相交裁切。原始源对象和原目标对象以及相交后的新图形对象同时存在于绘图页面中。

2.3.4　简化

简化是减去后面图形中和前面图形的重叠部分，并保留前面图形和后面图形的状态。

使用"选择"工具选中两个相交的图形对象，如图 2-230 所示。在"造形"泊坞窗中选择"简化"选项，如图 2-231 所示。单击"应用"按钮，图形的简化效果如图 2-232 所示。

图 2-230　　　　　图 2-231　　　　　图 2-232

选择"排列 > 造形 > 简化"命令，或单击属性栏中的"简化"按钮，也可以完成图形的简化。

2.3.5　移除后面对象

移除后面对象是减去后面图形，并减去前后图形的重叠部分，保留前面图形的剩余部分。

使用"选择"工具选中两个相交的图形对象，如图 2-233 所示。在"造形"泊坞窗中选择"移除后面对象"选项，如图 2-234 所示。单击"应用"按钮，移除后面对象效果如图 2-235 所示。

图 2-233　　　　　图 2-234　　　　　图 2-235

选择"排列 > 造形 > 移除后面对象"命令，或单击属性栏中的"移除后面对象"按钮，也可以完成图形前减后裁切的效果。

2.3.6 移除前面对象

移除前面对象是减去前面图形，并减去前后图形的重叠部分，保留后面图形的剩余部分。

使用"选择"工具 选中两个相交的图形对象，如图 2-236 所示。在"造形"泊坞窗中选择"移除前面对象"选项，如图 2-237 所示。单击"应用"按钮，移除前面对象效果如图 2-238 所示。

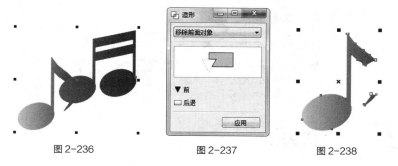

图 2-236   图 2-237   图 2-238

选择"排列 > 造形 > 移除前面对象"命令，或单击属性栏中的"移除前面对象"按钮 ，也可以完成图形后减前裁切的效果。

2.3.7 边界

边界可以快速创建一个所选图形的共同边界。

使用"选择"工具 选中要创建边界的图形对象，如图 2-239 所示。在"造形"泊坞窗中选择"边界"选项，如图 2-240 所示。单击"应用"按钮，边界效果如图 2-241 所示。

图 2-239   图 2-240   图 2-241

课堂练习——绘制卡通风车

练习知识要点

使用"矩形"工具、"螺旋形"工具和"精确裁剪"命令绘制背景；使用"多边形"工具、"椭圆形"工具、"形状"工具和"移除前面对象"命令绘制风车；使用"基本形状"工具和"旋转角度"命令绘制其他风车；使用"钢笔"工具制作线段；效果如图 2-242 所示。

效果所在位置

云盘/Ch02/效果/绘制卡通风车.cdr。

扫码观看
本案例视频

图 2-242

课后习题——绘制扇子

习题知识要点

使用"椭圆形"工具和"移除前面对象"命令制作扇面图形；使用"顺序"命令调整图形顺序；使用"形状"工具对扇面和扇骨图形的节点进行编辑；效果如图 2-243 所示。

效果所在位置

云盘/Ch02/效果/绘制扇子.cdr。

扫码观看
本案例视频

图 2-243

03

第3章
曲线的绘制和颜色填充

曲线的绘制和颜色填充是设计制作过程中必不可少的技能之一。本章主要讲解 CorelDRAW X6 中曲线的绘制和编辑方法、图形填充的多种方式和应用技巧。通过这些内容的学习，用户可以绘制出优美的曲线图形并填充丰富多彩的颜色和底纹，使设计的作品更加富于变化、生动精彩。

课堂学习目标

- ✔ 掌握曲线的绘制方法和技巧
- ✔ 掌握曲线的编辑方法和技巧
- ✔ 掌握轮廓线的编辑方法
- ✔ 掌握标准填充的方法
- ✔ 掌握渐变填充的方法
- ✔ 掌握图样填充和底纹填充的方法
- ✔ 掌握"网状填充"工具的填充方法

3.1　曲线的绘制

在 CorelDRAW X6 中，绘制出的作品都是由几何对象构成的，而几何对象的构成元素是直线和曲线。学习绘制直线和曲线，用户可以进一步掌握 CorelDRAW X6 强大的绘图功能。

3.1.1　认识曲线

在 CorelDRAW X6 中，曲线是矢量图形的组成部分。可以使用绘图工具绘制曲线，也可以将任何矩形、多边形、椭圆形以及文本对象转换成曲线。下面先对曲线的节点、线段、控制线、控制点等概念进行讲解。

节点：构成曲线的基本要素，可以通过定位、调整节点、调整节点上的控制点来绘制和改变曲线的形状；通过在曲线上增加和删除节点可以使曲线的绘制更加简便；通过转换节点的性质，可以将直线和曲线的节点相互转换，使直线段转换为曲线段或曲线段转换为直线段。

线段：指两个节点之间的部分。线段包括直线段和曲线段，直线段在转换成曲线段后，可以进行曲线特性的操作，如图 3-1 所示。

控制线：在绘制曲线的过程中，节点的两端会出现蓝色的虚线，选择"形状"工具🖉，在已经绘制好的曲线的节点上单击，节点的两端会出现控制线。

> **提示**　直线的节点没有控制线。直线段转换为曲线段后，节点上会出现控制线。

控制点：在绘制曲线的过程中，节点的两端会出现控制线，在控制线的两端是控制点，通过拖曳或移动控制点可以调整曲线的弯曲程度，如图 3-2 所示。

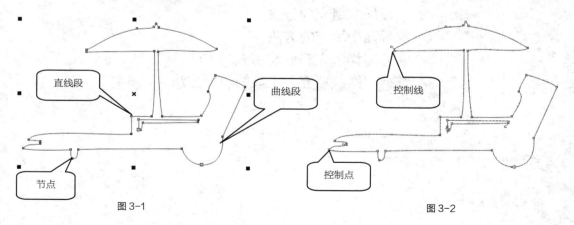

图 3-1　　　　　　　　　　　　　　　　　图 3-2

3.1.2　贝塞尔工具的使用

"贝塞尔"工具🖉可以绘制平滑精确的曲线。可以通过确定节点和改变控制点的位置来控制曲线的弯曲度。可以使用节点和控制点对绘制完的直线和曲线进行精确的调整。

1. 绘制直线和折线

选择"贝塞尔"工具 ，在绘图页面中单击以确定直线的起点，拖曳鼠标到需要的位置，再单击以确定直线的终点，绘制出一段直线。只要再继续确定下一个节点，就可以绘制出折线的效果，如果想绘制出多个折角的折线，只要继续确定节点即可，如图 3-3 所示。

如果双击折线上的节点，将删除这个节点，折线的另外两个节点将连接起来，效果如图 3-4 所示。

2. 绘制曲线

选择"贝塞尔"工具 ，在绘图页面中按住鼠标左键并拖曳鼠标以确定曲线的起点，松开鼠标左键，这时该节点的两边出现控制线和控制点，如图 3-5 所示。

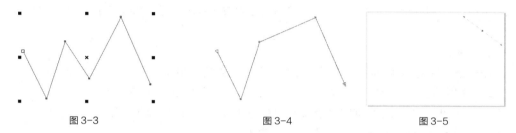

图 3-3   图 3-4   图 3-5

将鼠标指针移动到需要的位置单击并按住鼠标左键不动，在两个节点间出现一条曲线段，拖曳鼠标，第 2 个节点的两边出现控制线和控制点，控制线和控制点会随着鼠标的移动而发生变化，曲线的形状也会随之发生变化，调整到需要的效果后松开鼠标左键，如图 3-6 所示。

在下一个需要的位置单击后，将出现一条连续的平滑曲线，如图 3-7 所示。用"形状"工具 在第 2 个节点处单击，出现控制线和控制点，效果如图 3-8 所示。

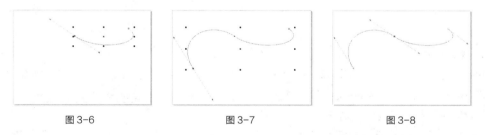

图 3-6   图 3-7   图 3-8

技巧

当确定一个节点后，在这个节点上双击，再单击确定下一个节点后将出现直线。当确定一个节点后，在这个节点上双击，再单击确定下一个节点并拖曳这个节点后将出现曲线。

3.1.3 艺术笔工具的使用

在 CorelDRAW X6 中，使用"艺术笔"工具 可以绘制出多种精美的线条和图形，可以模仿画笔的真实效果，在画面中产生丰富的变化。使用"艺术笔"工具可以绘制出不同风格的设计作品。

选择"艺术笔"工具 ，属性栏如图 3-9 所示，其中包含了 5 种模式 ，分别是"预设"模式、"笔刷"模式、"喷涂"模式、"书法"模式和"压力"模式。下面具体介绍这 5 种模式。

图3-9

1. 预设模式

该模式提供了多种线条类型，并且可以改变曲线的宽度。单击属性栏中"预设笔触"右侧的按钮

，弹出其下拉列表，如图3-10所示。在线条列表框中单击选择需要的线条类型。

单击属性栏中的"手绘平滑"设置区，弹出滑动条，拖曳滑动条或输入数值可以调节绘图时线条的平滑程度。在"笔触宽度"数值框中输入数值可以设置曲线的宽度。选择"预设"模式和线条类型后，鼠标指针变为图标，在绘图页面中按住鼠标左键并拖曳鼠标，可以绘制出封闭的线条图形。

2. 笔刷模式

该模式提供了多种颜色样式的笔刷，将笔刷运用在绘制的曲线上，可以绘制出漂亮的曲线效果。

在属性栏中单击"笔刷"模式按钮，在"类别"选项中选择需要的笔刷类别，单击属性栏中"笔刷笔触"右侧的按钮，弹出其下拉列表，如图3-11所示。在列表框中单击选择需要的笔刷类型，在页面中按住鼠标左键并拖曳鼠标，绘制出需要的图形。

图3-10   图3-11

3. 喷涂模式

该模式提供了多种有趣的图形对象，图形对象可以应用在绘制的曲线上。可以在属性栏的"喷射图样"下拉列表中选择喷雾的形状来绘制需要的图形。

在属性栏中单击"喷涂"模式按钮，属性栏如图3-12所示。在"类别"选项中选择需要的喷涂类别，单击属性栏中"喷射图样"右侧的按钮，弹出其下拉列表，如图3-13所示。在列表框中单击选择需要的喷涂类型。单击属性栏中

图3-12

"喷涂顺序"右侧的按钮，弹出下拉列表，可以选择喷出图形的顺序。选择"随机"选项，喷出的图形将会随机分布；选择"顺序"选项，喷出的图形将会以方形区域分布；选择"按方向"选项，喷出的图形将会随鼠标拖曳的路径分布。在页面中按住鼠标左键并拖曳鼠标，绘制出需要的图形。

4. 书法模式

该模式可以绘制出类似书法的效果，可以改变曲线的粗细。

在属性栏中单击"书法"模式按钮，属性栏如图3-14所示。在属性栏的"书法角度"中，可以设置"笔触"和"笔尖"的角度。如果角度值设为0°，书法笔垂直方向画出的线条最粗，笔尖是水平的。如果角度值设置为90°，书法笔水平方向画出的线条最粗，笔尖是垂直的。在绘图页面中按住鼠标左键并拖曳鼠标，绘制出需要的图形。

图 3-13

图 3-14

5. 压力模式

该模式可以用压力感应笔或键盘输入的方式改变线条的粗细，应用好这个功能可以绘制出特殊的图形效果。

在属性栏的"预置笔触列表"模式中选择需要的笔刷，单击"压力"模式按钮 ∅，属性栏如图 3-15 所示。在"压力"模式中设置好压力感应笔的平滑度和笔刷的宽度，在绘图页面中按住鼠标左键并拖曳鼠标，绘制出需要的图形。

图 3-15

3.1.4 钢笔工具的使用

钢笔工具可以绘制出多种精美的曲线和图形，还可以对已绘制的曲线和图形进行编辑和修改。在 CorelDRAW X6 中绘制的各种复杂图形都可以通过钢笔工具来完成。

1. 绘制直线和折线

选择"钢笔"工具 ∅，单击以确定直线的起点，拖曳鼠标到需要的位置，再单击以确定直线的终点，绘制出一段直线，效果如图 3-16 所示。再继续单击确定下一个节点，就可以绘制出折线的效果。如果想绘制出多个折角的折线，只要继续单击以确定节点就可以了，折线的效果如图 3-17 所示。要结束绘制，按 Esc 键或单击"钢笔"工具 ∅ 即可。

2. 绘制曲线

选择"钢笔"工具 ∅，在绘图页面中单击以确定曲线的起点，松开鼠标左键，将鼠标指针移动到需要的位置再单击并按住鼠标左键不动，在两个节点间出现一条直线段，如图 3-18 所示。拖曳鼠标，第 2 个节点的两边出现控制线和控制点，控制线和控制点会随着鼠标的移动而发生变化，直线段变为曲线的形状，如图 3-19 所示。调整到需要的效果后松开鼠标左键，曲线的效果如图 3-20 所示。

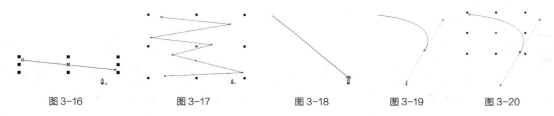

图 3-16　　　　　　图 3-17　　　　　　图 3-18　　　　　　图 3-19　　　　　　图 3-20

使用相同的方法对曲线继续绘制，效果如图 3-21 和图 3-22 所示。绘制完成的曲线效果如图 3-23 所示。

如果想在曲线后绘制出直线，按住 C 键，在要继续绘制出直线的节点上按住鼠标左键并拖曳鼠标，这时出现节点的控制点。松开 C 键，将控制点拖曳到下一个节点的位置，如图 3-24 所示。松开鼠标左键，再单击，可以绘制出一段直线，效果如图 3-25 所示。

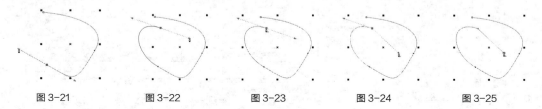

图 3-21　　　　　图 3-22　　　　　图 3-23　　　　　图 3-24　　　　　图 3-25

3．编辑曲线

在"钢笔"工具属性栏中选择"自动添加或删除节点"按钮，曲线绘制的过程变为自动添加/删除节点模式。

将"钢笔"工具的鼠标指针移动到节点上，鼠标指针变为删除节点图标，效果如图 3-26 所示。单击可以删除节点，效果如图 3-27 所示。将"钢笔"工具的鼠标指针移动到曲线上，鼠标指针变为添加节点图标，如图 3-28 所示。单击可以添加节点，效果如图 3-29 所示。

将"钢笔"工具的鼠标指针移动到曲线的起始点，鼠标指针变为闭合曲线图标，如图 3-30 所示。单击可以闭合曲线，效果如图 3-31 所示。

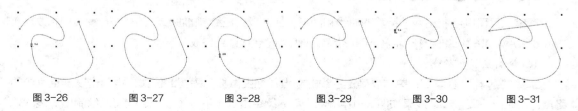

图 3-26　　　　　图 3-27　　　　　图 3-28　　　　　图 3-29　　　　　图 3-30　　　　　图 3-31

 在绘制曲线的过程中，按住 Alt 键，可编辑曲线段，进行节点的转换、移动、调整等操作，松开 Alt 键可继续进行绘制。

3.1.5　课堂案例——绘制卡通绵羊

案例学习目标

学习使用"贝塞尔"工具绘制卡通绵羊。

案例知识要点

使用"矩形"工具和"填充"工具绘制背景效果；使用"贝塞尔"工具绘制绵羊和降落伞图形；使用"直线"工具绘制直线；使用"文本"工具添加文字；卡通绵羊效果如图 3-32 所示。

效果所在位置

云盘/Ch03/效果/绘制卡通绵羊.cdr。

图 3-32

扫码观看
本案例视频

扫码观看
扩展案例

案例操作步骤

（1）按 Ctrl+N 组合键，新建一个 A4 页面。选择"矩形"工具 ▢，按住 Ctrl 键，在页面中绘制正方形，设置图形颜色的 CMYK 值为 60、0、40、20，填充图形，并去除图形的轮廓线，如图 3-33 所示。

（2）选择"贝塞尔"工具 ✎，绘制一个不规则图形。设置图形颜色的 CMYK 值为 5、10、20、0，填充图形，并去除图形的轮廓线，效果如图 3-34 所示。用相同的方法再绘制一个图形，并设置图形颜色的 CMYK 值为 65、65、70、15，填充图形，并去除图形的轮廓线，效果如图 3-35 所示。

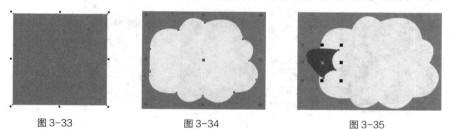

图 3-33　　　　　　　图 3-34　　　　　　　图 3-35

（3）选择"贝塞尔"工具 ✎，绘制一个不规则图形，设置图形颜色的 CMYK 值为 5、10、20、0，填充图形，并去除图形的轮廓线，效果如图 3-36 所示。用相同的方法绘制 4 个图形，设置图形颜色的 CMYK 值为 65、65、70、15，填充图形，并去除图形的轮廓线，效果如图 3-37 所示。选择"选择"工具 ▸，选取右侧的两个图形，连续按 Ctrl+PageDown 组合键，向后移图形，效果如图 3-38 所示。

图 3-36　　　　　　　图 3-37　　　　　　　图 3-38

（4）选择"贝塞尔"工具 ✎，绘制一个不规则图形，设置图形颜色的 CMYK 值为 0、0、100、0，填充图形，并去除图形的轮廓线，效果如图 3-39 所示。绘制直线，在属性栏中的"轮廓宽度"

数值框中设置数值为 0.5mm，设置图形轮廓线的 CMYK 值为 5、10、20、0，填充轮廓线，效果如图 3-40 所示。用相同的方法绘制多条直线，选择"选择"工具 ，将所有直线选取，连续按 Ctrl+PageDown 组合键，向后移图形，效果如图 3-41 所示。

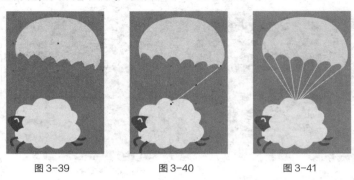

图 3-39   图 3-40   图 3-41

（5）选择"选择"工具 ，用圈选的方法将所有图形同时选取，按 Ctrl+G 组合键，群组图形，如图 3-42 所示。按两次数字键盘上的+键，复制两个图形，并分别调整其大小。取消群组并选取需要的图形，填充适当的颜色，效果如图 3-43 所示。

（6）选择"文本"工具 字，在页面中分别输入需要的文字，选择"选择"工具 ，在属性栏中选取适当的字体并设置文字大小，效果如图 3-44 所示。卡通绵羊绘制完成。

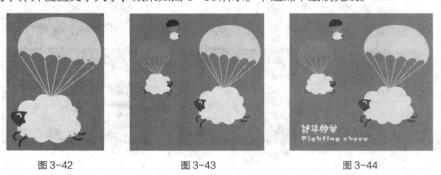

图 3-42   图 3-43   图 3-44

3.2   编辑曲线

在 CorelDRAW X6 中，完成曲线或图形的绘制后，可能还需要进一步调整曲线或图形来达到设计方面的要求，这时就需要使用 CorelDRAW X6 的编辑曲线功能来进行更完善的编辑。

3.2.1   编辑曲线的节点

节点是构成图形对象的基本要素，用"形状"工具 选择曲线或图形对象后，会显示曲线或图形的全部节点。移动节点和节点的控制点、控制线可以编辑曲线或图形的形状，还可以通过增加和删除节点来更好地编辑曲线或图形。

绘制一条曲线，如图 3-45 所示。使用"形状"工具 ，单击选中曲线上的节点，如图 3-46 所示。弹出的属性栏如图 3-47 所示。

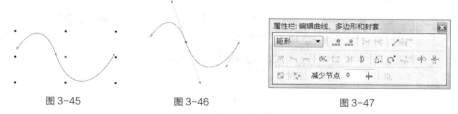

图 3-45   图 3-46   图 3-47

1. 节点类型

在属性栏中有 3 种节点类型：尖突节点、平滑节点和对称节点。节点类型的不同决定了节点控制点的属性也不同，单击属性栏中的按钮可以转换 3 种节点的类型。

尖突节点 ⚲：尖突节点的控制点是独立的，当移动一个控制点时，另外一个控制点并不移动，从而使得通过尖突节点的曲线能够尖突弯曲。

平滑节点 ⚲：平滑节点的控制点之间是相关的，当移动一个控制点时，另外一个控制点也会随之移动，通过平滑节点连接的曲线将产生平滑的过渡。

对称节点 ⚲：对称节点的控制点不仅是相关的，而且控制点和控制线的长度是相等的，从而使得对称节点两边曲线的曲率也是相等的。

2. 选取并移动节点

绘制一个图形，如图 3-48 所示。选择"形状"工具 ⚲，单击选取节点，如图 3-49 所示。按住鼠标左键拖曳鼠标，节点被移动，如图 3-50 所示。松开鼠标，图形调整的效果如图 3-51 所示。

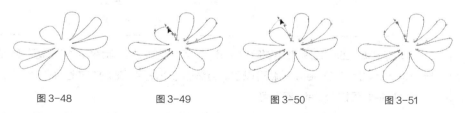

图 3-48   图 3-49   图 3-50   图 3-51

使用"形状"工具 ⚲ 选中并拖曳节点上的控制点，如图 3-52 所示。松开鼠标，图形调整的效果如图 3-53 所示。

使用"形状"工具 ⚲ 圈选图形上的部分节点，如图 3-54 所示。松开鼠标，图形被选中的部分节点如图 3-55 所示。拖曳任意一个被选中的节点，其他被选中的节点也会随着移动。

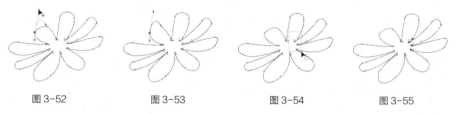

图 3-52   图 3-53   图 3-54   图 3-55

提示

因为在 CorelDRAW X6 中有 3 种节点类型，所以当移动不同类型节点上的控制点时，图形的形状也会有不同形式的变化。

3. 增加或删除节点

绘制一个图形，如图 3-56 所示。使用"形状"工具，选择需要增加和删除节点的曲线，在曲线上要增加节点的位置双击，如图 3-57 所示，则可以在这个位置增加一个节点，效果如图 3-58 所示。单击属性栏中的"添加节点"按钮，也可以在曲线上增加节点。

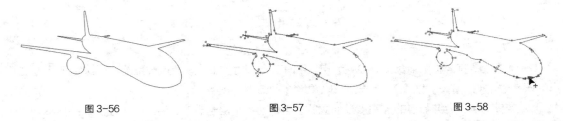

图 3-56　　　　　　　　　　　图 3-57　　　　　　　　　　　图 3-58

将鼠标指针放在要删除的节点上双击，如图 3-59 所示，可以删除这个节点，效果如图 3-60 所示。选中要删除的节点，单击属性栏中的"删除节点"按钮，也可以在曲线上删除选中的节点。

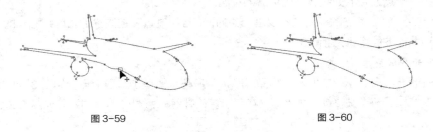

图 3-59　　　　　　　　　　　　　图 3-60

> 如果需要在曲线和图形中删除多个节点，可以先按住 Shift 键，再选择要删除的多个节点，选择好后按 Delete 键就可以了。当然也可以使用圈选的方法选择需要删除的多个节点，选择好后按 Delete 键即可。

4. 合并和连接节点

使用"形状"工具圈选两个需要合并的节点，如图 3-61 所示。两个节点被选中，如图 3-62 所示。单击属性栏中的"连接两个节点"按钮将节点合并，使曲线成为闭合的曲线，效果如图 3-63 所示。

图 3-61　　　　　　　　　　　图 3-62　　　　　　　　　　　图 3-63

使用"形状"工具圈选两个需要连接的节点，单击属性栏中的"闭合曲线"按钮，可以将两个节点以直线连接，使曲线成为闭合的曲线。

5. 断开曲线的节点

在曲线中要断开的节点上单击，选中该节点，如图 3-64 所示。单击属性栏中的"断开曲线"按钮 ，断开节点。移动断开后的节点，曲线效果如图 3-65 所示。

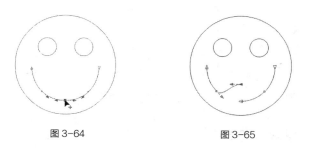

图 3-64   图 3-65

> 在绘制图形的过程中有时需要将开放的路径闭合，选择"对象 > 连接曲线"命令，可以以直线或曲线方式闭合路径。

3.2.2 编辑曲线的端点和轮廓

通过属性栏可以设置一条曲线的端点和轮廓的样式，这项功能可以帮助用户制作出非常实用的效果。

绘制一条曲线，再用"选择"工具 选择曲线，如图 3-66 所示。这时的属性栏如图 3-67 所示。在属性栏中单击"轮廓宽度" .2 mm 数据框右侧的按钮 ▼，弹出轮廓宽度的下拉列表，如图 3-68 所示。在其中进行选择，将曲线变粗，效果如图 3-69 所示。也可以在"轮廓宽度"中输入数值后，按 Enter 键，设置曲线宽度。

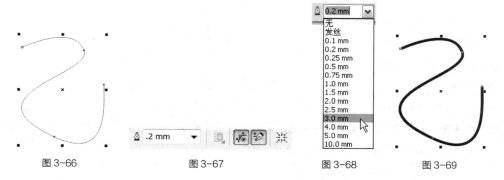

图 3-66   图 3-67   图 3-68   图 3-69

在属性栏中有 3 个可供选择的下拉列表按钮，按从左到右的顺序分别是"起始箭头"、"线条样式"和"终止箭头"。单击"起始箭头"右侧的按钮，弹出"起始箭头"下拉列表框，如图 3-70 所示。单击需要的箭头样式，在曲线的起始点会出现选择的箭头，效果如图 3-71 所示。单击"线条样式"右侧的按钮，弹出"线条样式"下拉列表框，如图 3-72 所示。单击需要的轮廓样式，曲线的样式被改变，效果如图 3-73 所示。单击"终止箭头"右侧的按钮，弹出"终止箭头"下拉列表框，如图 3-74 所示。单击需要的箭头样式，在曲线的终止点会出现选择的箭头，效果如图 3-75 所示。

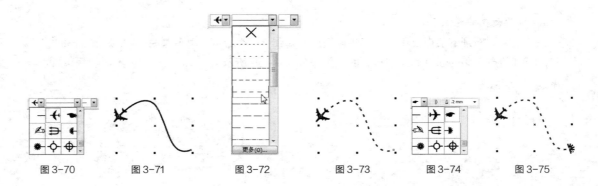

| 图 3-70 | 图 3-71 | 图 3-72 | 图 3-73 | 图 3-74 | 图 3-75 |

3.2.3　编辑和修改几何图形

使用矩形、椭圆形和多边形工具绘制的图形都是简单的几何图形。这类图形有其特殊的属性，图形上的节点比较少，只能对其进行简单的编辑。如果想对其进行更复杂的编辑，就需要将简单的几何图形转换为曲线。

1. 使用"转换为曲线"按钮⬡

使用"椭圆形"工具○，绘制一个椭圆形，效果如图 3-76 所示。在属性栏中单击"转换为曲线"按钮⬡，将椭圆图形转换成曲线图形，曲线图形上增加了多个节点，如图 3-77 所示。使用"形状"工具✎，拖曳椭圆形上的节点，如图 3-78 所示。松开鼠标，调整的图形效果如图 3-79 所示。

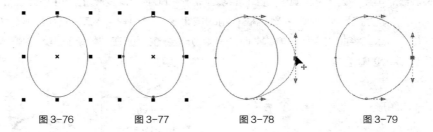

| 图 3-76 | 图 3-77 | 图 3-78 | 图 3-79 |

2. 使用"转换为曲线"按钮✍

使用"多边形"工具○，绘制一个多边形，如图 3-80 所示。选择"形状"工具✎，单击需要选中的节点，如图 3-81 所示。单击属性栏中的"转换为曲线"按钮✍，将直线转换为曲线，曲线上出现节点，图形的对称性被保持，如图 3-82 所示。使用"形状"工具✎，拖曳节点调整图形，如图 3-83 所示。松开鼠标，图形效果如图 3-84 所示。

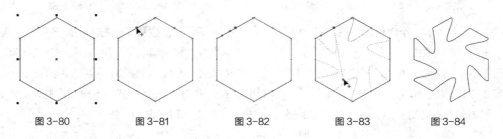

| 图 3-80 | 图 3-81 | 图 3-82 | 图 3-83 | 图 3-84 |

3. 裁切图形

使用"刻刀"工具可以对单一的图形对象进行裁切，使一个图形被裁切成两个部分。

选择"刻刀"工具 ，鼠标指针变为刻刀形状。将鼠标指针放到图形上准备裁切的起点位置，鼠标指针变为竖直形状后单击，如图 3-85 所示。移动鼠标会出现一条裁切线，将鼠标指针放在裁切的终点位置后单击，如图 3-86 所示。图形裁切完成的效果如图 3-87 所示。使用"选择"工具 ，拖曳裁切后的图形，裁切的图形分成了两部分，如图 3-88 所示。

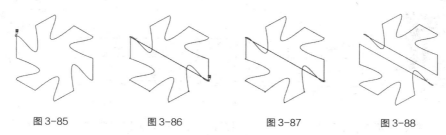

图 3-85　　　　　图 3-86　　　　　图 3-87　　　　　图 3-88

保留为一个对象 ：单击此按钮，在图形被裁切后，裁切的两部分还属于一个图形对象。若不单击此按钮，在裁切后可以得到两个相互独立的图形。按 Ctrl+K 组合键，拆分切割后的曲线。

剪切时自动闭合 ：单击此按钮，在图形被裁切后，裁切的两部分将自动生成闭合的曲线图形，并保留其填充的属性。若不单击此按钮，在图形被裁切后，裁切的两部分将不会自动闭合，同时图形会失去填充属性。

　　按住 Shift 键，使用的"刻刀"工具将以贝塞尔曲线的方式裁切图形。已经经过渐变、群组及特殊效果处理的图形和位图都不能使用刻刀工具来裁切。

4．擦除图形

"橡皮擦"工具可以擦除图形的部分或全部，并可以将擦除后图形的剩余部分自动闭合。橡皮擦工具只能对单一的图形对象进行擦除。

绘制一个图形，如图 3-89 所示。选择"橡皮擦"工具 ，鼠标指针变为擦除工具图标，单击并按住鼠标左键，拖曳鼠标可以擦除图形，如图 3-90 所示。擦除后的图形效果如图 3-91 所示。

"橡皮擦"工具属性栏如图 3-92 所示。"橡皮擦厚度" 可以设置擦除的宽度；单击"减少节点"按钮 ，可以在擦除时自动平滑边缘；单击"橡皮擦形状"按钮 可以转换橡皮擦的形状为方形或圆形擦除图形。

图 3-89　　　　图 3-90　　　　图 3-91　　　　　　图 3-92

5．修饰图形

使用"涂抹笔刷"工具 和"粗糙笔刷"工具 可以修饰已绘制的矢量图形。

绘制一个图形，如图 3-93 所示。选择"涂抹笔刷"工具 ，其属性栏如图 3-94 所示。在图上拖曳，制作出需要的涂抹效果，如图 3-95 所示。

图 3-93   图 3-94   图 3-95

绘制一个图形，如图 3-96 所示。选择"粗糙笔刷"工具 ，其属性栏如图 3-97 所示。在图形边缘拖曳，制作出需要的粗糙效果，如图 3-98 所示。

图 3-96   图 3-97   图 3-98

> **提示**
>
> "涂抹笔刷"工具 和"粗糙笔刷"工具 可以应用的矢量对象有开放/闭合的路径、纯色和交互式渐变填充、透明度和阴影效果的对象。不可以应用的矢量对象有调和、立体化的对象和位图。

3.3 编辑轮廓线

轮廓线是指一个图形对象的边缘或路径。在系统默认的状态下，CorelDRAW X6 中绘制出的图形基本上已画出了细细的黑色轮廓线。通过调整轮廓线的宽度，可以绘制出不同宽度的轮廓线，如图 3-99 所示，还可以将轮廓线设置为无轮廓。

3.3.1 使用轮廓工具

单击"轮廓笔"工具 ，弹出"轮廓"工具的展开工具栏，如图 3-100 所示。

展开工具栏中的"轮廓笔"工具可以编辑图形对象的轮廓线。"轮廓色"工具可以编辑图形对象的轮廓线颜色。下面 11 个按钮用于设置图形对象的轮廓宽度，分别是无轮廓、细线轮廓、0.1mm、0.2mm、0.25mm、0.5mm、0.75mm、1mm、1.5mm、2mm 和 2.5mm。"彩色"工具可以对图形的轮廓线颜色进行编辑。

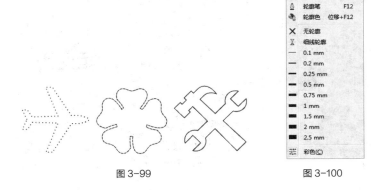

图 3-99   图 3-100

3.3.2　设置轮廓线的颜色

绘制一个图形对象，并使图形对象处于选取状态，单击"轮廓笔"工具 🖊，弹出"轮廓笔"对话框，如图 3-101 所示。在"轮廓笔"对话框中，"颜色"选项可以设置轮廓线的颜色。在 CorelDRAW X6 的默认状态下，轮廓线被设置为黑色。

在颜色列表框 ■▼ 的黑色三角按钮上单击，打开颜色下拉列表，如图 3-102 所示。在颜色下拉列表中可以选择需要的颜色，也可以单击"更多"按钮，打开"选择颜色"对话框，如图 3-103 所示。在对话框中可以调配自己需要的颜色，单击"确定"按钮即可填充轮廓。

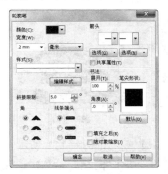　　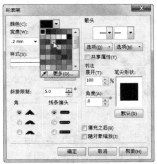　　

图 3-101   图 3-102   图 3-103

技巧

　　　　　图形对象在选取状态下，直接在调色板中需要的颜色上单击鼠标右键，可以快速填充轮廓线颜色。

3.3.3　设置轮廓线的粗细及样式

在"轮廓笔"对话框中，"宽度"选项可以设置轮廓线的宽度值和宽度的度量单位。在左边黑色三角按钮上单击，弹出下拉列表，可以选择宽度数值，如图 3-104 所示，也可以在数值框中直接输入宽度数值。在右边黑色三角按钮上单击，弹出下拉列表，可以选择宽度的度量单位，如图 3-105 所示。单击"样式"选项右侧的黑色三角按钮，弹出下拉列表，可以选择轮廓线的样式，如图 3-106 所示。

图 3-104   图 3-105   图 3-106

3.3.4　设置轮廓线角的样式及端头样式

在"轮廓笔"对话框中，"角"选项组可以设置轮廓线角的样式，如图 3-107 所示。"角"选项组提供了 3 种拐角的方式，它们分别是尖角、圆角和平角。

因为较细的轮廓线在设置拐角后效果不明显，故将轮廓线的宽度增加。3 种拐角的效果如图 3-108 所示。

在"轮廓笔"对话框中，"线条端头"选项组可以设置线条端头的样式，如图 3-109 所示。3 种样式分别是削平两端点、两端点延伸成半圆形、削平两端点并延伸。分别选择 3 种端头样式，效果如图 3-110 所示。

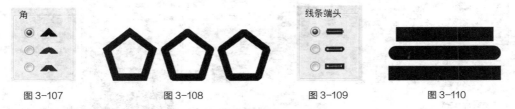

图 3-107   图 3-108   图 3-109   图 3-110

在"轮廓笔"对话框中，"箭头"选项组可以设置线条两端的箭头样式，如图 3-111 所示。"箭头"选项组中提供了两个样式框。左侧的样式框 用来设置箭头样式，单击样式框上的黑色三角按钮，弹出"箭头样式"列表，如图 3-112 所示。右侧的样式框 用来设置箭尾样式，单击样式框上的黑色三角按钮，弹出"箭尾样式"列表，如图 3-113 所示。

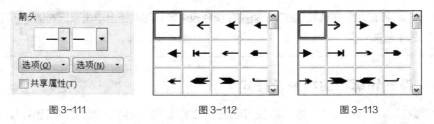

图 3-111   图 3-112   图 3-113

"填充之后"选项：会将图形对象的轮廓置于图形对象的填充之后。图形对象的填充会遮挡图形对象的轮廓颜色，只能观察到轮廓的一段宽度的颜色。

"随对象缩放"选项：在缩放图形对象时，图形对象的轮廓线会根据图形对象的大小而改变，使图形对象的整体效果保持不变。如果不选择此选项，在缩放图形对象时，图形对象的轮廓线不会根据图形对象的大小而改变，轮廓线和填充不能保持原图形对象的效果，图形对象的整体效果就会被破坏。

3.3.5 课堂案例——绘制小天使

案例学习目标

学习使用几何形状工具和"填充"工具绘制小天使。

案例知识要点

使用"贝塞尔"工具、"椭圆形"工具和"填充"工具绘制小天使图形；使用"贝塞尔"工具和"轮廓笔"工具绘制翅膀图形；小天使效果如图 3-114 所示。

效果所在位置

云盘/Ch03/效果/绘制小天使.cdr。

图 3-114

扫码观看
本案例视频

扫码观看
扩展案例

案例操作步骤

（1）按 Ctrl+N 组合键，新建一个 A4 页面。单击属性栏中的"横向"按钮 □，页面显示为横向页面。选择"贝塞尔"工具 ，在适当的位置绘制一个图形，设置图形颜色的 CMYK 值为 0、20、40、0，填充图形，并去除图形的轮廓线，效果如图 3-115 所示。

（2）选择"贝塞尔"工具 ，在适当的位置绘制一个图形，如图 3-116 所示。设置图形颜色的 CMYK 值为 0、20、40、60，填充图形，并去除图形的轮廓线，效果如图 3-117 所示。按 Shift+PageDown 组合键，后移图形，效果如图 3-118 所示。

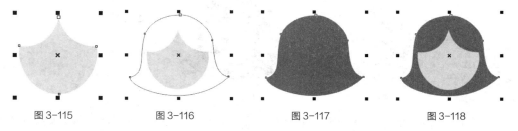

图 3-115   图 3-116   图 3-117   图 3-118

（3）选择"椭圆形"工具 ，在适当的位置绘制两个椭图形，如图 3-119 所示。选择"选择"工具 ，用圈选的方法将两个椭圆形同时选取，单击属性栏中的"移除前面对象"按钮 ，将两个图形减切为一个图形，效果如图 3-120 所示。设置图形颜色的 CMYK 值为 0、0、0、100，填充图形，并去除图形的轮廓线，效果如图 3-121 所示。

（4）选择"选择"工具 ，按数字键盘上的+键，复制图形。按住 Shift 键，水平向右拖曳图形到适当的位置，效果如图 3-122 所示。

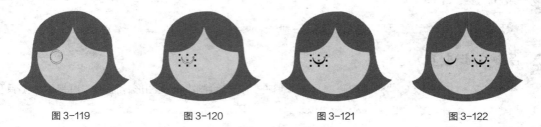

图 3-119　　　　　　图 3-120　　　　　　图 3-121　　　　　　图 3-122

（5）选择"贝塞尔"工具 ，在适当的位置绘制一条曲线，如图 3-123 所示。按 F12 键，弹出"轮廓笔"对话框，选项的设置如图 3-124 所示，单击"确定"按钮，效果如图 3-125 所示。

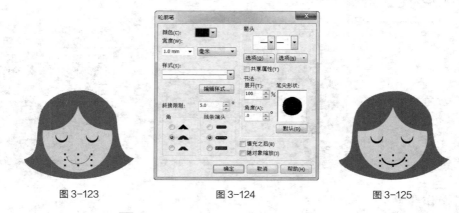

图 3-123　　　　　　　　图 3-124　　　　　　　　图 3-125

（6）选择"椭圆形"工具 ，按住 Ctrl 键，绘制一个圆形。设置图形颜色的 CMYK 值为 0、100、100、0，填充图形，并去除图形的轮廓线，效果如图 3-126 所示。

（7）选择"选择"工具 ，按数字键盘上的+键，复制图形。按住 Shift 键，水平向右拖曳复制图形到适当的位置，效果如图 3-127 所示。选择"贝塞尔"工具 ，在适当的位置绘制一个图形，如图 3-128 所示。

图 3-126　　　　　　图 3-127　　　　　　图 3-128

（8）按 F11 键，弹出"渐变填充"对话框，点选"双色"单选框，将"从"选项颜色的 CMYK 值设为 0、100、60、0，"到"选项颜色的 CMYK 值设为 40、100、0、0，其他选项的设置如图 3-129 所示，单击"确定"按钮，填充图形，并去除图形的轮廓线，效果如图 3-130 所示。按 Shift+PageDown

组合键，后移图形，效果如图 3-131 所示。

（9）选择"基本形状"工具 ，单击属性栏中的"完美形状"按钮 ，在弹出的下拉列表中选择需要的形状，如图 3-132 所示。

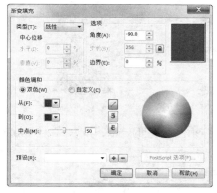

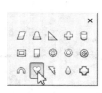

图 3-129　　　　图 3-130　　　图 3-131　　　图 3-132

（10）在适当的位置拖曳鼠标绘制图形，如图 3-133 所示。设置图形颜色的 CMYK 值为 76、5、42、0，填充图形，并去除图形的轮廓线，效果如图 3-134 所示。

（11）选择"贝塞尔"工具 ，绘制一个不规则图形。按 F11 键，弹出"渐变填充"对话框，点选"双色"单选框，将"从"选项颜色的 CMYK 值设为 0、20、40、0，"到"选项颜色的 CMYK 值设为 0、20、20、0，其他选项的设置如图 3-135 所示，单击"确定"按钮，填充图形，并去除图形的轮廓线，效果如图 3-136 所示。

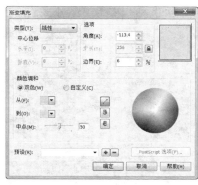

图 3-133　　　　图 3-134　　　　　　图 3-135　　　　　　图 3-136

（12）选择"选择"工具 ，按数字键盘上的+键，复制图形。按住 Shift 键，拖曳图形右上方的控制手柄，将其等比例缩小，如图 3-137 所示。按 F12 键，弹出"轮廓笔"对话框，在"颜色"选项中设置轮廓线颜色的 CMYK 值为 76、5、42、0，其他选项的设置如图 3-138 所示，单击"确定"按钮，效果如图 3-139 所示。

（13）选择"选择"工具 ，用圈选的方法选取需要的图形，如图 3-140 所示。按 Ctrl+G 组合键，将其群组。按数字键盘上的+键，复制图形。单击属性栏中的"水平镜像"按钮 ，水平翻转复制的图形，并将其拖曳到适当的位置，效果如图 3-141 所示。

图 3-137

图 3-138

图 3-139

（14）选择"选择"工具 ，按住 Shift 键的同时，将翅膀图形同时选取，按 Shift+PageDown
组合键，后移图形，效果如图 3-142 所示。

图 3-140　　　　　　　　图 3-141　　　　　　　　图 3-142

（15）选择"椭圆形"工具 ，绘制一个椭圆形，如图 3-143 所示。按 F12 键，弹出"轮廓笔"
对话框，在"颜色"选项中设置轮廓线颜色的 CMYK 值为 76、5、42、0，其他选项的设置如图 3-144
所示，单击"确定"按钮，效果如图 3-145 所示。小天使绘制完成。

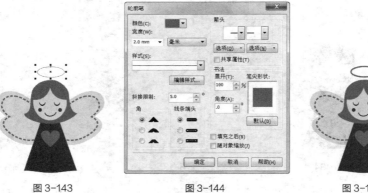

图 3-143　　　　　　　　图 3-144　　　　　　　　图 3-145

3.4　均匀填充

在 CorelDRAW X6 中，颜色的填充包括对图形对象的轮廓和内部的填充。图形对象的轮廓只能
填充单色，而图形对象的内部可以进行单色、渐变、图案等多种方式的填充。通过对图形对象的轮廓
和内部进行颜色填充，可以制作出绚丽的作品。

3.4.1　使用调色板填充颜色

调色板是给图形对象填充颜色的最快途径。通过选取调色板中的颜色，可以把一种新颜色快速填充到图形对象中。

在 CorelDRAW X6 中提供了多种调色板，选择"窗口 > 调色板"命令，将弹出可供选择的多种颜色调色板。CorelDRAW X6 在默认状态下使用的是 CMYK 调色板。

调色板一般在页面的右侧。使用"选择"工具 ，选中页面右侧的条形色板，如图 3-146 所示。按住鼠标左键拖曳条形色板到页面的中间，调色板变为图 3-147 所示。

绘制一个要填充的图形对象。使用"选择"工具 选中要填充的图形对象，如图 3-148 所示。在调色板中选中的颜色上单击，如图 3-149 所示，图形对象的内部即被选中的颜色填充，如图 3-150 所示。单击调色板中的"无填充"按钮 ，可取消对图形对象内部的颜色填充。

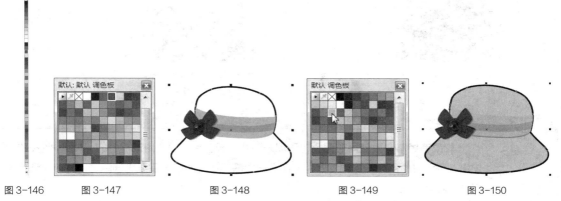

图 3-146　　图 3-147　　　　图 3-148　　　　图 3-149　　　　图 3-150

选取需要的图形，如图 3-151 所示。在调色板中选中的颜色上单击鼠标右键，如图 3-152 所示，图形对象的轮廓线即被选中的颜色填充，填充适当的轮廓宽度，如图 3-153 所示。

图 3-151　　　　　　图 3-152　　　　　　图 3-153

技巧　选中调色板中的色块，按住鼠标左键不放，拖曳色块到图形对象上，松开鼠标左键，也可填充对象。

3.4.2　"均匀填充"对话框

选择"填充"工具 展开工具栏中的"均匀填充"工具，或按 Shift+F11 组合键，弹出"均匀填充"对话框，可以在对话框中设置需要的颜色。

在对话框中提供了 3 种设置颜色的方式，分别是模型、混和器和调色板，选择其中的任何一种方式都可以设置需要的颜色。

1. 模型

模型设置框如图 3-154 所示，在设置框中提供了完整的色谱。通过操作颜色关联控件可更改颜色，也可以通过在颜色模式的各参数值框中设置数值来设定需要的颜色。在设置框中还可以选择不同的颜色模式，模型设置框默认的是 CMYK 模式，如图 3-155 所示。

调配好需要的颜色后，单击"确定"按钮，可以将需要的颜色填充到图形对象中。

图 3-154

图 3-155

> **技巧**
>
> 如果有经常需要使用的颜色，调配好需要的颜色后，单击对话框中的"加到调色板"按钮，可以将颜色添加到调色板中。在下一次需要使用时就不需要再调配了，直接在调色板中调用就可以了。

2. 混和器

混和器设置框如图 3-156 所示，它是通过组合其他颜色的方式来生成新颜色的。通过转动色环或从"色度"选项的下拉列表中选择各种形状，可以设置需要的颜色。从"变化"选项的下拉列表中选择各种选项，可以调整颜色的明度。调整"大小"选项旁的滑动块可以使选择的颜色更丰富。

可以通过在颜色模式的各参数值框中设置数值来设定需要的颜色。在设置框中还可以选择不同的颜色模式，混合器设置框默认的是 CMYK 模式，如图 3-157 所示。

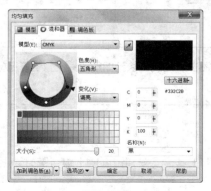

图 3-156

图 3-157

3. 调色板

调色板设置框如图 3-158 所示，它是使用 CorelDRAW X6 中已有颜色库中的颜色来填充图形对象的。在"调色板"选项的下拉列表中可以选择需要的颜色库，如图 3-159 所示。

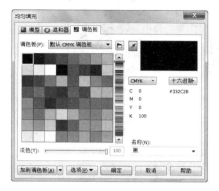

图 3-158   图 3-159

在调色板中的颜色上单击就可以选中需要的颜色，调整"淡色"选项旁的滑动块可以使选择的颜色变淡。调配好需要的颜色后，单击"确定"按钮，可以将需要的颜色填充到图形对象中。

3.4.3 使用"颜色泊坞窗"填充

"颜色泊坞窗"是为图形对象填充颜色的辅助工具，特别适合在实际工作中应用。

选择"填充"工具 ⬦ 展开工具栏下的"彩色"工具，弹出"颜色泊坞窗"，如图 3-160 所示。

绘制一个箭头，如图 3-161 所示。在"颜色泊坞窗"中调配颜色，如图 3-162 所示。

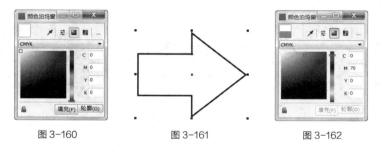

图 3-160   图 3-161   图 3-162

调配好颜色后，单击"填充"按钮，如图 3-163 所示，颜色填充到箭头的内部，效果如图 3-164 所示。也可在调配好颜色后，单击"轮廓"按钮，如图 3-165 所示，填充颜色到箭头的轮廓线，效果如图 3-166 所示。

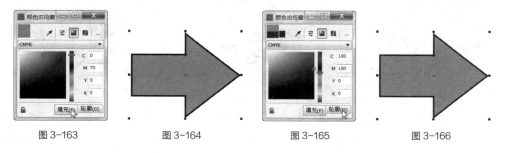

图 3-163   图 3-164   图 3-165   图 3-166

在"颜色泊坞窗"的右上角有 3 个按钮 ⚏ ▦ ▤，分别是"显示颜色滑块""显示颜色查看器""显示调色板"。分别单击 3 个按钮可以选择不同的调配颜色的方式，如图 3-167 所示。

图 3-167

3.5 渐变填充

渐变填充是一种非常实用的功能，在设计制作中经常会用到。在 CorelDRAW X6 中，渐变填充提供了线性、辐射、圆锥和正方形 4 种渐变色彩的形式，可以绘制出多种渐变颜色效果。下面介绍使用渐变填充的方法和技巧。

3.5.1 使用属性栏和工具进行填充

1. 使用属性栏进行填充

绘制一个图形，效果如图 3-168 所示。单击"交互式填充"工具 🖋，弹出其属性栏，如图 3-169 所示。选择"线性"填充选项，图形以预设的颜色填充，效果如图 3-170 所示。

图 3-168　　　　　　　　图 3-169　　　　　　　　图 3-170

单击属性栏 线性 ▾ 右侧的黑色三角按钮，弹出其下拉选项，可以选择渐变的类型。辐射、圆锥、正方形的填充效果如图 3-171 所示。

图 3-171

属性栏中的该按钮 ■▾ 用于选择渐变起点颜色，"最后一个填充挑选器"按钮 □▾ 用于选择渐变终点颜色，"填充中心点" +50▴▾% 数值框用于设置渐变的中心点，"角度和边界" ↺0▴▾数值框用于设置渐变填充的角度和边缘宽度，"渐变步长"  数值框用于设置渐变的层次。

2．使用工具填充

绘制一个图形，效果如图 3-172 所示。选择"交互式填充"工具 ，在起点颜色的位置按住鼠标左键拖曳鼠标到适当的位置，松开鼠标左键，图形被填充了预设的颜色，效果如图 3-173 所示。在拖曳的过程中可以控制渐变的角度、渐变的边缘宽度等渐变属性。

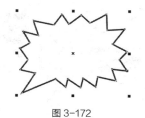

图 3-172 　　　　　　　　　图 3-173

拖曳起点颜色和终点颜色可以改变渐变的角度和边缘宽度。拖曳中间点可以调整渐变颜色的分布。拖曳渐变虚线可以控制颜色渐变与图形之间的相对位置。

3.5.2　使用"渐变填充"对话框填充

选择"填充"工具 展开工具栏中的"渐变填充"工具，弹出"渐变填充"对话框。在对话框中的"颜色调和"选项组中可选择渐变填充的两种类型："双色"或"自定义"渐变填充。

1．双色渐变填充

"双色"渐变填充的对话框如图 3-174 所示。在对话框中的"预设"选项中包含了 CorelDRAW X6 预设的一些渐变效果。如果调配好一个渐变效果，可以单击"预设"选项右侧的 按钮，将调配好的渐变效果添加到预设选项中；单击"预设"选项右侧的 按钮，可以删除预设选项中的渐变效果。

在"颜色调和"选项组的中部有 3 个按钮，可以用它们来确定颜色在色轮中所要遵循的路径。在上方的 按钮表示由沿直线变化的色相和饱和度来决定中间的填充颜色。在中间的 按钮表示以色轮中沿逆时针路径变化的色相和饱和度决定中间的填充颜色。在下面的 按钮表示以色轮中沿顺时针路径变化的色相和饱和度决定中间的填充颜色。

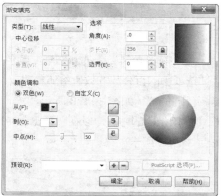

图 3-174

2．自定义渐变填充

单击选择"自定义"单选框，如图 3-175 所示。在"颜色调和"选项组中，出现了"预览色带"和"调色板"。在"预览色带"上方的左右两侧各有一个小正方形，分别表示自定义渐变填充的起点和终点颜色。单击终点的小正方形将其选中，小正方形由白色变为黑色，如图 3-176 所示。再单击"调色板"中的颜色，可改变自定义渐变填充终点的颜色。

在"预览色带"上的起点和终点颜色之间双击，将在"预览色带"上产生一个黑色倒三角形 ，也就是新增了一个渐变颜色标记，如图 3-177 所示。"位置"选项中显示的百分数就是当前新增渐变颜色标记的位置。"当前"选项中显示的颜色就是当前新增渐变颜色标记的颜色。

在"调色板"中单击需要的渐变颜色，"预览色带"上新增渐变颜色标记上的颜色将改变为需要的新颜色。"当前"选项中将显示新选择的渐变颜色，如图 3-178 所示。

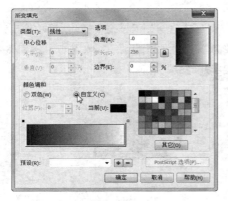

图 3-175

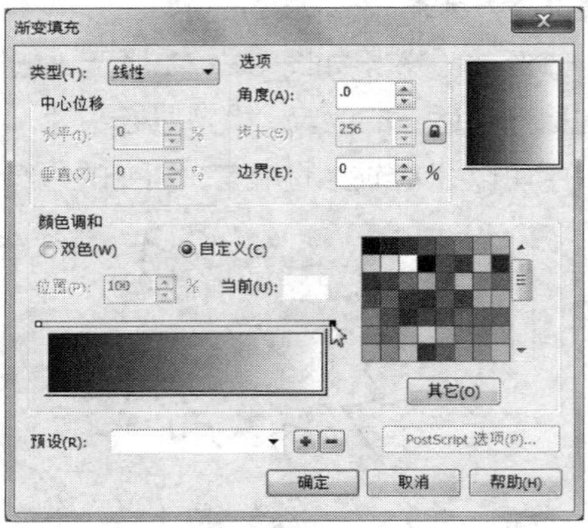

图 3-176

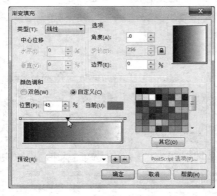

图 3-177

图 3-178

　　在"预览色带"上的新增渐变颜色标记上单击并拖曳鼠标，可以调整新增渐变颜色的位置，"位置"选项中的百分数的数值将随着改变。直接改变"位置"选项中的百分数的数值也可以调整新增渐变颜色的位置，如图 3-179 所示。

　　使用相同的方法可以在"预览色带"上新增多个渐变颜色，制作出更符合设计需要的渐变效果，如图 3-180 所示。

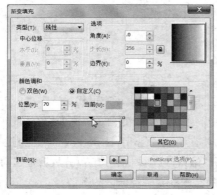

图 3-179

图 3-180

3.5.3 渐变填充的样式

绘制一个图形, 如图 3-181 所示。在"渐变填充"对话框中的"预设"选项中包含了 CorelDRAW X6 预设的一些渐变效果, 如图 3-182 所示。

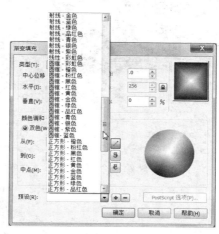

图 3-181   图 3-182

选择好一个预设的渐变效果, 单击"确定"按钮, 可以完成渐变填充。使用预设的渐变效果填充的各种效果如图 3-183 所示。

图 3-183

3.5.4 课堂案例——绘制电池图标

案例学习目标

学习使用"渐变填充"工具制作电池。

案例知识要点

使用"矩形"工具、"渐变填充"工具、"钢笔"工具绘制背景; 使用"矩形"工具、"渐变填充"工具、"钢笔"工具制作电池效果; 使用"文本"工具输入说明文字; 电池图标效果如图 3-184 所示。

效果所在位置

云盘/Ch03/效果/绘制电池图标.cdr。

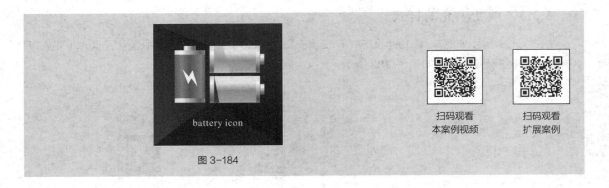

图 3-184

扫码观看
本案例视频

扫码观看
扩展案例

案例操作步骤

（1）按 Ctrl+N 组合键，新建一个页面。在属性栏的"页面度量"选项中分别设置宽度为 285mm、高度为 210mm，按 Enter 键，页面尺寸显示为设置的大小。

（2）选择"矩形"工具 □，在页面中绘制一个矩形，设置图形填充颜色为黑色，填充图形，并去除图形的轮廓线，效果如图 3-185 所示。

（3）选择"钢笔"工具 ◊，在页面中绘制一个不规则图形，如图 3-186 所示。按 F11 键，弹出"渐变填充"对话框，点选"双色"单选框，将"从"选项颜色的 CMYK 值设为 0、0、0、90，"到"选项颜色的 CMYK 值设为 0、0、0、100，其他选项的设置如图 3-187 所示，单击"确定"按钮，填充图形，并去除图形的轮廓线，效果如图 3-188 所示。用相同的方法绘制其他图形，效果如图 3-189 所示。

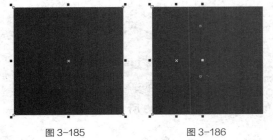

图 3-185　　　　　　图 3-186

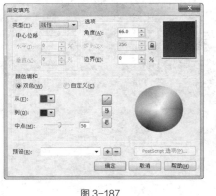

图 3-187

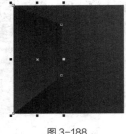

图 3-188

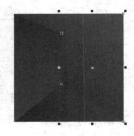

图 3-189

（4）选择"矩形"工具 □，在页面中绘制一个矩形，如图 3-190 所示。按 F11 键，弹出"渐变填充"对话框，点选"自定义"单选框，在"位置"选项中分别添加并输入 0、24、83、100 几个位置点，单击右下角的"其它"按钮，分别设置几个位置点颜色的 CMYK 值为 0（0、0、0、0）、24（0、0、0、0）、83（0、0、0、70）、100（0、0、0、50），其他选项的设置如图 3-191 所示，单击"确定"按钮，填充图形，并去除图形的轮廓线，效果如图 3-192 所示。

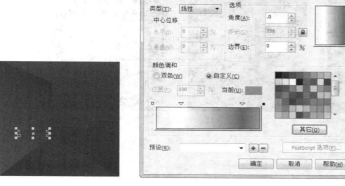

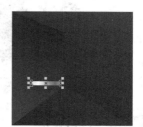

| 图 3-190 | 图 3-191 | 图 3-192 |

（5）选择"选择"工具 ，选取矩形，按住 Shift 键，垂直向上拖曳矩形到适当位置，单击鼠标右键，松开鼠标，复制并移动图形，效果如图 3-193 所示。用上述方法绘制其他图形，如图 3-194 所示。

（6）选择"矩形"工具 ，在页面中绘制一个矩形，如图 3-195 所示。按 F11 键，弹出"渐变填充"对话框，点选"自定义"单选框，在"位置"选项中分别添加并输入 0、23、50、88、100 几个位置点，单击右下角的"其它"按钮，分别设

| 图 3-193 | 图 3-194 |

置几个位置点颜色的 CMYK 值为 0（80、0、100、0）、23（40、0、100、0）、50（100、0、100、0）、88（40、0、100、0）、100（80、0、100、0），其他选项的设置如图 3-196 所示，单击"确定"按钮，填充图形，并去除图形的轮廓线，效果如图 3-197 所示。

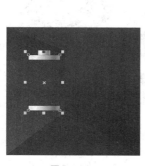

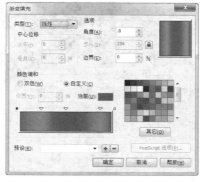

| 图 3-195 | 图 3-196 | 图 3-197 |

（7）选择"钢笔"工具 ，在页面中绘制一个不规则图形，填充图形为白色，并去除图形的轮廓线，效果如图 3-198 所示。用相同的方法制作其他电池，效果如图 3-199 所示。

（8）选择"文本"工具 字，在页面中输入需要的文字。选择"选择"工具 ，在属性栏中选择合适的字体并设置文字大小。在"CMYK 调色板"中的"白"色块上单击鼠标，填充文字，效果如图 3-200 所示。电池图标效果绘制完成。

图 3-198 　　　　　 图 3-199 　　　　　 图 3-200

3.6　图样填充

"图样填充"是由矢量和线描图像生成的。可以将预设图案以平铺的方式填充到图形中。下面将介绍使用图样填充的方法和技巧。

选择"填充"工具 ，展开工具栏中的"图样填充"工具 ，弹出"图样填充"对话框。在对话框中有"双色""全色""位图"3 种图样填充方式的选项，如图 3-201 所示。

双色：用两种颜色构成的图案来填充，也就是通过设置前景色和背景色的颜色来填充。

全色：图案是由矢量和线描图像来生成的。

位图：使用位图图片进行填充。

  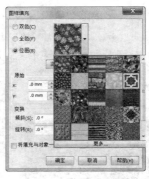

　　　双色 　　　　　　　　　 全色 　　　　　　　　　 位图

图 3-201

"图样填充"对话框中各选项如图 3-202 所示。

"浏览"按钮：可以载入已有图片。

"删除"按钮：可以删除载入的图片。

"原始"选项组：用来设置平铺图案的水平和垂直位置。

"大小"选项组：用来设置平铺图案的尺寸大小。

"变换"选项组：用来使图案产生倾斜及旋转变化。

"行或列位移"选项组：用来使填充图案的行或列产生

位移。

图 3-202

3.7 其他填充

除均匀填充、渐变填充和图样填充外，常用的填充还包括底纹填充、网状填充等，这些填充可以使图形更加自然、多变。下面具体介绍这些填充方法和技巧。

3.7.1 底纹填充

选择"填充"工具 ◇ 展开工具栏中的"底纹填充"工具 ▩，弹出"底纹填充"对话框。在对话框中，CorelDRAW X6 的底纹库提供了多个样本组和几百种预设的底纹填充图案，如图 3-203 所示。

在对话框中的"底纹库"选项的下拉列表中可以选择不同的样本组。CorelDRAW X6 底纹库提供了 7 个样本组，选择样本组后，在下面的"底纹列表"中，会显示出样本组中的多个底纹的名称。单击选中一个底纹样式，下面的"预览"框中会显示出底纹的效果。

绘制一个图形，在"底纹列表"中选择需要的底纹效果后，单击"确定"按钮，可以将底纹填充到图形对象中。几个填充不同底纹的图形效果如图 3-204 所示。

图 3-203

图 3-204

选择"交互式填充"工具 ◇，弹出其属性栏，选择"底纹填充"选项，单击属性栏中的图标 ▩ ▾，在弹出的"底纹填充"下拉列表中可以选择底纹填充的样式。

提示

底纹填充会增加文件的大小，并使操作的时间增长，在对大型的图形对象使用底纹填充时要慎重。

3.7.2 网状填充

使用"网状填充"工具可以制作出丰富多变的网状填充效果，还可以将每个网点填充上不同的颜色并且定义颜色填充的扭曲方向。

绘制一个要进行网状填充的图形，如图 3-205 所示。选择"交互式填充"工具 ◇ 展开工具栏中的"网状填充"工具 ▦，在属性栏中将横竖网格的数值均设置为 3，按 Enter 键，图形的网状填充效果如图 3-206 所示。

单击选中网格中需要填充的节点，如图 3-207 所示。在调色板中需要的颜色上单击，可以为选中的节点填充颜色，效果如图 3-208 所示。

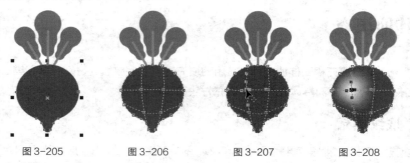

图 3-205　　　图 3-206　　　图 3-207　　　图 3-208

　　再依次选择需要的节点并进行颜色填充，如图 3-209 所示。选择节点后，拖曳节点的控制点可以扭曲颜色填充的方向，如图 3-210 所示。交互式网格填充效果如图 3-211 所示。

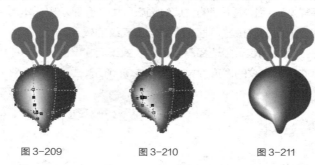

图 3-209　　　　图 3-210　　　　图 3-211

3.7.3　课堂案例——绘制棒棒糖

案例学习目标

学习使用"图样填充"工具绘制装饰底纹。

案例知识要点

使用"椭圆形"工具和"图样填充"工具绘制背景；使用"贝塞尔"工具、"矩形"工具、"椭圆形"工具和"渐变填充"工具绘制棒棒糖；棒棒糖效果如图 3-212 所示。

效果所在位置

云盘/Ch03/效果/绘制棒棒糖.cdr。

图 3-212

扫码观看
本案例视频

扫码观看
扩展案例

📖 **案例操作步骤**

（1）按 Ctrl+N 组合键，新建一个页面。在属性栏的"页面度量"选项中分别设置宽度为 285mm、高度为 210mm，按 Enter 键，页面尺寸显示为设置的大小。

（2）选择"椭圆形"工具 ◯，按住 Ctrl 键，在页面中绘制一个圆形，如图 3-213 所示。选择"图样填充"工具 ▩，在弹出的"图样填充"对话框中进行设置，如图 3-214 所示，单击"确定"按钮，填充图案，并去除图形的轮廓线，效果如图 3-215 所示。

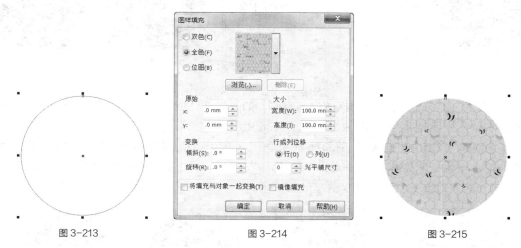

图 3-213   图 3-214   图 3-215

（3）选择"椭圆形"工具 ◯，按住 Ctrl 键，在页面中绘制一个圆形，如图 3-216 所示。按 F11 键，弹出"渐变填充"对话框，点选"双色"单选框，将"从"选项颜色的 CMYK 值设为 40、100、100、6，"到"选项颜色的 CMYK 值设为 0、100、100、0，其他选项的设置如图 3-217 所示，单击"确定"按钮，填充图形，并去除图形的轮廓线，效果如图 3-218 所示。

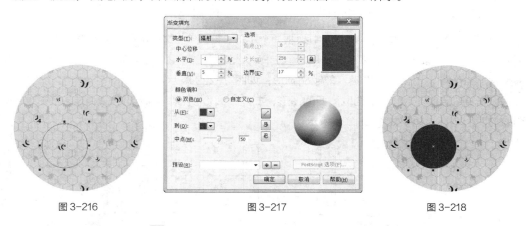

图 3-216   图 3-217   图 3-218

（4）选择"贝塞尔"工具 ✎，在页面中绘制一个不规则图形，效果如图 3-219 所示。按 F11 键，弹出"渐变填充"对话框，点选"双色"单选框，将"从"选项颜色的 CMYK 值设为 9、95、100、0，"到"选项颜色的 CMYK 值设为 42、100、100、10，其他选项的设置如图 3-220 所示，单击"确定"按钮，填充图形，并去除图形的轮廓线，效果如图 3-221 所示。用相同的方法绘制其他图形并分别填充适当颜色，如图 3-222 所示。

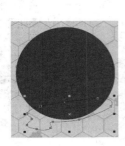
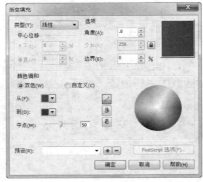

图 3-219 　　　　　　　　 图 3-220 　　　　　　　　 图 3-221 　　　　 图 3-222

（5）选择"选择"工具，选取需要的图形，如图 3-223 所示。按 Ctrl+PageDown 组合键，将图形向后移动，调整图层顺序，效果如图 3-224 所示。

（6）选择"贝塞尔"工具，在页面中绘制一个不规则图形，设置图形填充颜色的 CMYK 值为 0、100、100、50，填充图形，并去除图形的轮廓线，效果如图 3-225 所示。用相同的方法绘制其他图形，并分别填充适当颜色，效果如图 3-226 所示。

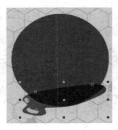

图 3-223 　　　　　　　 图 3-224 　　　　　　　 图 3-225 　　　　　　　 图 3-226

（7）选择"矩形"工具，在页面中绘制一个矩形，如图 3-227 所示。选择"椭圆形"工具，在页面中绘制一个椭圆形，如图 3-228 所示。选择"选择"工具，选取椭圆形，按住 Shift 键，向下拖曳到适当位置，单击鼠标右键，复制椭圆形，如图 3-229 所示。

（8）选择"选择"工具，选取需要的图形，如图 3-230 所示。单击属性栏中的"合并"按钮，将选取的图形合并，效果如图 3-231 所示。

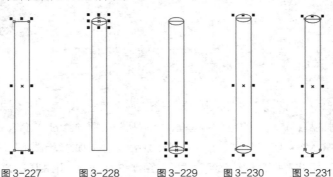

图 3-227 　　　 图 3-228 　　　 图 3-229 　　　 图 3-230 　　　 图 3-231

（9）按 F11 键，弹出"渐变填充"对话框，点选"双色"单选框，将"从"选项颜色的 CMYK 值设为 5、16、31、0，"到"选项颜色的 CMYK 值设为 30、40、59、0，其他选项的设置如图 3-232 所示，单击"确定"按钮，效果如图 3-233 所示。

（10）选择"选择"工具 ，选取需要的椭圆形，设置图形填充颜色的 CMYK 值为 16、25、43、0，填充图形，并去除图形的轮廓线，效果如图 3-234 所示。圈选需要的图形，按 Ctrl+G 组合键，将图形群组，效果如图 3-235 所示。

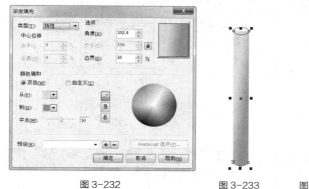

图 3-232　　　　　图 3-233　　　图 3-234　　　图 3-235

（11）选择"选择"工具 ，将绘制的图形拖曳至合适的位置，并将其旋转到合适的角度，效果如图 3-236 所示。圈选需要的图形，按 Ctrl+G 组合键，将图形群组，效果如图 3-237 所示。用相同的方法绘制另一个棒棒糖，效果如图 3-238 所示。棒棒糖绘制完成。

图 3-236　　　　　图 3-237　　　　　图 3-238

课堂练习——绘制卡通锁

🔗 练习知识要点

使用"矩形"工具和"椭圆形"工具绘制出锁图形；使用"3 点椭圆形"工具和"透明度"工具制作锁图形的高光；使用"贝塞尔"工具和"椭圆形"工具绘制出钥匙图形；效果如图 3-239 所示。

◎ 效果所在位置

云盘/Ch03/效果/绘制卡通锁.cdr。

扫码观看
本案例视频

图 3-239

课后习题——绘制 DVD

习题知识要点

使用"椭圆形"工具和"矩形"工具绘制按钮图形；使用"渐变填充"命令为按钮填充渐变色；使用"水平镜像"命令水平翻转按钮图形；效果如图 3-240 所示。

效果所在位置

云盘/Ch03/效果/绘制 DVD.cdr。

扫码观看
本案例视频

图 3-240

04

第 4 章
对象的排序和组合

排序和组合图形对象是设计工作中最基本的对象编辑操作方法。本章主要讲解对象的编辑方法和组合技巧，通过这些内容的学习，用户可以自如地排列和组合对象来提高设计效率，使整体设计元素的布局和组织更加合理。

课堂学习目标

- ✔ 掌握对齐和分布对象的方法和技巧
- ✔ 掌握对象排序的方法
- ✔ 掌握群组和合并图形的技巧

4.1　对象的对齐和分布

CorelDRAW X6 提供了对齐和分布功能来设置图形对象的对齐和分布方式。下面介绍对齐和分布的使用方法和技巧。

4.1.1　多个对象的对齐

使用"选择"工具 ▥，选中多个要对齐的图形对象，选择"排列 > 对齐和分布 > 对齐与分布"命令，或按 Ctrl+Shift+A 键，或单击属性栏中的"对齐与分布"按钮 ▥，弹出图 4-1 所示的"对齐与分布"泊坞窗。

在"对齐与分布"泊坞窗中的"对齐"选项组中，可以选择两组对齐方式，如左对齐、水平居中对齐、右对齐或者顶端对齐、垂直居中对齐、底端对齐。两组对齐方式可以单独使用，也可以配合使用，如对齐右底端、左顶端等设置就需要配合使用。

"对齐对象到"选项组中的按钮只有在单击了"对齐"或"分布"选项组中的按钮时，才可以使用。其中的"页面边缘"按钮 ▥ 或"页面中心"按钮 ▥，用于设置图形对象以页面的什么位置为基准对齐。

选择"选择"工具 ▥，按住 Shift 键，单击几个要对齐的图形对象将它们全选，如图 4-2 所示，注意要将图形目标对象最后选中，因为其他图形对象将以图形目标对象为基准对齐，本例中以右下角的礼盒图形为图形目标对象，所以最后一个选中它。

图 4-1　　　　　　　　　　　　　图 4-2

选择"排列 > 对齐和分布 > 对齐与分布"命令，弹出"对齐与分布"泊坞窗，在泊坞窗中单击"右对齐"按钮 ▥，如图 4-3 所示，几个图形对象以最后选取的礼盒图形的右边缘为基准进行对齐，效果如图 4-4 所示。

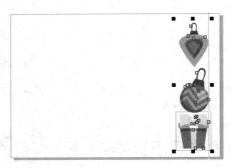

图 4-3　　　　　　　　　　　　　图 4-4

在"对齐与分布"泊坞窗中，单击"垂直居中对齐"按钮，再单击"对齐对象到"选项组中的"页面中心"按钮，如图 4-5 所示，几个图形对象以页面中心为基准进行垂直居中对齐，效果如图 4-6 所示。

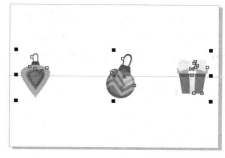

图 4-5   图 4-6

4.1.2　多个对象的分布

使用"选择"工具选择多个要分布的图形对象，如图 4-7 所示。再选择"排列 > 对齐和分布 > 对齐与分布"命令，弹出"对齐与分布"泊坞窗，在"分布"选项组中显示分布排列的按钮，如图 4-8 所示。

图 4-7   图 4-8

在"分布"选项组中有两种分布形式，分别是沿垂直方向分布和沿水平方向分布。可以选择不同的基准点来分布对象。

在"将对象分布到"选项组中，可分别单击"选定的范围"按钮和"页面范围"按钮。如图 4-9 所示进行设定，几个图形对象的分布效果如图 4-10 所示。

图 4-9   图 4-10

4.2　对象的排序

在 CorelDRAW X6 中，绘制的图形对象都存在着重叠的关系，如果在绘图页面中的同一位置先后绘制两个不同的背景图形对象，后绘制的图形对象将位于先绘制图形对象的上方。使用 CorelDRAW X6 的排序功能可以安排多个图形对象的前后顺序，也可以使用图层来管理图形对象。

4.2.1　图形对象的排序

在绘图页面中先后绘制几个不同的图形对象，如图 4-11 所示。使用"选择"工具 选择要进行排序的图形对象，效果如图 4-12 所示。

选择"排列 > 顺序"子菜单下的各个命令，可将已选择的图形对象排序，如图 4-13 所示。

图 4-11　　　　　　　　　　图 4-12　　　　　　　　　　图 4-13

选择"到图层前面"命令，可以将背景图形从当前层移动到绘图页面中其他图形对象的最前面，效果如图 4-14 所示。按 Shift+PageUp 组合键，也可以完成这个操作。

选择"到图层后面"命令，可以将背景图形从当前层移动到绘图页面中其他图形对象的最后面，效果如图 4-15 所示。按 Shift+PageDown 组合键，也可以完成这个操作。

选择"向前一层"命令，可以将选定的背景图形从当前位置向前移动一个图层，效果如图 4-16 所示。按 Ctrl+PageUp 组合键，也可以完成这个操作。

图 4-14　　　　　　　　　　图 4-15　　　　　　　　　　图 4-16

当图形位于图层最前面的位置时，选择"向后一层"命令，可以将选定的图形从当前位置向后移动一个图层，效果如图 4-17 所示。按 Ctrl+PageDown 组合键，也可以完成这个操作。

选择"置于此对象前"命令，可以将选择的图形放置到指定图形对象的前面。选择"置于此对象前"命令后，鼠标指针变为黑色箭头，使用黑色箭头单击指定的图形对象，如图 4-18 所示。图形被放置到指定的图形对象的前面，效果如图 4-19 所示。

图 4-17　　　　　　　　图 4-18　　　　　　　　图 4-19

选择"置于此对象后"命令，可以将选择的图形放置到指定图形对象的后面。选择"置于此对象后"命令后，鼠标指针变为黑色箭头，使用黑色箭头单击指定的图形对象，如图 4-20 所示。图形被放置到指定的图形对象的后面，效果如图 4-21 所示。

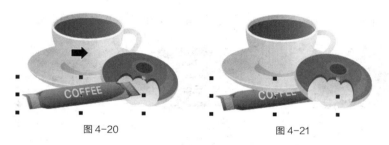

图 4-20　　　　　　　　　　　　图 4-21

4.2.2　课堂案例——制作房地产宣传单

案例学习目标

学习使用"导入"命令、"对齐和分布"命令、度量工具制作房地产宣传单。

案例知识要点

使用"导入"命令导入素材文件；使用"对齐和分布"命令对齐图形；使用"平行度量"工具对墙体进行标注；房地产宣传单效果如图 4-22 所示。

效果所在位置

云盘/Ch04/效果/制作房地产宣传单.cdr。

图 4-22

扫码观看
扩展案例

案例操作步骤

1. 添加家具

（1）按 Ctrl+N 组合键，新建一个页面。在属性栏的"页面度量"选项中分别设置宽度为 210mm、高度为 285mm，按 Enter 键，页面尺寸显示为设置的大小。按 Ctrl+I 组合键，弹出"导入"对话框，选择云盘中的"Ch04 > 素材 > 制作房地产宣传单 > 01"文件，单击"导入"按钮。在页面中单击导入的图片，按 P 键，图片在页面居中对齐，效果如图 4-23 所示。

扫码观看
本案例视频

（2）按 Ctrl+I 组合键，弹出"导入"对话框。选择云盘中的"Ch04 > 素材 > 制作房地产宣传单 > 02"文件，单击"导入"按钮。在页面中单击导入的图片，将其拖曳到适当的位置，效果如图 4-24 所示。按 Ctrl+U 组合键取消群组，如图 4-25 所示。

图 4-23　　　　　　图 4-24　　　　　　图 4-25

（3）按 Ctrl+I 组合键，弹出"导入"对话框。选择云盘中的"Ch04 > 素材 > 制作房地产宣传单 > 03"文件，单击"导入"按钮。在页面中单击导入的图片，将其拖曳到适当的位置，效果如图 4-26 所示。按 Ctrl+U 组合键取消群组。选择"选择"工具，选取需要的图形，如图 4-27 所示。按住 Shift 键的同时选取另一个图形，单击属性栏中的"对齐与分布"按钮，弹出"对齐与分布"泊坞窗，单击"顶端对齐"按钮，如图 4-28 所示，效果如图 4-29 所示。

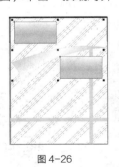   

图 4-26　　　　　　图 4-27　　　　　　图 4-28　　　　　　图 4-29

（4）按 Ctrl+I 组合键，弹出"导入"对话框。选择云盘中的"Ch04 > 素材 > 制作房地产宣传单 > 04"文件，单击"导入"按钮。在页面中单击导入的图片，将其拖曳到适当的位置，效果如图 4-30 所示。选择"选择"工具，按住 Shift 键的同时选取后方的矩形，如图 4-31 所示。单击属性栏中的"对齐与分布"按钮，弹出"对齐与分布"泊坞窗，分别单击"水平居中对齐"按钮和"垂直居中对齐"按钮，如图 4-32 所示，效果如图 4-33 所示。

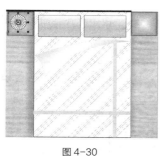
图 4-30

图 4-31

图 4-32

图 4-33

（5）选择"选择"工具 ，选取置入的图形，按数字键盘上的+键，复制出一个图形，将其拖曳到适当的位置，并与后方的矩形居中对齐，效果如图 4-34 所示。

（6）按 Ctrl+I 组合键，弹出"导入"对话框。选择云盘中的"Ch04 > 素材 > 制作房地产宣传单 > 05"文件，单击"导入"按钮。在页面中单击导入的图片，将其拖曳到适当的位置，效果如图 4-35 所示。按 Ctrl+U 组合键取消群组。选择"排列 > 对齐和分布 > 右对齐"命令，图形的右对齐效果如图 4-36 所示。

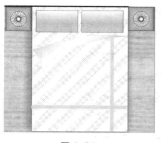

图 4-34

图 4-35

图 4-36

（7）按 Ctrl+I 组合键，弹出"导入"对话框。选择云盘中的"Ch04 > 素材 > 制作房地产宣传单 > 06"文件，单击"导入"按钮。在页面中单击导入的图片，将其拖曳到适当的位置，效果如图 4-37 所示。按 Ctrl+U 组合键取消群组。选择"选择"工具 ，由下向上圈选两个置入的图形，如图 4-38 所示。选择"排列 > 对齐和分布 > 右对齐"命令，图形的右对齐效果如图 4-39 所示。

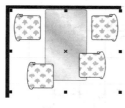
图 4-37

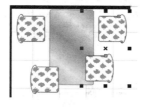
图 4-38

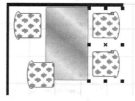
图 4-39

（8）选择"选择"工具 ，由下向上圈选两个置入的图形，如图 4-40 所示。选择"排列 > 对齐和分布 > 左对齐"命令，图形的左对齐效果如图 4-41 所示。

（9）选择"选择"工具 ，由左到右圈选两个置入的图形，如图 4-42 所示。选择"排列 > 对齐和分布 > 顶端对齐"命令，图形的顶端对齐效果如图 4-43 所示。

（10）按 Ctrl+I 组合键，弹出"导入"对话框。选择云盘中的"Ch04 > 素材 > 制作房地产宣传单 > 07"文件，单击"导入"按钮。在页面中单击导入的图片，将其拖曳到适当的位置，效果如

图 4-44 所示。按 Ctrl+U 组合键取消群组。选择"排列 > 对齐和分布 > 底端对齐"命令，图形的
底端对齐效果如图 4-45 所示。

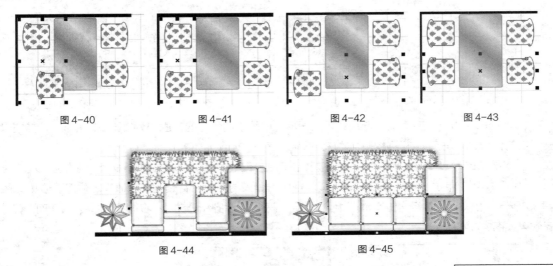

图 4-40　　　　　　　　图 4-41　　　　　　　　图 4-42　　　　　　　　图 4-43

图 4-44　　　　　　　　　　　　　图 4-45

2.标注平面图

（1）选择"平行度量"工具 ，将鼠标指针移动到平面图左侧墙体的底部
并单击，如图 4-46 所示，向右拖曳鼠标，如图 4-47 所示，将鼠标指针移动到
平面图右侧墙体的底部后再次单击，如图 4-48 所示，再将鼠标指针移动到线段
中间，如图 4-49 所示，再次单击完成标注，效果如图 4-50 所示。选择"选择"
工具 ，选取需要的文字，在属性栏中调整其字体大小，效果如图 4-51 所示。

扫码观看
本案例视频

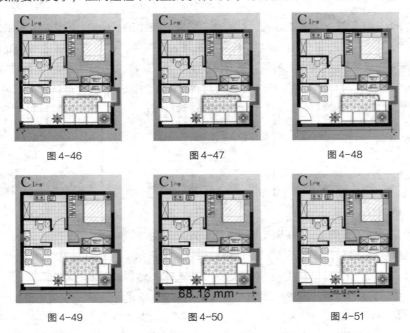

图 4-46　　　　　　　　图 4-47　　　　　　　　图 4-48

图 4-49　　　　　　　　图 4-50　　　　　　　　图 4-51

（2）选择"选择"工具 ，用圈选的方法将需要的图形同时选取，如图 4-52 所示。按 Ctrl+G

组合键将其群组，如图 4-53 所示。按数字键盘上的+键复制图形，并将其拖曳到适当的位置，效果如图 4-54 所示。

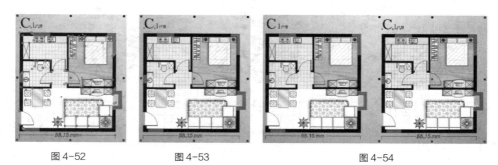

图 4-52　　　　　　图 4-53　　　　　　　　　　图 4-54

（3）选择"文本"工具 字，选取需要的文字进行修改，如图 4-55 所示。按 Esc 键取消图形的选取状态，房地产宣传单制作完成，效果如图 4-56 所示。

图 4-55　　　　　　　　　　　　图 4-56

4.3　群组和合并

CorelDRAW X6 提供了群组和合并功能。群组可以将多个不同的图形对象组合在一起，方便整体操作。合并可以将多个图形对象合并在一起，创建一个新的对象。下面介绍群组和合并的方法和技巧。

4.3.1　群组

绘制几个图形对象，选择"选择"工具 ，选中要进行群组的图形对象，如图 4-57 所示。选择"排列 > 群组"命令，或按 Ctrl+G 组合键，或单击属性栏中的"群组"按钮 ，都可以将多个图形对象群组，效果如图 4-58 所示。按住 Ctrl 键，选择"选择"工具 ，单击需要选取的子对象，松开 Ctrl 键，子对象被选取，效果如图 4-59 所示。子对象可以是单个的对象，也可以是多个对象组成的群组。

群组后的图形对象变成一个整体，移动一个对象，其他的对象将会随着移动；填充一个对象，其他的对象也将随着被填充。

选择"排列 > 取消群组"命令，或按 Ctrl+U 组合键，或单击属性栏中的"取消群组"按钮 ，可以取消对象的群组状态。选择"排列 > 取消全部群组"命令，或单击属性栏中的"取消全部群组"

按钮 ，可以取消所有对象的群组状态。

图 4-57　　　　　　　图 4-58　　　　　　　图 4-59

4.3.2　合并

　　绘制几个图形对象，如图 4-60 所示。使用"选择"工具 选中要进行合并的图形对象，如图 4-61 所示。

　　选择"排列 > 合并"命令，或按 Ctrl+L 组合键，或单击属性栏中的"合并"按钮 ，可以将多个图形对象合并，效果如图 4-62 所示。

　　使用"形状"工具 选中合并后的图形对象，可以对图形对象的节点进行调整，改变图形对象的形状，效果如图 4-63 所示。

图 4-60　　　　　　　图 4-61　　　　　　　图 4-62　　　　　　　图 4-63

　　选择"排列 > 拆分曲线"命令，或按 Ctrl+K 组合键，或单击属性栏中的"拆分"按钮 ，可以取消图形对象的合并状态，原来合并的图形对象将变为多个单独的图形对象。

　　　　　如果对象合并前有颜色填充，那么合并后的对象将显示最后选取的对象的颜色。如果使用圈选的方法选取对象，将显示圈选框最下方对象的颜色。

4.3.3　课堂案例——绘制可爱猫头鹰

案例学习目标

　　学习使用"椭圆形"工具和"群组"命令绘制可爱猫头鹰。

案例知识要点

　　使用"椭圆形"工具和"图样填充"工具绘制背景；使用"椭圆形"工具和"图框精确剪裁"命令绘制猫头鹰身体；使用"贝塞尔"工具、"矩形"工具、"3 点椭圆形"工具、"变换"命令绘制猫头鹰五官；可爱猫头鹰效果如图 4-64 所示。

 效果所在位置

云盘/Ch04/效果/绘制可爱猫头鹰.cdr。

扫码观看
本案例视频

扫码观看
扩展案例

图 4-64

案例操作步骤

（1）按 Ctrl+N 组合键，新建一个页面。在属性栏的"页面度量"选项中分别设置宽度为 285mm、高度为 210mm，按 Enter 键，页面尺寸显示为设置的大小。

（2）选择"椭圆形"工具 ◎，按住 Ctrl 键，在页面中绘制一个圆形，如图 4-65 所示。选择"图样填充"工具 ▧，在弹出的对话框中进行设置，如图 4-66 所示，单击"确定"按钮，填充图案，效果如图 4-67 所示。

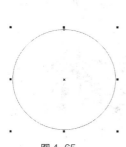
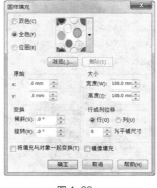
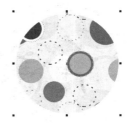

图 4-65   图 4-66   图 4-67

（3）选择"椭圆形"工具 ◎，在页面中绘制一个椭圆形，设置图形填充颜色的 CMYK 值为 25、85、20、0，填充图形，并去除图形的轮廓线，效果如图 4-68 所示。选择"选择"工具 ▷，选取需要的图形，按住 Shift 键，向下拖曳图形到适当的位置，单击鼠标右键，复制图形，如图 4-69 所示。

（4）选择"选择"工具 ▷，选取复制的图形，设置图形填充颜色的 CMYK 值为 0、20、0、20，填充图形，效果如图 4-70 所示。

（5）选择"选择"工具 ▷，选取需要的图形，选择"效果 > 图框精确剪裁 > 置入图文框内部"命令，鼠标指针变为黑色箭头形状，在椭圆形上单击，如图 4-71 所示，将图形置入椭圆形中，效果如图 4-72 所示。

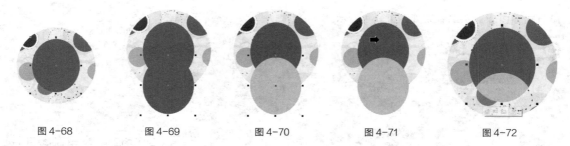

图 4-68　　　　图 4-69　　　　图 4-70　　　　图 4-71　　　　图 4-72

（6）选择"贝塞尔"工具，绘制一个三角形，设置图形填充颜色的 CMYK 值为 25、85、20、0，填充图形，并去除图形的轮廓线，效果如图 4-73 所示。

（7）选择"选择"工具，选择"排列 > 变换 > 旋转"命令，弹出"变换"泊坞窗，选项的设置如图 4-74 所示。单击"应用"按钮，效果如图 4-75 所示。

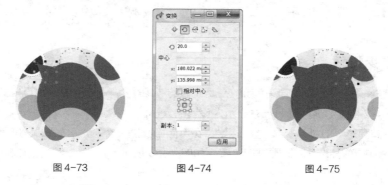

图 4-73　　　　　　　图 4-74　　　　　　　图 4-75

（8）选择"椭圆形"工具，按住 Ctrl 键，在页面中绘制一个圆形，设置图形填充颜色的 CMYK 值为 0、20、0、20，填充图形，并去除图形的轮廓线，效果如图 4-76 所示。用相同的方法绘制其他图形并填充适当的颜色，效果如图 4-77 所示。选择"选择"工具，圈选需要的图形，按 Ctrl+G 组合键，将选取的图形群组，效果如图 4-78 所示。

图 4-76　　　　　　　图 4-77　　　　　　　图 4-78

（9）选择"选择"工具，选取需要的图形，按住 Shift 键，水平向右拖曳图形到适当位置，单击鼠标右键，复制图形，效果如图 4-79 所示。

（10）选择"多边形"工具，在属性栏中将"点数或边数"数值框的值设为3，绘制一个三角形，设置图形填充颜色的 CMYK 值为0、60、80、0，填充图形，并去除图形的轮廓线，效果如图 4-80 所示。

（11）选择"贝塞尔"工具，绘制一个不规则图形，设置图形填充颜色的 CMYK 值为 42、100、40、0，填充图形，并去除图形的轮廓线，效果如图 4-81 所示。

（12）选择"选择"工具，选取需要的图形，按住 Shift 键，水平向右拖曳图形到适当位置，单击鼠标右键，复制图形，效果如图 4-82 所示。

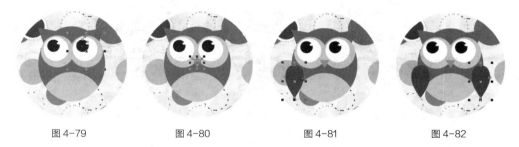

图 4-79　　　　　图 4-80　　　　　图 4-81　　　　　图 4-82

（13）选择"矩形"工具 □，绘制一个矩形，在属性栏中的设置如图 4-83 所示，按 Enter 键，效果如图 4-84 所示。设置图形填充颜色的 CMYK 值为 0、60、80、0，填充图形，并去除图形的轮廓线，效果如图 4-85 所示。

（14）选择"选择"工具 ▸，选取需要的图形，按住 Shift 键，水平向右拖曳图形到适当位置，单击鼠标右键，复制图形，效果如图 4-86 所示。按 Ctrl+D 组合键，再次复制图形，效果如图 4-87 所示。选择"选择"工具 ▸，圈选需要的图形，按 Ctrl+G 组合键，将选取的图形群组，效果如图 4-88 所示。

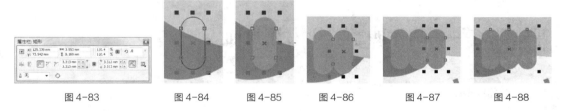

图 4-83　　　　图 4-84　　　图 4-85　　　图 4-86　　　图 4-87　　　图 4-88

（15）选择"选择"工具 ▸，选取需要的图形，按住 Shift 键，水平向右拖曳图形到适当位置，单击鼠标右键，复制图形，效果如图 4-89 所示。选择"选择"工具 ▸，圈选需要的图形，按 Ctrl+G 组合键，将选取的图形群组，效果如图 4-90 所示。

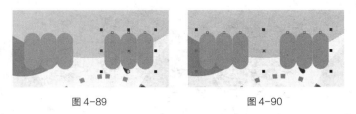

图 4-89　　　　　　　图 4-90

（16）选择"3 点椭圆形"工具 ⬭，绘制一个椭圆形，设置图形填充颜色的 CMYK 值为 42、100、40、0，填充图形，并去除图形的轮廓线，效果如图 4-91 所示。用相同的方法绘制其他图形，效果如图 4-92 所示。

（17）选择"选择"工具 ▸，圈选需要的图形，按 Ctrl+G 组合键，将选取的图形群组，效果如图 4-93 所示。

（18）选择"排列 > 变换 > 缩放和镜像"命令，弹出"变换"泊坞窗，在泊坞窗中的设置如图 4-94 所示，单击"应用"按钮，效果如图 4-95 所示。选择"选择"工具 ▸，选取需要的图形，按住 Shift 键，水平向右拖曳图形到适当位置，效果如图 4-96 所示。可爱猫头鹰绘制完成。

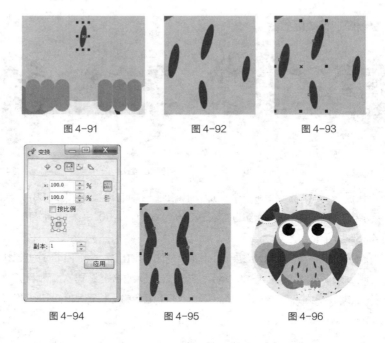

图 4-91　　　　　　　图 4-92　　　　　　　图 4-93

图 4-94　　　　　　　图 4-95　　　　　　　图 4-96

课堂练习——制作四季养生书籍封面

练习知识要点

使用"导入"命令、"对齐和分布"命令导入并对齐素材图片；使用"矩形"工具、"透明度"工具制作背景效果；使用"文本"工具添加文字效果；效果如图 4-97 所示。

效果所在位置

云盘/Ch04/效果/制作四季养生书籍封面.cdr。

图 4-97

扫码观看
本案例视频

课后习题——制作京剧脸谱书籍封面

习题知识要点

使用"导入"命令导入素材图片;使用"对齐和分布"命令对齐排列图片;使用"文本"工具添加封面文字;效果如图 4-98 所示。

效果所在位置

云盘/Ch04/效果/制作京剧脸谱书籍封面.cdr。

图 4-98

扫码观看
本案例视频

05

第 5 章
文本的编辑

文本是设计的重要组成部分，是最基本的设计元素之一。本章主要讲解文本的操作方法和技巧、文本效果的制作方法、插入字符等内容。通过学习这些内容，用户可以快速地输入文本并设计制作出多样的文本效果，准确传达出要表述的信息，丰富视觉效果。

课堂学习目标

- ✔ 掌握文本的基本操作方法和技巧
- ✔ 掌握制作文本效果的方法和技巧
- ✔ 掌握插入字符的方法
- ✔ 掌握将文字转换为曲线的方法

5.1 文本的基本操作

在 CorelDRAW X6 中,文本是具有特殊属性的图形对象。下面介绍在 CorelDRAW X6 中处理文本的一些基本操作。

5.1.1 创建文本

CorelDRAW X6 中的文本具有两种类型,分别是美术字文本和段落文本。它们在使用方法、应用编辑格式、应用特殊效果等方面有很大的区别。

1. 输入美术字文本

选择"文本"工具 ,在绘图页面中单击,出现"I"形插入文本光标,这时属性栏显示为"属性栏:文本"。选择字体,设置字号和字符属性,如图 5-1 所示。设置好后,直接输入美术字文本,效果如图 5-2 所示。

图 5-1 图 5-2

2. 输入段落文本

选择"文本"工具 ,在绘图页面中按住鼠标左键不放,沿对角线拖曳鼠标,出现一个矩形的文本框,松开鼠标左键,文本框如图 5-3 所示。在"文本"属性栏中选择字体,设置字号和字符属性,如图 5-4 所示。设置好后,直接在文本框中输入段落文本,效果如图 5-5 所示。

图 5-3 图 5-4 图 5-5

技巧

利用剪切、复制和粘贴命令,可以将其他文本处理软件中的文本复制到 CorelDRAW X6 的文本框中,如 Office 软件。

3. 转换文本模式

使用"选择"工具 选中美术字文本,如图 5-6 所示。选择"文本 > 转换为段落文本"命令,或按 Ctrl+F8 组合键，可以将其转换为段落文本，如图 5-7 所示。再次按 Ctrl+F8 组合键，可以将其转换回美术字文本，如图 5-8 所示。

图 5-6　　　　　　　　　　图 5-7　　　　　　　　　　图 5-8

提示

当美术字文本转换成段落文本后，它就不是图形对象了，也就不能再进行特殊效果的操作。当段落文本转换成美术字文本后，它会失去段落文本的格式。

5.1.2　改变文本的属性

选择"文本"工具 字，属性栏如图 5-9 所示。各选项的含义如下。

字体：单击 ⓞ Arial 数值框右侧的三角按钮，可以选取需要的字体。

字号：单击 24 pt 数值框右侧的三角按钮，可以选取需要的字号。

Ⓑ Ⓘ Ⓤ：分别设定字体为粗体、斜体或下划线的属性。

"文本对齐"按钮 ≣：在其下拉列表中选择文本的对齐方式。

"编辑文本"按钮 ⓐⓑⓛ：打开"编辑文本"对话框，可以编辑文本的各种属性。

≣ ⅲ：设置文本的排列方式为水平或垂直。

单击属性栏中的"文本属性"按钮 Ⓐ，打开"文本属性"泊坞窗，如图 5-10 所示，可以设置文字的字体及大小等属性。

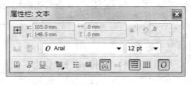

图 5-9　　　　　　　　　　图 5-10

5.1.3　设置间距

输入美术字文本或段落文本，效果如图 5-11 所示。使用"形状"工具 ⬚ 选中文本，文本的节点将处于编辑状态，如图 5-12 所示。

用鼠标指针拖曳 ⅲ 图标，可以调整文本中字符和字的间距；拖曳 ⬚ 图标，可以调整文本中行的间距，如图 5-13 所示。使用键盘上的方向键，可以对文本进行微调。按住 Shift 键，将段落中第二行文字左下角的节点全部选中，如图 5-14 所示。

将鼠标指针放在黑色的节点上并拖曳，如图 5-15 所示。可以将第二行文字移动到需要的位置，效果如图 5-16 所示。使用相同的方法可以对单个字进行移动调整。

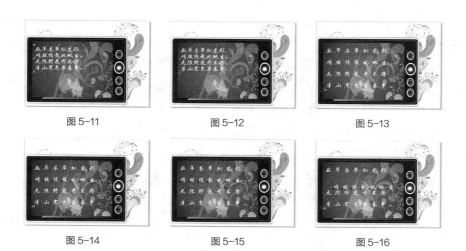

图 5-11　　　　　　　　　图 5-12　　　　　　　　　图 5-13

图 5-14　　　　　　　　　图 5-15　　　　　　　　　图 5-16

 技巧

　　　　单击"文本"属性栏中的"文本属性"按钮 A̅，弹出"文本属性"泊坞窗。在"字距调整范围"选项的数值框中可以设置字符的间距。选择"文本 > 文本属性"命令，弹出"文本属性"泊坞窗。在"段落与行"设置区的"行距"选项中可以设置行的间距，用来控制段落中行与行的距离。

5.1.4　课堂案例——制作商场促销海报

案例学习目标

学习使用"文本"工具制作商场促销海报。

案例知识要点

使用"渐变填充"工具、"轮廓笔"工具和"阴影"工具制作标题文字效果；使用"矩形"工具绘制装饰图形；使用"文本"工具、"文本属性"命令调整宣传文字的字距和行距；商场促销海报效果如图 5-17 所示。

效果所在位置

云盘/Ch05/效果/制作商场促销海报.cdr。

图 5-17

扫码观看
本案例视频

扫码观看
扩展案例

▤ **案例操作步骤**

（1）按 Ctrl+N 组合键，新建一个 A4 页面。按 Ctrl+I 组合键，弹出"导入"对话框，选择云盘中的"Ch05 > 素材 > 制作商场促销海报 > 01、02"文件，单击"导入"按钮，在页面中分别单击导入图片，并将其拖曳到适当的位置，调整其大小，效果如图 5-18 和图 5-19 所示。

（2）选择"文本"工具 字，在页面中分别输入需要的文字，选择"选择"工具 ▯，在属性栏中分别选取适当的字体并设置文字大小，效果如图 5-20 所示。

图 5-18   图 5-19   图 5-20

（3）选择"选择"工具 ▯，选取文字"7"。再次单击文字，使文字处于旋转状态，如图 5-21 所示。向右拖曳文字上方中间位置的控制手柄到适当的位置，将文字倾斜，效果如图 5-22 所示。用相同的方法制作其他文字效果，如图 5-23 所示。

图 5-21   图 5-22   图 5-23

（4）选择"选择"工具 ▯，选取文字"倍积分"。选择"形状"工具 ▯，文字处于编辑状态，如图 5-24 所示，向左拖曳文字下方的 ⬛ 图标到适当的位置，调整文字字距，效果如图 5-25 所示。用相同的方法调整其他文字字距，效果如图 5-26 所示。

图 5-24   图 5-25   图 5-26

（5）选择"选择"工具 ▯，选取文字"7"。选择"渐变填充"工具 ▮，弹出"渐变填充"对话框，点选"自定义"单选框，在"位置"选项中分别添加并输入 0、53、100 几个位置点，单击右下角的"其它"按钮，分别设置几个位置点颜色的 CMYK 值为 0（0、40、100、0）、53（0、2、100、0）、100（0、0、0、0），其他选项的设置如图 5-27 所示，单击"确定"按钮，填充文字，效果如图 5-28 所示。

图 5-27   图 5-28

（6）按 F12 键，弹出"轮廓笔"对话框，将"颜色"选项的 CMYK 值设为 0、100、100、0，其他选项的设置如图 5-29 所示，单击"确定"按钮，效果如图 5-30 所示。

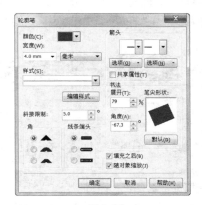

图 5-29   图 5-30

（7）选择"阴影"工具，在图形上由中心向右下方拖曳鼠标指针，为图形添加阴影效果，在属性栏中进行设置，如图 5-31 所示，按 Enter 键，效果如图 5-32 所示。用相同的方法制作其他文字效果，如图 5-33 所示。

图 5-31   图 5-32   图 5-33

（8）按 Ctrl+I 组合键，弹出"导入"对话框，选择云盘中的"Ch05 > 素材 > 制作商场促销海报 > 03"文件，单击"导入"按钮，在页面中单击导入图片，拖曳到适当的位置并调整其大小，效果如图 5-34 所示。

（9）按 Ctrl+I 组合键，弹出"导入"对话框，选择云盘中的"Ch05 > 素材 > 制作商场促销海报 > 04"文件，单击"导入"按钮，在页面中单击导入图片，拖曳到适当的位置并调整其大小，效果如图 5-35 所示。多次按 Ctrl+PageDown 组合键，将其后移，效果如图 5-36 所示。

（10）选择"文本"工具 字，输入需要的文字，选择"选择"工具 ，在属性栏中选取适当的字体并设置文字大小，设置文字颜色的 CMYK 值为 0、100、100、20，填充文字，效果如图 5-37 所示。

| 图 5-34 | 图 5-35 | 图 5-36 | 图 5-37 |

（11）选择"矩形"工具 ，在属性栏中进行设置，如图 5-38 所示。绘制一个矩形图形，设置图形颜色的 CMYK 值为 0、100、100、0，填充图形，并去除图形的轮廓线，效果如图 5-39 所示。

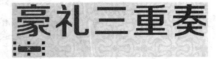

| 图 5-38 | 图 5-39 |

（12）选择"文本"工具 字，输入需要的文字，选择"选择"工具 ，在属性栏中选取适当的字体并设置文字大小，效果如图 5-40 所示。

（13）选择"渐变填充"工具 ，弹出"渐变填充"对话框，点选"自定义"单选框，在"位置"选项中分别添加并输入 0、53、100 几个位置点，单击右下角的"其它"按钮，分别设置几个位置点颜色的 CMYK 值为 0（0、40、100、0）、53（0、2、100、0）、100（0、0、0、0），其他选项的设置如图 5-41 所示，单击"确定"按钮，填充文字，效果如图 5-42 所示。

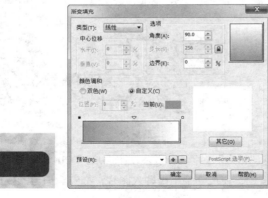

| 图 5-40 | 图 5-41 | 图 5-42 |

（14）按 F12 键，弹出"轮廓笔"对话框，将"颜色"选项的 CMYK 值设为 0、100、100、50，其他选项的设置如图 5-43 所示，单击"确定"按钮，效果如图 5-44 所示。

（15）选择"文本"工具 字，输入需要的文字，选择"选择"工具 ⬚，在属性栏中选取适当的字体并设置文字大小，填充为白色，效果如图 5-45 所示。用相同的方法制作其他图形和文字效果，如图 5-46 所示。

| 图 5-43 | 图 5-44 | 图 5-45 | 图 5-46 |

（16）选择"文本"工具 字，输入需要的文字，选择"选择"工具 ⬚，在属性栏中选取适当的字体并设置文字大小，效果如图 5-47 所示。选择"文本 > 文本属性"命令，在弹出的泊坞窗中进行设置，如图 5-48 所示，按 Enter 键，效果如图 5-49 所示。商场促销海报制作完成。

| 图 5-47 | 图 5-48 | 图 5-49 |

5.2 制作文本效果

在 CorelDRAW X6 中，用户可以根据设计制作任务的需要制作多种文本效果。下面将具体讲解文本效果的制作。

5.2.1 设置首字下沉和项目符号

1. 设置首字下沉

在绘图页面中打开一个段落文本，如图 5-50 所示。选择"文本 > 首字下沉"命令，弹出"首字下沉"对话框，勾选"使用首字下沉"复选框，如图 5-51 所示。

单击"确定"按钮，各段落首字下沉效果如图 5-52 所示。勾选"首字下沉使用悬挂式缩进"复选框，单击"确定"按钮，悬挂式缩进首字下沉效果如图 5-53 所示。

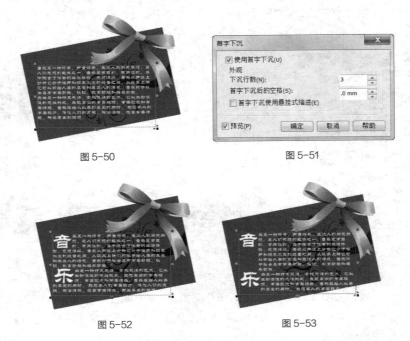

图 5-50   图 5-51

图 5-52   图 5-53

2. 设置项目符号

在绘图页面中打开一个段落文本，效果如图 5-54 所示。选择"文本 > 项目符号"命令，弹出"项目符号"对话框，勾选"使用项目符号"复选框，如图 5-55 所示。

图 5-54   图 5-55

在对话框"外观"选项组的"字体"选项中可以设置字体的类型；在"符号"选项中可以选择项目符号样式；在"大小"选项中可以设置字体符号的大小；在"基线位移"选项中可以选择基线的距离。在"间距"选项组中可以调节文本和项目符号的缩进距离。

设置需要的选项，如图 5-56 所示。单击"确定"按钮，段落文本中添加了新的项目符号，效果如图 5-57 所示。在段落文本中需要另起一段的位置插入光标，按 Enter 键，项目符号会自动添加在新段落的前面，效果如图 5-58 所示。

图 5-56   图 5-57   图 5-58

5.2.2 文本绕路径

选择"文本"工具 字 ，在绘图页面中输入美术字文本。使用"贝塞尔"工具 ，绘制一个路径，选中美术字文本，效果如图 5-59 所示。

选择"文本 > 使文本适合路径"命令，出现箭头图标，将箭头放在路径上，文本自动绕路径排列，如图 5-60 所示。单击确定，效果如图 5-61 所示。

图 5-59   图 5-60   图 5-61

选中绕路径排列的文本，如图 5-62 所示。在图 5-63 所示的属性栏中可以设置"文字方向" 、"与路径距离" .0 mm "水平偏移" 221.949 mm 选项。

图 5-62   图 5-63

通过设置可以产生多种文本绕路径的效果，如图 5-64 所示。

图 5-64

5.2.3　文本绕图

CorelDRAW X6 提供了多种文本绕图的形式，应用好文本绕图可以使设计制作的杂志或报纸更加生动美观。

选择"文件 > 导入"命令，或按 Ctrl+I 组合键，弹出"导入"对话框。选择需要的文件夹，在文件夹中选取需要的位图文件，单击"导入"按钮，在页面中单击，位图被导入页面中，将位图调整到段落文本中的适当位置，效果如图 5-65 所示。

在位图上单击鼠标右键，在弹出的快捷菜单中选择"段落文本换行"命令，如图 5-66 所示，文本绕图效果如图 5-67 所示。在属性栏中单击"文本换行"按钮回，在弹出的下拉菜单中可以设置换行样式，在"文本换行偏移"选项的数值框中可以设置偏移距离，如图 5-68 所示。

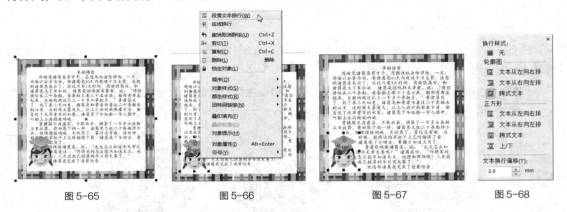

图 5-65　　　　图 5-66　　　　图 5-67　　　　图 5-68

5.2.4　课堂案例——制作美容图标

案例学习目标

学习使用"文本"工具和"椭圆形"工具制作美容图标。

案例知识要点

使用"椭圆形"工具和"渐变填充"工具绘制背景；使用"椭圆形"工具和"文字"工具制作路径文字；使用"贝塞尔"工具和"渐变填充"工具绘制装饰图形；美容图标效果如图 5-69 所示。

效果所在位置

云盘/Ch05/效果/制作美容图标.cdr。

图 5-69

扫码观看
本案例视频

扫码观看
扩展案例

案例操作步骤

（1）按 Ctrl+N 组合键，新建一个页面。在属性栏的"页面度量"选项中分别设置宽度为 210mm、高度为 285mm，按 Enter 键，页面尺寸显示为设置的大小。

（2）选择"椭圆形"工具 ○，按住 Ctrl 键的同时，在页面中绘制一个圆形，如图 5-70 所示。按 F11 键，弹出"渐变填充"对话框，点选"自定义"单选框，在"位置"选项中分别添加并输入 0、15、100 几个位置点，单击右下角的"其它"按钮，分别设置几个位置点颜色的 CMYK 值为 0（36、100、35、8）、15（36、100、35、8）、100（0、95、20、0），其他选项的设置如图 5-71 所示，单击"确定"按钮，填充图形，并去除图形的轮廓线，效果如图 5-72 所示。

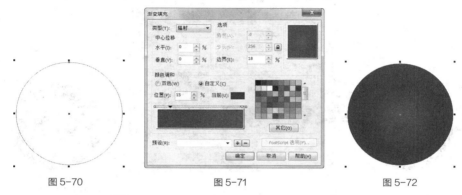

图 5-70　　　　　　　　　　　图 5-71　　　　　　　　　　　图 5-72

（3）选择"选择"工具 ，在属性栏中设置"轮廓宽度" 细线 数值框为 4，设置图形填充颜色的 CMYK 值为 70、20、0、0，填充图形的轮廓线，效果如图 5-73 所示。

（4）选择"选择"工具 ，选取绘制的圆形，按住 Shift 键的同时，向内拖曳圆形，单击鼠标右键，复制图形，效果如图 5-74 所示。取消图形的填充色和轮廓色，效果如图 5-75 所示。

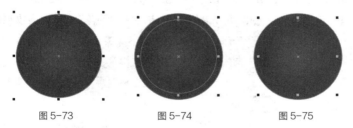

图 5-73　　　　　　　　　　　图 5-74　　　　　　　　　　　图 5-75

（5）选择"文本"工具 字，将光标置于无色的圆形路径上，当光标变为 图标时单击并输入需要的文字，选择"选择"工具 选取文字，在属性栏中选择适当的字体并设置文字大小，填充文字颜色为白色，如图 5-76 所示，效果如图 5-77 所示。

（6）选择"椭圆形"工具 ○，按住 Ctrl 键，在页面中绘制一个圆形，设置图形填充颜色为白色，在属性栏中设置"轮廓宽度" 细线 为 2，设置图形轮廓线颜色的 CMYK 值为 70、20、0、0，填充图形的轮廓线，效果如图 5-78 所示。

（7）选择"贝塞尔"工具 ，绘制一个不规则图形，效果如图 5-79 所示。按 F11 键，弹出"渐变填充"对话框，点选"自定义"单选框，在"位置"选项中分别添加并输入 0、48、100 几个位置点，单击右下角的"其它"按钮，分别设置几个位置点颜色的 CMYK 值为 0（55、0、0、0）、48（75、

36、0、0）、100（75、36、0、0），其他选项的设置如图 5-80 所示，单击"确定"按钮，填充图形，并去除图形的轮廓线，效果如图 5-81 所示。

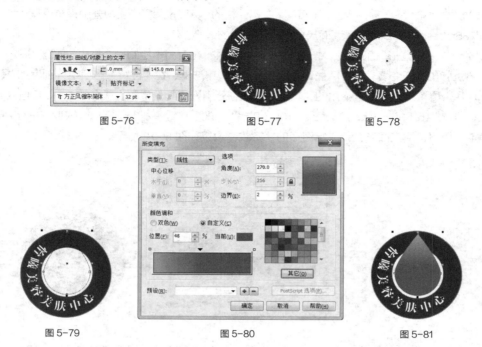

图 5-76　　　　　　　图 5-77　　　　　　　图 5-78

图 5-79　　　　　　　图 5-80　　　　　　　图 5-81

（8）选择"选择"工具 ，选取需要的图形，按住 Shift 键，向内等比例缩小图形，单击鼠标右键，复制图形，效果如图 5-82 所示。按 F11 键，弹出"渐变填充"对话框，点选"自定义"单选框，在"位置"选项中分别添加并输入 0、48、100 几个位置点，单击右下角的"其它"按钮，分别设置几个位置点颜色的 CMYK 值为 0（55、0、0、0）、48（75、36、0、0）、100（75、36、0、0），其他选项的设置如图 5-83 所示，单击"确定"按钮，填充图形，并去除图形的轮廓线，效果如图 5-84 所示。

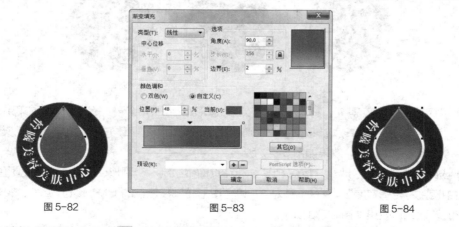

图 5-82　　　　　　　图 5-83　　　　　　　图 5-84

（9）选择"贝塞尔"工具 ，绘制一个不规则图形，效果如图 5-85 所示。按 F11 键，弹出"渐变填充"对话框，点选"自定义"单选框，在"位置"选项中分别添加并输入 0、17、63、100 几个位置点，单击右下角的"其它"按钮，分别设置几个位置点颜色的 CMYK 值为 0（75、36、0、0）、

17（75、36、0、0）、63（71、12、0、0）、100（31、0、0、0），其他选项的设置如图 5-86 所示，单击"确定"按钮，填充图形，并去除图形的轮廓线，效果如图 5-87 所示。

图 5-85   图 5-86   图 5-87

（10）按 Ctrl+I 组合键，弹出"导入"对话框，选择云盘中的"Ch05 > 素材 > 制作美容图标 > 01"文件，单击"导入"按钮，在页面中单击导入图片，将其拖曳到适当的位置并调整其大小，填充图形为白色，如图 5-88 所示。

（11）选择"贝塞尔"工具 ，绘制一个不规则图形，效果如图 5-89 所示。按 F11 键，弹出"渐变填充"对话框，点选"自定义"单选框，在"位置"选项中分别添加

图 5-88   图 5-89

并输入 0、77、100 几个位置点，单击右下角的"其它"按钮，分别设置几个位置点颜色的 CMYK 值为 0（55、0、0、0）、77（75、36、0、0）、100（75、36、0、0），其他选项的设置如图 5-90 所示，单击"确定"按钮，填充图形，并去除图形的轮廓线，效果如图 5-91 所示。用相同的方法绘制其他图形，效果如图 5-92 所示。美容图标绘制完成。

图 5-90   图 5-91   图 5-92

5.2.5 对齐文本

选择"文本"工具 ，在绘图页面中输入段落文本，单击"文本"属性栏中的"文本对齐"按钮 ，

弹出其下拉列表，共有 6 种对齐方式，如图 5-93 所示。

无：CorelDRAW X6 默认的对齐方式，选择它将不对文本产生影响，文本可以自由地变换，但单纯的无对齐方式文本的边界会参差不齐。

左：选择左对齐后，段落文本会以文本框的左边界对齐。

居中：选择居中对齐后，段落文本的每一行都会在文本框中居中。

右：选择右对齐后，段落文本会以文本框的右边界对齐。

全部调整：选择全部调整后，段落文本的每一行都会同时对齐文本框的左右两端。

强制调整：选择强制调整后，可以对段落文本的所有格式进行调整。

选择"文本 > 文本属性"命令，弹出"文本属性"泊坞窗，在"间距设置"对话框中的"调整间距设置"按钮 打开"间距设置"对话框，在下拉列表中可以选择文本的对齐方式，如图 5-94 所示。选中进行过移动调整的文本，如图 5-95 所示。选择"文本 > 对齐基线"命令，可以将文本重新对齐，效果如图 5-96 所示。

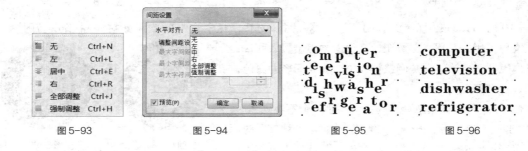

图 5-93　　　　　图 5-94　　　　　图 5-95　　　　　图 5-96

5.2.6　内置文本

选择"文本"工具 字 ，在绘图页面中输入美术字文本。使用"基本形状"工具 绘制一个图形，选中美术字文本，效果如图 5-97 所示。

按住鼠标右键拖曳文本到图形内，当光标变为十字形的圆环时，松开鼠标右键，弹出快捷菜单，选择"内置文本"命令，如图 5-98 所示。文本被置入到图形内，美术字文本自动转换为段落文本，效果如图 5-99 所示。选择"文本 > 段落文本框 > 使文本适合框架"命令，文本和图形对象基本适配，效果如图 5-100 所示。

图 5-97

图 5-98　　　　　图 5-99　　　　　图 5-100

选择"排列 > 拆分路径内的段落文本"命令,可以将路径内的文本与路径分离。

5.2.7 段落文字的连接

在文本框中经常出现文本被遮住而不能完全显示的问题,如图 5-101 所示。可以通过调整文本框的大小来使文本完全显示,还可以通过多个文本框的连接来使文本完全显示。

选择"文本"工具,单击文本框下部的图标,鼠标指针变为形状,在页面中按住鼠标左键不放,沿对角线拖曳鼠标指针,绘制一个新的文本框,如图 5-102 所示。松开鼠标左键,在新绘制的文本框中显示出被遮住的文字,效果如图 5-103 所示。拖曳文本框到适当的位置,如图 5-104 所示。

图 5-101　　　　　　图 5-102　　　　　　图 5-103　　　　　　图 5-104

5.2.8 段落分栏

选择一个段落文本,如图 5-105 所示。选择"文本 > 栏"命令,弹出"栏设置"对话框。将"栏数"选项设置为 2,"栏间宽度"设置为 12.700mm,如图 5-106 所示。设置好后,单击"确定"按钮,段落文本被分为两栏,效果如图 5-107 所示。

图 5-105　　　　　　　　　图 5-106　　　　　　　　　图 5-107

5.2.9 课堂案例——制作网站标志

案例学习目标

学习使用"文本"工具和"插入符号字符"命令制作网站标志。

案例知识要点

使用"文本"工具输入需要的文字;使用"插入符号字符"命令插入需要的字符;网站标志效果

如图 5-108 所示。

 效果所在位置

云盘/Ch05/效果/制作网站标志.cdr。

图 5-108

案例操作步骤

（1）按 Ctrl+N 组合键，新建一个 A4 页面。按 Ctrl+I 组合键，弹出"导入"对话框，选择云盘中的"Ch05 > 素材 > 制作网站标志 > 01"文件，单击"导入"按钮，在页面中单击导入图片，如图 5-109 所示。选择"椭圆形"工具 ，按住 Ctrl 键，绘制一个圆形，如图 5-110 所示。按 F12 键，弹出"轮廓笔"对话框，在"颜色"选项中设置轮廓线的颜色为白色，其他选项的设置如图 5-111 所示，单击"确定"按钮，效果如图 5-112 所示。

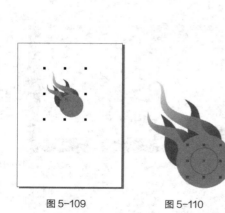

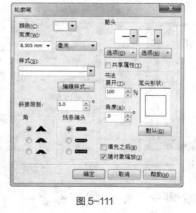

图 5-109   图 5-110   图 5-111   图 5-112

（2）选择"文本"工具 ，在页面输入需要的文字，选择"选择"工具 ，在属性栏中选择适当的字体并设置文字大小，效果如图 5-113 所示。按 Ctrl+Q 组合键，将文字转换为曲线，效果如图 5-114 所示。

（3）选择"形状"工具 ，用圈选的方法将需要的节点同时选取，如图 5-115 所示，按 Delete 键，将其删除，效果如图 5-116 所示。

（4）选择"形状"工具 ，用圈选的方法将需要的节点同时选取，如图 5-117 所示，按 Delete

键，将其删除，效果如图 5-118 所示。

图 5-113　　　　　　　　　　　　　图 5-114

图 5-115　　　　　　　　　　　　　图 5-116

图 5-117　　　　　　　　　　　　　图 5-118

（5）选择"文本 > 插入符号字符"命令，弹出"插入字符"泊坞窗，在泊坞窗中按需要进行设置并选择需要的字符，如图 5-119 所示，单击"插入"按钮，将字符插入，拖曳字符到页面中适当的位置并调整其大小，效果如图 5-120 所示，在"CMYK 调色板"中的"红"色块上单击，填充字符，并去除字符的轮廓线，效果如图 5-121 所示。

图 5-119　　　　　　　　图 5-120　　　　　　　　图 5-121

（6）选择"贝塞尔"工具，绘制一个不规则图形，如图 5-122 所示。在"CMYK 调色板"中的"红"色块上单击，填充图形，并去除图形的轮廓线，效果如图 5-123 所示。按 Esc 键，取消图形的选取状态，标志制作完成，效果如图 5-124 所示。

图 5-122　　　　　　　图 5-123　　　　　　　图 5-124

5.3　插入字符

选择"文本"工具 ，在文本中需要的位置单击插入字符，如图 5-125 所示。选择"文本 > 插入符号字符"命令，或按 Ctrl+F11 组合键，弹出"插入字符"泊坞窗，在需要的字符上双击，或选中字符后单击"插入"按钮，如图 5-126 所示。字符插入到文本中，效果如图 5-127 所示。

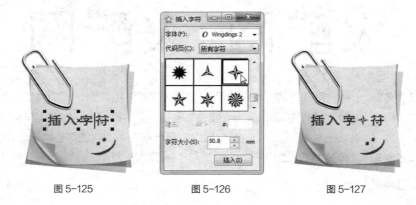

图 5-125　　　　　　　图 5-126　　　　　　　图 5-127

5.4　将文字转换为曲线

当 CorelDRAW X6 编辑好美术字文本后，通常需要将文本转换为曲线。转换后既可以任意变形美术字文本，又可以使转换为曲线后的文本对象不会丢失其文本格式。

5.4.1　文本的转换

选择"选择"工具 选中文本，如图 5-128 所示。选择"排列 > 转换为曲线"命令，或按 Ctrl+Q组合键，将文本转换为曲线，如图 5-129 所示。可用"形状"工具 对曲线文本进行编辑，修改文本的形状。

图 5-128　　　　　　　图 5-129

5.4.2　课堂案例——制作网页广告

案例学习目标

学习使用"文本"工具制作网页广告。

案例知识要点

使用"文本"工具输入需要的文字；网页广告效果如图 5-130 所示。

效果所在位置

云盘/Ch05/效果/制作网页广告.cdr。

图 5-130

案例操作步骤

（1）按 Ctrl+N 组合键，新建一个页面。在属性栏的"页面度量"选项中分别设置宽度为 667mm、高度为 225mm，按 Enter 键，页面尺寸显示为设置的大小。

（2）选择"文件 > 导入"命令，弹出"导入"对话框。选择云盘中的"Ch05 > 素材 > 制作网页广告 > 01"文件，单击"导入"按钮，在页面中单击导入图片，将其拖曳到适当的位置，效果如图 5-131 所示。

（3）选择"文本"工具 字，在页面中输入需要的文字，选择"选择"工具 ，在属性栏中选取适当的字体并设置文字大小，效果如图 5-132 所示。设置文字颜色的 CMYK 值为 100、0、100、0，填充文字，效果如图 5-133 所示。

图 5-131　　　　　　　　　　图 5-132　　　　　　　　图 5-133

（4）选择"选择"工具 ，选取文字，向左拖曳右侧中间的控制手柄，调整文字，效果如图 5-134 所示。用相同的方法添加其他文字，效果如图 5-135 所示。

（5）选择"文本"工具 字，选取输入的文字"心"，调整文字大小并设置文字颜色的 CMYK 值为 0、100、100、0，填充文字，效果如图 5-136 所示。

图 5-134　　　　　　　　　　图 5-135　　　　　　　　　　图 5-136

（6）选择"文本"工具 字，在页面中输入需要的文字，选择"选择"工具 ，在属性栏中选取适当的字体并设置文字大小，效果如图 5-137 所示。选取输入的文字"2"，设置文字颜色的 CMYK 值为 0、100、100、0，填充文字，效果如图 5-138 所示。

图 5-137 　　　　　　　　　　　　　　　　图 5-138

（7）选择"文本"工具 字，在页面中输入需要的文字，选择"选择"工具 ，在属性栏中选取适当的字体并设置文字大小，效果如图 5-139 所示。使用相同的方法添加其他文字，并填充适当颜色，效果如图 5-140 所示。网页广告制作完成，效果如图 5-141 所示。

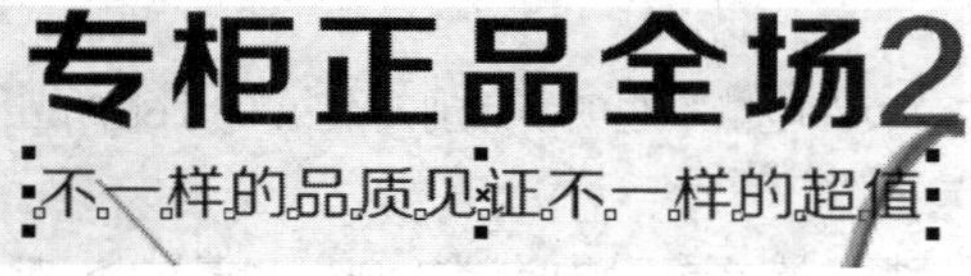

图 5-139 　　　　　　　　　　　　　　　　图 5-140

图 5-141

课堂练习——制作台历

🔗 练习知识要点

使用"矩形"工具和"渐变填充"工具制作台历背景图形；使用"文本"工具和"制表位"命令

添加台历文字；效果如图 5-142 所示。

⊙ 效果所在位置

云盘/Ch05/效果/制作台历.cdr。

图 5-142

扫码观看
本案例视频

课后习题——制作纪念牌

🔗 习题知识要点

使用"文本适合路径"命令将文字沿着路径排列；效果如图 5-143 所示。

📁 效果所在位置

云盘/Ch05/效果/制作纪念牌.cdr。

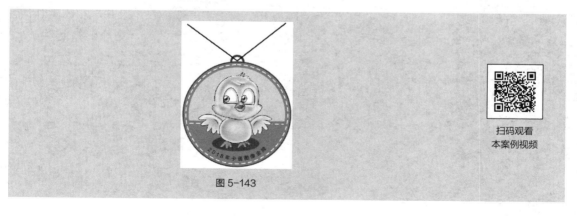

图 5-143

扫码观看
本案例视频

06

第6章
位图的编辑

位图是设计的重要组成元素之一。本章主要讲解位图的转换方法和位图特效滤镜的使用技巧。对位图效果进行设计和制作，既能介绍产品、表达主题，又能丰富和完善设计，可以起到画龙点睛的效果。

课堂学习目标

✔ 掌握转换为位图的方法和技巧
✔ 运用特效滤镜编辑和处理位图

6.1 转换为位图

CorelDRAW X6 提供了将矢量图形转换为位图的功能，下面介绍具体的操作方法。

打开一个矢量图形并保持其为选中状态，选择"位图 > 转换为位图"命令，弹出"转换为位图"对话框，如图 6-1 所示。

分辨率：在弹出的下拉列表中选择转换为位图的分辨率。

颜色模式：在弹出的下拉列表中选择要转换的色彩模式。

光滑处理：可以在转换成位图后消除位图的锯齿。

透明背景：可以在转换成位图后保留原对象的通透性。

图 6-1

6.2 使用位图的特效滤镜

CorelDRAW X6 提供了多种滤镜，可以对位图进行各种效果的处理。使用好位图的滤镜，可以为设计的作品增色不少。下面具体介绍几种常见滤镜的使用方法。

6.2.1 三维效果

选取导入的位图，选择"位图 > 三维效果"子菜单下的命令，如图 6-2 所示。CorelDRAW X6 提供了 7 种不同的三维效果，下面介绍几种常用的三维效果。

1. 三维旋转

选择"位图 > 三维效果 > 三维旋转"命令，弹出"三维旋转"对话框。单击对话框中的 ▣ 按钮，显示对照预览窗口，如图 6-3 所示。左窗口显示的是位图原始效果，右窗口显示的是完成各项设置后的位图效果。

对话框中各选项的含义如下。

▦：用鼠标指针拖动立方体图标，可以设定图像的旋转角度。

垂直：可以设置绕垂直轴旋转的角度。

水平：可以设置绕水平轴旋转的角度。

最适合：经过三维旋转后的位图尺寸将接近原来的位图尺寸。

预览：预览设置后的三维旋转效果。

🔒：可以在改变设置时自动更新预览效果。

重置：对所有参数重新设置。

图 6-2

2. 柱面

选择"位图 > 三维效果 > 柱面"命令，弹出"柱面"对话框。单击对话框中的 ▣ 按钮，显示对照预览窗口，如图 6-4 所示。

对话框中各选项的含义如下。

柱面模式：可以选择"水平"或"垂直的"模式。

百分比：可以分别设置水平或垂直模式的百分比。

图 6-3

图 6-4

3. 卷页

选择"位图 ＞ 三维效果 ＞ 卷页"命令，弹出"卷页"对话框。单击对话框中的▣按钮，显示对照预览窗口，如图 6-5 所示。

对话框中各选项的含义如下。

▦：4 个卷页类型按钮，可以设置位图卷起页角的位置。

定向：选择"垂直的"和"水平"选项，可以设置卷页效果从哪一边缘卷起。

纸张："不透明"和"透明的"选项可以设置卷页部分是否透明。

卷曲：可以设置卷页颜色。

背景：可以设置卷页后面的背景颜色。

宽度：可以设置卷页的宽度。

高度：可以设置卷页的高度。

4. 球面

选择"位图 ＞ 三维效果 ＞ 球面"命令，弹出"球面"对话框。单击对话框中的▣按钮，显示对照预览窗口，如图 6-6 所示。

对话框中各选项的含义如下。

优化：可以选择"速度"和"质量"选项。

百分比：可以控制位图球面化的程度。

▨：用来在预览窗口中设定变形的中心点。

图 6-5

图 6-6

6.2.2　艺术笔触

选中位图，选择"位图 ＞ 艺术笔触"子菜单下的命令，如图 6-7 所示。
CorelDRAW X6 提供了 14 种不同的艺术笔触效果，下面介绍几种常用的艺术笔触。

1. 炭笔画

选择"位图 ＞ 艺术笔触 ＞ 炭笔画"命令，弹出"炭笔画"对话框。单击对
话框中的 按钮，显示对照预览窗口，如图 6-8 所示。

对话框中各选项的含义如下。

大小：可以设置位图炭笔画的像素大小。

边缘：可以设置位图炭笔画的黑白度。

2. 印象派

选择"位图 ＞ 艺术笔触 ＞ 印象派"命令，弹出"印象派"对话框。单击对
话框中的 按钮，显示对照预览窗口，如图 6-9 所示。

图 6-7

对话框中各选项的含义如下。

样式：选择"笔触"或"色块"选项，会得到不同的印象派位图效果。

笔触：可以设置印象派效果的笔触大小及其强度。

着色：可以调整印象派效果的颜色，数值越大，颜色越重。

亮度：可以对印象派效果的亮度进行调节。

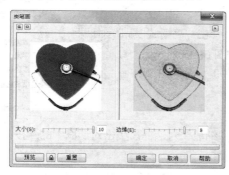

图 6-8

图 6-9

3. 调色刀

选择"位图 ＞ 艺术笔触 ＞ 调色刀"命令，弹出"调色刀"对话框。单击对话框中的 按钮，
显示对照预览窗口，如图 6-10 所示。

对话框中各选项的含义如下。

刀片尺寸：可以设置笔触的锋利程度，数值越小，笔触越锋利，位图的油画刻画效果越明显。

柔软边缘：可以设置笔触的坚硬程度，数值越大，位图的油画刻画效果越平滑。

角度：可以设置笔触的角度。

4. 素描

选择"位图 ＞ 艺术笔触 ＞ 素描"命令，弹出"素描"对话框。单击对话框中的 按钮，显示
对照预览窗口，如图 6-11 所示。

对话框中各选项的含义如下。

铅笔类型：可以分别选择"碳色"或"颜色"类型，不同的类型可以产生不同的位图素描效果。

样式：可以设置石墨或彩色素描效果的平滑度。

笔芯：可以设置素描效果的精细和粗糙程度。

轮廓：可以设置素描效果的轮廓线宽度。

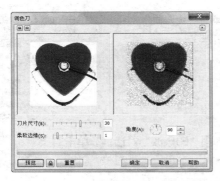

图 6-10   图 6-11

6.2.3　模糊

选中位图，选择"位图 > 模糊"子菜单下的命令，如图 6-12 所示。CorelDRAW X6 提供了 9 种不同的模糊效果，下面介绍几种常用的模糊效果。

1．高斯式模糊

选择"位图 > 模糊 > 高斯式模糊"命令，弹出"高斯式模糊"对话框。单击对话框中的按钮，显示对照预览窗口，如图 6-13 所示。

对话框中选项的含义如下。

半径：可以设置高斯模糊的程度。

2．缩放

选择"位图 > 模糊 > 缩放"命令，弹出"缩放"对话框。单击对话框中的按钮，显示对照预览窗口，如图 6-14 所示。

定向平滑(D)...
高斯式模糊(G)...
锯齿状模糊(J)...
低通滤波器(L)...
动态模糊(M)...
放射式模糊(R)...
平滑(S)...
柔和(F)...
缩放(Z)...

图 6-12

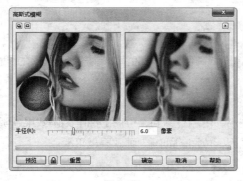

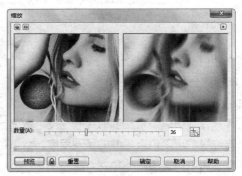

图 6-13   图 6-14

对话框中各选项的含义如下。

：在左边的原始图像预览框中单击，可以确定移动模糊的中心位置。

数量：可以设定图像的模糊程度。

6.2.4 轮廓图

选中位图，选择"位图 > 轮廓图"子菜单下的命令，如图 6-15 所示。
CorelDRAW X6 提供了 3 种不同的轮廓图效果，下面介绍两种常用的轮廓图效果。

图 6-15

1. 边缘检测

选择"位图 > 轮廓图 > 边缘检测"命令，弹出"边缘检测"对话框。单击对话框中的回按钮，显示对照预览窗口，如图 6-16 所示。

对话框中各选项的含义如下。

背景色：用来设定图像的背景颜色为白色、黑色或其他颜色。

🖉：可以在位图中吸取背景色。

灵敏度：用来设定探测边缘的灵敏度。

2. 查找边缘

选择"位图 > 轮廓图 > 查找边缘"命令，弹出"查找边缘"对话框。单击对话框中的回按钮，显示对照预览窗口，如图 6-17 所示。

对话框中各选项的含义如下。

边缘类型：有"软"和"纯色"两种类型，选择不同的类型，会得到不同的效果。

层次：可以设定效果的纯度。

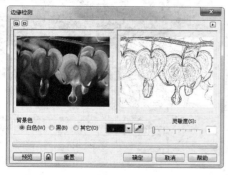

图 6-16

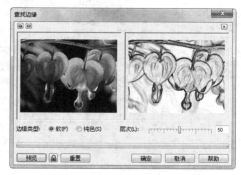

图 6-17

6.2.5 创造性

选中位图，选择"位图 > 创造性"子菜单下的命令，如图 6-18 所示。CorelDRAW X6 提供了 14 种不同的创造性效果，下面介绍几种常用的创造性效果。

1. 框架

选择"位图 > 创造性 > 框架"命令，弹出"框架"对话框，单击"修改"选项卡，单击对话框中的回按钮，显示对照预览窗口，如图 6-19 所示。

对话框中各选项的含义如下。

"选择"选项卡：用来选择框架，并为选取的列表添加新框架。

"修改"选项卡：用来对框架进行修改。此选项卡中各选项的含义如下。

颜色、不透明：用来设定框架的颜色和透明度。

模糊/羽化：用来设定框架边缘的模糊及羽化程度。

调和：用来选择框架与图像之间的混合方式。

水平、垂直：用来设定框架的大小比例。

旋转：用来设定框架的旋转角度。

翻转：用来将框架垂直或水平翻转。

对齐：用来在图像窗口中设定框架效果的中心点。

回到中心位置：用来在图像窗口中重新设定中心点。

2. 马赛克

选择"位图 > 创造性 > 马赛克"命令，弹出"马赛克"对话框。单击对话框中的 按钮，显示对照预览窗口，如图 6-20 所示。

对话框中各选项的含义如下。

大小：设置马赛克显示的大小。

背景色：设置马赛克的背景颜色。

虚光：为马赛克图像添加模糊的羽化框架。

图 6-18　　　　　　　　图 6-19　　　　　　　　　　　　图 6-20

3. 彩色玻璃

选择"位图 > 创造性 > 彩色玻璃"命令，弹出"彩色玻璃"对话框。单击对话框中的 按钮，显示对照预览窗口，如图 6-21 所示。

对话框中各选项的含义如下。

大小：设定彩色玻璃块的大小。

光源强度：设定彩色玻璃光源的强度，强度越小，显示越暗；强度越大，显示越亮。

焊接宽度：设定玻璃块焊接处的宽度。

焊接颜色：设定玻璃块焊接处的颜色。

三维照明：显示彩色玻璃图像的三维照明效果。

4. 虚光

选择"位图 > 创造性 > 虚光"命令，弹出"虚光"对话框。单击对话框中的 按钮，显示对照预览窗口，如图 6-22 所示。

对话框中各选项的含义如下。

颜色：设定光照的颜色。

形状：设定光照的形状。

偏移：设定框架的大小。

褪色：设定图像与虚光框架的混合程度。

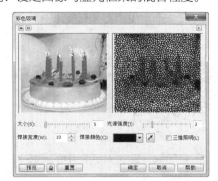
图 6-21

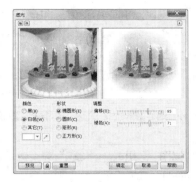
图 6-22

6.2.6 扭曲

选中位图，选择"位图 > 扭曲"子菜单下的命令，如图 6-23 所示。CorelDRAW X6 提供了 10 种不同的扭曲效果，下面介绍几种常用的扭曲效果。

1. 块状

选择"位图 > 扭曲 > 块状"命令，弹出"块状"对话框。单击对话框中的 回 按钮，显示对照预览窗口，如图 6-24 所示。

对话框中各选项的含义如下。

未定义区域：在其下拉列表中可以设定背景部分的颜色。

块宽度、块高度：设定块状图像的尺寸大小。

最大偏移：设定块状图像的打散程度。

2. 置换

选择"位图 > 扭曲 > 置换"命令，弹出"置换"对话框。单击对话框中的 回 按钮，显示对照预览窗口，如图 6-25 所示。

图 6-23

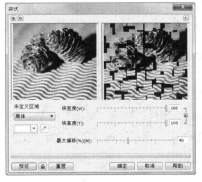
图 6-24

图 6-25

对话框中各选项的含义如下。

　　缩放模式：可以选择"平铺"或"伸展适合"两种模式。

　　▨：可以选择置换的图形。

3．像素

　　选择"位图 > 扭曲 > 像素"命令，弹出"像素"对话框。单击对话框中的 ▣ 按钮，显示对照预览窗口，如图 6-26 所示。

　　对话框中各选项的含义如下。

　　像素化模式：当选择"射线"模式时，可以在预览窗口中设定像素化的中心点。

　　宽度、高度：设定像素色块的大小。

　　不透明：设定像素色块的不透明度，数值越小，色块就越透明。

4．龟纹

　　选择"位图 > 扭曲 > 龟纹"命令，弹出"龟纹"对话框。单击对话框中的 ▣ 按钮，显示对照预览窗口，如图 6-27 所示。

　　对话框中各选项的含义如下。

　　周期、振幅：默认的波纹是同图像的顶端和底端平行的，拖动此滑块，可以设定波纹的周期和振幅，在右边可以看到波纹的形状。

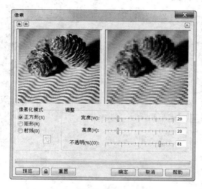

图 6-26

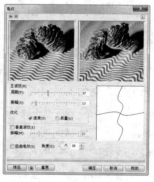

图 6-27

6.2.7　课堂案例——制作饮食宣传单

✎ 案例学习目标

　　学习使用"转换"和"编辑位图"命令制作饮食宣传单。

🔒 案例知识要点

　　使用"导入"命令和"动态模糊"命令添加和编辑图片；使用"文本"工具、"轮廓笔"命令和"阴影"工具制作标题文字；使用"转换为位图"命令和"透视"命令制作文字的透视效果；饮食宣传单效果如图 6-28 所示。

◎ 效果所在位置

　　云盘/Ch06/效果/制作饮食宣传单.cdr。

图 6-28

扫码观看
本案例视频

扫码观看
扩展案例

案例操作步骤

（1）按 Ctrl+N 组合键，新建一个 A4 页面。单击属性栏中的"横向"按钮▢，显示为横向页面，如图 6-29 所示。

（2）按 Ctrl+I 组合键，弹出"导入"对话框，选择云盘中的"Ch06 > 素材 > 制作饮食宣传单 > 01"文件，单击"导入"按钮，在页面中单击导入图片。选择"排列 > 对齐和分布 > 在页面居中"命令，将图片置于页面中心，效果如图 6-30 所示。

图 6-29　　　　　　　　　　　　图 6-30

（3）按 Ctrl+I 组合键，弹出"导入"对话框，选择云盘中的"Ch06 > 素材 > 制作饮食宣传单 > 02"文件，单击"导入"按钮，在页面中单击导入图片，拖曳到适当的位置并调整其大小，如图 6-31 所示。

（4）选择"位图 > 模式 > 双色"命令，弹出"双色调"对话框，在曲线栏中按设计需要调整曲线，如图 6-32 所示。单击"确定"按钮，效果如图 6-33 所示。

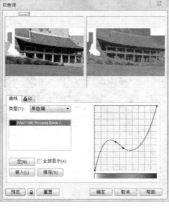

图 6-31　　　　　　　　　　图 6-32　　　　　　　　　　图 6-33

（5）选择"透明度"工具 ，在图形中从右上角向左下角拖曳光标，为图形添加透明度效果。在属性栏中进行设置，如图6-34所示，按Enter键，效果如图6-35所示。

（6）按Ctrl+I组合键，弹出"导入"对话框，选择云盘中的"Ch06 > 素材 > 制作饮食宣传单 > 03"文件，单击"导入"按钮，在页面中单击导入图片，拖曳到适当的位置并调整其大小，效果如图6-36所示。

图6-34　　　　　　　　　图6-35　　　　　　　　　图6-36

（7）按Ctrl+I组合键，弹出"导入"对话框，选择云盘中的"Ch06 > 素材 > 制作饮食宣传单 > 04"文件，单击"导入"按钮，在页面中单击导入图片，拖曳到适当的位置并调整其大小，效果如图6-37所示。

（8）按Ctrl+I组合键，弹出"导入"对话框，选择云盘中的"Ch06 > 素材 > 制作饮食宣传单 > 05"文件，单击"导入"按钮，在页面中单击导入图片，拖曳到适当的位置并调整其大小，效果如图6-38所示。

图6-37　　　　　　　　　　　图6-38

（9）按Ctrl+C组合键，复制花朵图形。选择"位图 > 模糊 > 动态模糊"命令，在弹出的对话框中进行设置，如图6-39所示，单击"确定"按钮，效果如图6-40所示。按Ctrl+V组合键，将复制的图形粘贴在原来的位置，效果如图6-41所示。

图6-39　　　　　　　　　图6-40　　　　　　　　　图6-41

（10）选择"文本"工具 ，输入需要的文字。选择"选择"工具 ，在属性栏中选择合适的字体并设置文字大小。设置文字颜色的CMYK值为0、60、60、40，填充文字，效果如图6-42所示。选择"文本 > 文本属性"命令，在弹出的面板中进行设置，如图6-43所示，按Enter键，效果如图6-44所示。

图 6-42

图 6-43

图 6-44

（11）按 F12 键，弹出"轮廓笔"对话框，在"颜色"选项中设置轮廓线颜色的 CMYK 值为 0、0、20、0，其他选项的设置如图 6-45 所示，单击"确定"按钮，效果如图 6-46 所示。

图 6-45

图 6-46

（12）选择"阴影"工具 ，在文字中从上向下拖曳光标，为文字添加阴影效果。在属性栏中进行设置，如图 6-47 所示。按 Enter 键，效果如图 6-48 所示。

图 6-47

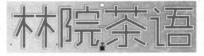
图 6-48

（13）选择"文本"工具 字，输入需要的文字。选择"选择"工具 ，在属性栏中选择合适的字体并设置文字大小，单击"将文本更改为垂直方向"按钮 ，更改文字方向，效果如图 6-49 所示。选择"文本 > 文本属性"命令，在弹出的面板中进行设置，如图 6-50 所示，按 Enter 键，效果如图 6-51 所示。

图 6-49

图 6-50

图 6-51

（14）选择"矩形"工具 □，绘制一个矩形。设置图形颜色的 CMYK 值为 0、60、60、40，填充图形，并去除图形的轮廓线，效果如图 6-52 所示。

（15）选择"文本"工具 字，分别输入需要的文字。选择"选择"工具 ▣，在属性栏中选择合适的字体并设置文字大小，效果如图 6-53 所示。

图 6-52　　　　　　　　　图 6-53

（16）选择"文本"工具 字，分别输入需要的文字。选择"选择"工具 ▣，在属性栏中选择合适的字体并设置文字大小，效果如图 6-54 所示。用圈选的方法将需要的文字同时选取。选择"位图 > 转换为位图"命令，在弹出的对话框中进行设置，如图 6-55 所示，单击"确定"按钮，效果如图 6-56 所示。

图 6-54　　　　　　　　图 6-55　　　　　　　　图 6-56

（17）选择"位图 > 三维效果 > 透视"命令，在弹出的对话框中进行设置，如图 6-57 所示，单击"确定"按钮，效果如图 6-58 所示。饮食宣传单制作完成，效果如图 6-59 所示。

图 6-57　　　　　　　　图 6-58　　　　　　　　图 6-59

课堂练习——制作卡片

🔗 练习知识要点

使用"放射式模糊"命令制作图形模糊效果；使用"亮度""对比度""强度"命令调整图像颜色；使用"文本"工具输入文字；效果如图 6-60 所示。

◎ 效果所在位置

云盘/Ch06/效果/制作卡片.cdr。

图 6-60

扫码观看
本案例视频

课后习题——制作夜吧海报

🔗 习题知识要点

使用"导入"命令和"高斯式模糊"命令制作人物剪影效果；使用"文本"工具、"渐变填充"工具和"轮廓图"工具制作文字效果；使用"矩形"工具和"轮廓笔"工具绘制装饰图形；效果如图 6-61 所示。

📁 效果所在位置

云盘/Ch06/效果/制作夜吧海报.cdr。

图 6-61

扫码观看
本案例视频

07

第 7 章
图形的特殊效果

CorelDRAW X6 具有强大的图形特殊效果编辑功能。本章主要讲解多种图形特效效果的编辑方法和制作技巧。充分利用好图形的特殊效果，可以使设计效果更加独特、新颖，使设计主题更加明确、突出。

课堂学习目标

- ✔ 掌握透明效果的应用
- ✔ 掌握调和效果的应用
- ✔ 掌握阴影效果的应用
- ✔ 掌握轮廓图效果的应用
- ✔ 掌握变形效果的应用
- ✔ 掌握封套效果的应用
- ✔ 掌握立体效果的应用
- ✔ 掌握透视效果的应用
- ✔ 掌握图框精确剪裁效果的应用

7.1 透明效果

使用"透明度"工具 🗔，可以制作出均匀、渐变的图案和底纹等许多漂亮的透明效果。

7.1.1 制作透明效果

选择"选择"工具 🗔，选择所需的图形，如图 7-1 所示。选择"透明度"工具 🗔，在属性栏的"透明度类型"下拉列表中选择一种透明类型，如图 7-2 所示，图形的透明效果如图 7-3 所示。

图 7-1

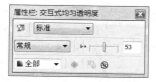
图 7-2

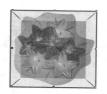
图 7-3

透明属性栏中各选项的含义如下。

标准 / 常规 ：选择透明类型和透明样式。

"开始透明度"选项 ↔—|—53 ：拖曳滑块或直接输入数值，可以改变对象的透明度。

"透明度目标"选项 全部 ▼ ：设置应用透明度到"填充""轮廓"或"全部"效果。

"冻结透明度"按钮 ：进一步调整透明度。

"编辑透明度"按钮 🗔 ：打开"渐变透明度"对话框，可以对渐变透明度进行具体的设置。

"复制透明度属性"按钮 🗔 ：可以复制对象的透明效果。

"清除透明度"按钮 🗔 ：可以清除对象中的透明效果。

7.1.2 课堂案例——制作相册图标

案例学习目标

学习使用图框精确剪裁命令和透明度工具绘制相册图标。

案例知识要点

使用矩形工具、椭圆形工具、图框精确剪裁命令和透明度工具制作相册图标；相册图标效果如图 7-4 所示。

效果所在位置

云盘/Ch07/效果/制作相册图标.cdr。

图 7-4

扫码观看
本案例视频

扫码观看
扩展案例

📖 **案例操作步骤**

（1）按 Ctrl+N 组合键，新建一个页面。在属性栏的"页面度量"选项中分别设置宽度为 210mm、高度为 285mm，按 Enter 键，页面尺寸显示为设置的大小。

（2）选择"矩形"工具 □，在页面中绘制一个矩形，如图 7-5 所示，在属性栏中将"圆角半径"选项均设为 4.0，如图 7-6 所示，按 Enter 键，效果如图 7-7 所示。

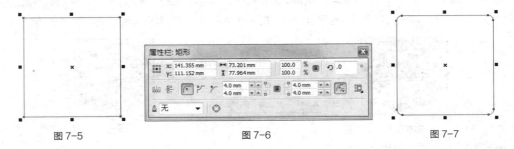

图 7-5　　　　　　　　　　　　　图 7-6　　　　　　　　　　　　图 7-7

（3）保持图形选取状态。设置图形填充颜色的 CMYK 值为 40、0、100、0，填充图形，并去除图形的轮廓线，效果如图 7-8 所示。选择"选择"工具 ▷，选取所需图形，拖曳到适当的位置，单击鼠标右键，复制图形，填充图形为白色，效果如图 7-9 所示。

（4）用相同的方法绘制其他图形，效果如图 7-10 所示。选择"矩形"工具 □，在页面中绘制一个矩形，填充图形为白色，并去除图形的轮廓线，效果如图 7-11 所示。

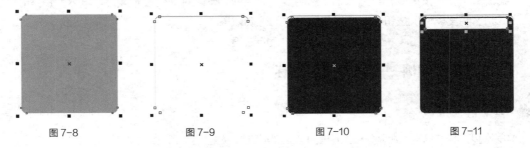

图 7-8　　　　　　　　图 7-9　　　　　　　　图 7-10　　　　　　　　图 7-11

（5）选择"矩形"工具 □，绘制一个矩形，在属性栏中的设置如图 7-12 所示，按 Enter 键，效果如图 7-13 所示。设置图形填充颜色的 CMYK 值为 40、0、100、0，填充图形，并去除图形的轮廓线，效果如图 7-14 所示。

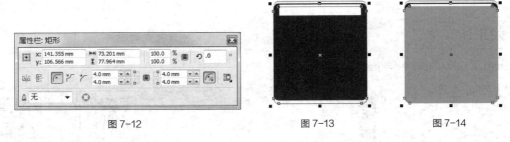

图 7-12　　　　　　　　　　　　图 7-13　　　　　　　　图 7-14

（6）选择"选择"工具 ▷，选取所需图形，拖曳到适当的位置，单击鼠标右键，复制图形，填充图形为白色，效果如图 7-15 所示。用相同的方法绘制其他图形，效果如图 7-16 所示。

（7）选择"矩形"工具 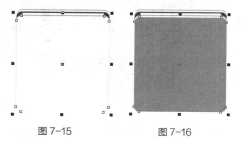，绘制一个矩形，如图 7-17 所示。按 F11 键，弹出"渐变填充"对话框，点选"自定义"单选框，在"位置"选项中分别添加并输入 0、79、89、100 几个位置点，单击右下角的"其它"按钮，分别设置几个位置点颜色的 CMYK 值为 0（89、58、95、33）、79（89、58、95、33）、89（100、0、100、80）、100（0、0、0、100），其他选项的设置如图 7-18 所示，单击"确定"按钮，填充图形，并去除图形的轮廓线，效果如图 7-19 所示。

图 7-15   图 7-16

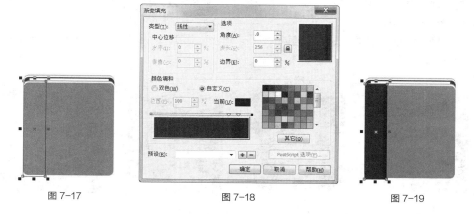

图 7-17   图 7-18   图 7-19

（8）选择"矩形"工具 ，在页面中绘制一个矩形，填充图形为黑色，并去除图形的轮廓线，效果如图 7-20 所示。再次绘制矩形，如图 7-21 所示。

（9）选择"椭圆形"工具 ，绘制一个椭圆形，设置图形填充颜色的 CMYK 值为 0、0、20、0，填充图形，并去除图形的轮廓线，效果如图 7-22 所示。

（10）选择"透明度"工具 ，鼠标指针变为 图标，在白色椭圆形上从右向左拖曳鼠标指针，为图形添加透明效果，在属性栏中进行设置，如图 7-23 所示。按 Enter 键，效果如图 7-24 所示。

图 7-20   图 7-21   图 7-22   图 7-23   图 7-24

（11）选择"选择"工具 ，选取绘制的椭圆形，选择"效果 > 图框精确剪裁 > 置入图文框内部"命令，鼠标指针变为黑色箭头形状，在矩形上单击，如图 7-25 所示，将图形置入矩形中，效果如图 7-26 所示。去除矩形的轮廓线，效果如图 7-27 所示。用相同的方法绘制其他图形，效果如图 7-28 所示。

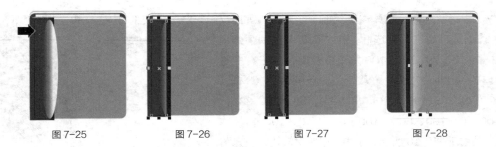

图 7-25   图 7-26   图 7-27   图 7-28

（12）选择"选择"工具 ，选取需要的图形，如图 7-29 所示。选择"效果 > 图框精确剪裁 >
置入图文框内部"命令，鼠标指针变为黑色箭头形状，在矩形上单击，如图 7-30 所示，将图形置入
矩形中，效果如图 7-31 所示。

（13）选择"矩形"工具 ，在页面中绘制一个矩形，填充图形为白色，并去除图形的轮廓线，
效果如图 7-32 所示。

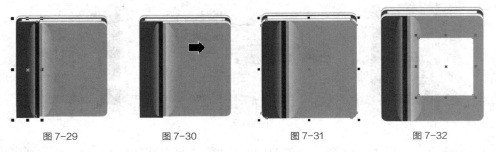

图 7-29   图 7-30   图 7-31   图 7-32

（14）选择"透明度"工具 ，在属性栏中进行设置，如图 7-33 所示。按 Enter 键，为图形添
加透明效果，效果如图 7-34 所示。

（15）选择"椭圆形"工具 ，按住 Ctrl 键，在页面中绘制一个圆形，如图 7-35 所示。按住
Shift 键，将其拖曳到适当的位置单击鼠标右键，复制图形。连续按 Ctrl+D 组合键，复制圆形。用相
同的方法复制其他圆形，效果如图 7-36 所示。

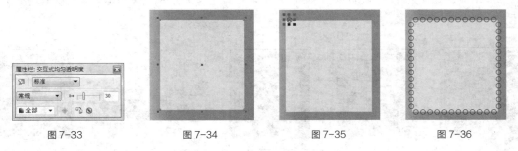

图 7-33   图 7-34   图 7-35   图 7-36

（16）选择"选择"工具 ，圈选需要的图形，如图 7-37 所示。单击属性栏中的"移除前面对
象"按钮 ，将多个图形剪切为一个图形，效果如图 7-38 所示。

（17）选择"矩形"工具 ，在页面中绘制一个矩形，设置图形填充颜色的 CMYK 值为 0、0、
0、90，填充图形，并去除图形的轮廓线，效果如图 7-39 所示。

（18）选择"文件 > 导入"命令，弹出"导入"对话框。选择云盘中的"Ch05 > 素材 > 制作
相册图标 > 01"文件，单击"导入"按钮，在页面中单击导入图片，将其拖曳到适当的位置，效果

如图 7-40 所示。按 Ctrl+PageDown 组合键，调整图层顺序，效果如图 7-41 所示。

图 7-37   图 7-38   图 7-39   图 7-40

（19）选择"选择"工具 ，选取需要的图形，选择"效果 > 图框精确剪裁 > 置入图文框内部"命令，鼠标指针变为黑色箭头形状，在矩形上单击，如图 7-42 所示，将图片置入到矩形中，效果如图 7-43 所示。相册图标制作完成，效果如图 7-44 所示。

图 7-41   图 7-42   图 7-43   图 7-44

7.2 调和效果

调和工具是 CorelDRAW X6 中应用最广泛的工具之一。利用它制作出的调和效果可以在绘图对象间产生形状、颜色的平滑变化。下面具体讲解调和效果的使用方法。

绘制两个要制作调和效果的图形，如图 7-45 所示。选择"调和"工具 ，将鼠标指针放在左侧的图形上，鼠标指针变为 ，按住鼠标左键并将鼠标指针拖曳到右侧的图形上，如图 7-46 所示。松开鼠标，两个图形间的调和效果如图 7-47 所示。

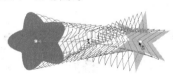

图 7-45   图 7-46   图 7-47

"调和"工具 的属性栏如图 7-48 所示。各选项的含义如下。

图 7-48

"调和对象"选项 ：可以设置调和的步数，效果如图 7-49 所示。
"调和方向" ：可以设置调和的旋转角度，效果如图 7-50 所示。

图 7-49 图 7-50

　　"环绕调和"按钮 ：调和的图形除了自身旋转外，同时将以起点图形和终点图形的中间位置为旋转中心做旋转分布，如图 7-51 所示。

　　"直接调和"按钮 、"顺时针调和"按钮 、"逆时针调和"按钮 ：设定调和对象之间颜色过渡的方向，效果如图 7-52 所示。

顺时针调和　　　　　　　　　　　　逆时针调和

图 7-51 图 7-52

　　"对象和颜色加速"按钮 ：调整对象和颜色的加速属性。单击此按钮，弹出图 7-53 所示的面板，拖动滑块到需要的位置，对象加速调和效果如图 7-54 所示，颜色加速调和效果如图 7-55 所示。

图 7-53 图 7-54 图 7-55

　　"调整加速大小"按钮 ：可以控制调和的加速属性。

　　"起始和结束属性"按钮 ：可以显示或重新设定调和的起始及终止对象。

　　"路径属性"按钮 ：使调和对象沿绘制好的路径分布。单击此按钮弹出图 7-56 所示的菜单，选择"新路径"选项，鼠标指针变为 ，在新绘制的路径上单击，如图 7-57 所示。沿路径进行调和的效果如图 7-58 所示。

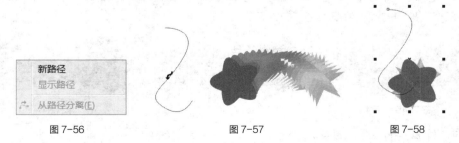

图 7-56 图 7-57 图 7-58

　　"更多调和选项"按钮 ：可以进行更多的调和设置。单击此按钮弹出图 7-59 所示的菜单。"映射节点"命令，可指定起始对象的某一节点与终止对象的某一节点对应，以产生特殊的调和效果。"拆分"命令，可将过渡对象分割成独立的对象，并可与其他对象进行再次调和。勾选"沿全路径调和"复选框，可以使调和对象自动充满整个路径。勾选"旋转全部对象"复选框，可以使调和对象的方向与路径一致。

图 7-59

7.3 阴影效果

阴影效果是经常使用的一种特效。使用"阴影"工具 可以快速给图形制作阴影效果，还可以设置阴影的透明度、角度、位置、颜色和羽化程度。下面介绍如何制作阴影效果。

7.3.1 制作阴影效果

打开一个图形，使用"选择"工具 选取图形，如图 7-60 所示。再选择"阴影"工具 ，将鼠标指针放在图形上，按住鼠标左键并向阴影投射的方向拖曳鼠标，如图 7-61 所示。到需要的位置后松开鼠标，阴影效果如图 7-62 所示。

拖曳阴影控制线上的 图标，可以调节阴影的透光程度。拖曳时越靠近□图标，透光度越小，阴影越淡，效果如图 7-63 所示。拖曳时越靠近■图标，透光度越大，阴影越浓，效果如图 7-64 所示。

图 7-60   图 7-61   图 7-62   图 7-63   图 7-64

"阴影"工具 的属性栏如图 7-65 所示。各选项的含义如下。

图 7-65

"预设列表" ：选择需要的预设阴影效果。单击预设框后面的 ＋ 或 － 按钮，可以添加或删除预设框中的阴影效果。

"阴影偏移" 、"阴影角度" ：可以设置阴影的偏移位置和角度。

"阴影的不透明" ：可以设置阴影的透明度。

"阴影羽化" ：可以设置阴影的羽化程度。

"羽化方向" ：可以设置阴影的羽化方向。单击此按钮可弹出"羽化方向"面板，如图 7-66 所示。

"羽化边缘" ：可以设置阴影的羽化边缘模式。单击此按钮可弹出"羽化边缘"面板，如图 7-67 所示。

"阴影淡出" 、"阴影延展" ：可以设置阴影的淡化和延展。

图 7-66   图 7-67

"透明度操作" ：选择阴影颜色和下层对象颜色的调和方式。

"阴影颜色" ：可以改变阴影的颜色。

7.3.2 课堂案例——制作口红海报

案例学习目标

学习使用"调和"工具和"阴影"工具制作口红海报。

案例知识要点

使用"贝塞尔"工具绘制曲线；使用"调和"工具制作曲线调和效果；使用"阴影"工具为口红添加阴影效果；使用"轮廓笔"工具制作文字效果；口红效果如图 7-68 所示。

效果所在位置

云盘/Ch07/效果/制作口红海报.cdr。

图 7-68

扫码观看
本案例视频

扫码观看
扩展案例

案例操作步骤

（1）选择"文件 > 打开"命令，弹出"打开绘图"对话框。选择云盘中的"Ch07 > 素材 > 制作口红 > 01"文件，单击"打开"按钮，在页面中打开图片，效果如图 7-69 所示。

（2）选择"贝塞尔"工具，绘制一条曲线。在"CMYK 调色板"中的"白"色块上单击鼠标右键，填充曲线，效果如图 7-70 所示。

（3）选择"选择"工具，选取曲线，在数字键盘上按+键，复制一条曲线。按住 Shift 键的同时，垂直向上拖曳曲线到适当的位置，效果如图 7-71 所示。

图 7-69   图 7-70   图 7-71

（4）选择"调和"工具，将鼠标指针从下方曲线拖曳到上方曲线上，在属性栏中进行选项设置，如图 7-72 所示。按 Enter 键确认操作，图形的调和效果如图 7-73 所示。

（5）选择"文件 > 导入"命令，弹出"导入"对话框。选择云盘中的"Ch07 > 素材 > 制作口红 > 02"文件，单击"导入"按钮，在页面中单击导入图片，效果如图 7-74 所示。

图 7-72　　　　　　　　　　　　　图 7-73　　　　　　　　　　　　　图 7-74

（6）选择"阴影"工具 ，在图形下部由左下方至右上方拖曳鼠标指针，为图形添加阴影效果。在属性栏中进行选项设置，如图 7-75 所示。按 Enter 键确认操作，图形效果如图 7-76 所示。

（7）选择"文本"工具 字，分别输入需要的文字。选择"选择"工具 ，分别在属性栏中选择合适的字体并设置文字大小，填充为白色，效果如图 7-77 所示。

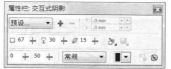

（8）选择"选择"工具 ，选择文字"美丽"。单击"形状"工具按钮 ，向右拖曳文字下方的

图标调整字距，松开鼠标后，效果如图 7-78 所示。选择"选择"工具 ，再次单击文字，使其处于旋转状态，向右拖曳文字上方中间的控制手柄到适当的位置，将文字倾斜，效果如图 7-79 所示。

图 7-75　　　　　　　　　　　　　图 7-76

图 7-77　　　　　　　　　　　　　图 7-78　　　　　　　　　　　　　图 7-79

（9）按 F12 键，弹出"轮廓笔"对话框。设置轮廓颜色的 CMYK 值为 17、97、23、0，其他选项的设置如图 7-80 所示。选择"确定"按钮，效果如图 7-81 所示。用相同的方法制作其他文字效果，如图 7-82 所示。口红海报制作完成。

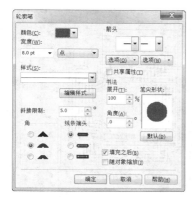

图 7-80　　　　　　　　　　　　　图 7-81　　　　　　　　　　　　　图 7-82

7.4 轮廓图效果

轮廓图效果是由图形中间向内部或者外部放射的层次效果，它由多个同心线圈组成。下面介绍如何制作轮廓图效果。

7.4.1 制作轮廓图效果

绘制一个图形，如图 7-83 所示。选择"轮廓"工具，在图形轮廓上方的节点上按住鼠标左键并向内拖曳至需要的位置，松开鼠标，效果如图 7-84 所示。

"轮廓"工具的属性栏如图 7-85 所示，各选项的含义如下。

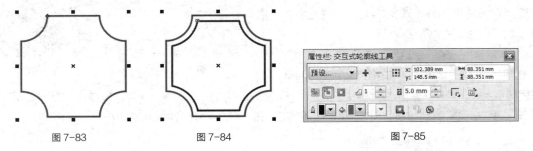

图 7-83　　　　　　　图 7-84　　　　　　　　　　　　　图 7-85

"预设列表" 预设... ▼：选择系统预设的样式。

"到中心" ▣：根据设置的偏移值一直向内创建轮廓图，向内、到中心、向外的效果如图 7-86 所示。

"内部轮廓"按钮 ▣、"外部轮廓"按钮 ▣：使对象产生向内和向外的轮廓图。

"轮廓图步长" ◿1 ▾、"轮廓图偏移" ▤ 3.0 mm ▾：设置轮廓图的步数和偏移值，如图 7-87 和图 7-88 所示。

"轮廓圆角" ⌐：设置轮廓图的角类型。

"轮廓色" ▣：设置轮廓色的颜色渐变序列。

"轮廓色" ▲■▼：设定最内一圈轮廓线的颜色。

"填充色" ◆■▼：设定轮廓图的颜色。

"对象和颜色加速" ▣：调整轮廓中对象大小和颜色变化的速率。

内部轮廓　　　　　　　　　　到中心　　　　　　　　　　外部轮廓

图 7-86

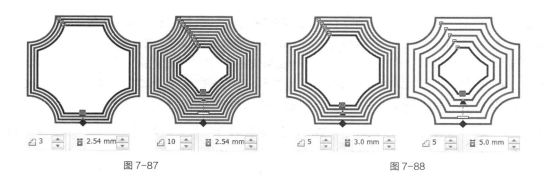

图 7-87 　　　　　　　　　　　　　　图 7-88

7.4.2　课堂案例——制作网络世界标志

案例学习目标

学习使用"交互式轮廓图"工具制作网络世界标志。

案例知识要点

使用"多边形"工具绘制六边形；使用"交互式轮廓图"工具制作网络图形；使用"文本"工具输入并编辑内容文字；网络世界标志效果如图 7-89 所示。

效果所在位置

云盘/Ch07/效果/制作网络世界标志.cdr。

图 7-89

扫码观看
本案例视频

扫码观看
扩展案例

案例操作步骤

（1）选择"文件 > 打开"命令，弹出"打开绘图"对话框。选择云盘中的"Ch07 > 素材 > 制作网络世界标志 > 01"文件，单击"打开"按钮，效果如图 7-90 所示。

（2）选择"多边形"工具 ，在属性栏中将"点数或边数" 选项设为 6，拖曳鼠标指针绘制一个六边形。在属性栏中将"轮廓宽度" 选项设为 1，按 Enter 键确认操作，图形效果如图 7-91 所示。

（3）选择"选择"工具 ，按数字键盘上的+键，复制一个图形。按住

图 7-90

Shift 键，向内拖曳图形右上方的控制手柄，将图形等比例缩小。用圈选的方法将两个图形同时选取，设置图形轮廓色的 CMYK 值为 0、100、100、0，填充图形的轮廓线，效果如图 7-92 所示。

（4）选择"轮廓图"工具，将鼠标指针放在复制的图形上，按住鼠标左键向内侧拖曳鼠标指针，为图形添加轮廓化的效果。单击属性栏中的"对象和颜色加速"按钮，在弹出的面板中进行选项设置，其他选项的设置如图 7-93 所示。按 Enter 键，效果如图 7-94 所示。

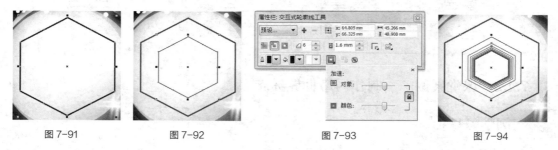

图 7-91   图 7-92   图 7-93   图 7-94

（5）选择"文本"工具，将鼠标指针放在六边形上，如图 7-95 所示。单击插入输入点，输入文字"010101……"，文字沿六边形分布，如图 7-96 所示。选取文字，设置文字颜色的 CMYK 值为 0、100、100、0，填充文字，效果如图 7-97 所示。

（6）选择"文件 > 导入"命令，弹出"导入"对话框，选择云盘中的"Ch07 > 素材 > 制作网络世界标志 > 02"文件，单击"导入"按钮，在页面中单击导入图形。按 Ctrl+G 组合键，将其群组，并拖曳到适当的位置，效果如图 7-98 所示。网络世界标志制作完成，效果如图 7-99 所示。

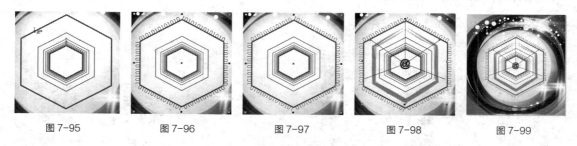

图 7-95   图 7-96   图 7-97   图 7-98   图 7-99

7.5 变形效果

"变形"工具可以使图形的变形更方便。变形后可以产生不规则的图形外观，变形后的图形效果更奇特。

选择"变形"工具，弹出图 7-100 所示的属性栏。在属性栏中提供了 3 种变形方式："推拉变形"、"拉链变形"和"扭曲变形"。

图 7-100

7.5.1 制作变形效果

1. 推拉变形

绘制一个图形，如图 7-101 所示。选择"变形"工具，单击属性栏中的"推拉变形"按钮，在图形上按住鼠标左键并向左拖曳鼠标指针，如图 7-102 所示，松开鼠标，变形效果如图 7-103 所示。

图 7-101   图 7-102   图 7-103

在属性栏中的"推拉振幅" _{～0} 数值框中，可以通过输入数值来控制推拉变形的幅度，推拉变形的设置范围为-200 ~ 200。单击"居中变形"按钮，可以将变形的中心移至图形的中心。单击"转换为曲线"按钮，可以将图形转换为曲线。

2. 拉链变形

绘制一个图形，如图 7-104 所示。选择"变形"工具，单击属性栏中的"拉链变形"按钮，在图形上按住鼠标左键并向左拖曳鼠标指针，如图 7-105 所示，松开鼠标，变形效果如图 7-106 所示。

图 7-104   图 7-105   图 7-106

在属性栏的"拉链振幅" 数值框中，可以通过输入数值调整变化图形时锯齿的高度；在"拉链频率" 数值框中，可以通过输入频率的数值来设置两个节点之间的锯齿数量；单击属性栏中的"随机变形"按钮，可以随机地变化图形锯齿的深度；单击"平滑变形"按钮，可以将图形锯齿的尖角变成圆弧；单击"局限变形"按钮，在图形中拖曳鼠标指针，可以将图形锯齿的局部进行变形。

3. 扭曲变形

绘制一个图形，如图 7-107 所示。选择"变形"工具，单击属性栏中的"扭曲变形"按钮，在图形中按住鼠标左键并转动鼠标指针，如图 7-108 所示，图形变形的效果如图 7-109 所示。

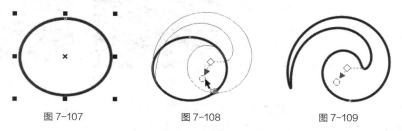

图 7-107   图 7-108   图 7-109

单击属性栏中的"添加新的变形"按钮，可以继续在图形中按住鼠标左键并转动鼠标指针，制作新的变形效果。单击"顺时针旋转"按钮和"逆时针旋转"按钮，可以设置旋转的方向；在"完全旋转"数值框中设置完全旋转的圈数；在"附加度数"数值框中设置旋转的角度。

7.5.2 课堂案例——制作咖啡标识

案例学习目标

学习使用"扭曲"工具制作咖啡标识效果。

案例知识要点

使用"矩形"工具、"贝塞尔"工具、"椭圆形"工具绘制图形；使用"扭曲"工具制作图形扭曲变形效果；使用"转换为曲线"命令转换图形；咖啡标识效果如图 7-110 所示。

效果所在位置

云盘/Ch07/效果/制作咖啡标识.cdr。

图 7-110

扫码观看
本案例视频

扫码观看
扩展案例

案例操作步骤

（1）按 Ctrl+N 组合键，新建一个页面。在属性栏的"页面度量"选项中分别设置宽度为 285mm、高度为 210mm，按 Enter 键，页面尺寸显示为设置的大小。

（2）选择"矩形"工具 □，绘制一个矩形，在属性栏中的设置如图 7-111 所示，按 Enter 键确认操作，效果如图 7-112 所示。设置图形填充颜色的 CMYK 值为 15、36、76、0，填充图形，并去除图形的轮廓线，效果如图 7-113 所示。

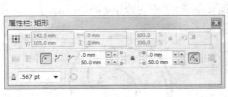

图 7-111　　　　　图 7-112　　　　　图 7-113

（3）选择"选择"工具 ▷，选取需要的图形，按 Ctrl+Q 组合键，将图形转换为曲线，向下拖曳图形下方中间的控制手柄，调整图形，效果如图 7-114 所示。

（4）选择"贝塞尔"工具 ✎，绘制一个不规则图形，设置图形填充颜色的 CMYK 值为 15、36、76、0，填充图形，并去除图形的轮廓线，效果如图 7-115 所示。

（5）选择"选择"工具 ▷，圈选需要的图形，如图 7-116 所示。单击属性栏中的"合并"按钮 ⬚，将多个图形合并为一个图形，效果如图 7-117 所示。

图 7-114   图 7-115   图 7-116   图 7-117

（6）选择"椭圆形"工具 ◯，按住 Ctrl 键的同时，在页面中绘制一个圆形，设置图形填充颜色的 CMYK 值为 70、20、0、0，并去除图形的轮廓线，效果如图 7-118 所示。

（7）选择"变形"工具 ▨，单击属性栏中的"推拉变形"按钮 ▨，在图形中部向外拖曳鼠标，使图形变形，效果如图 7-119 所示。

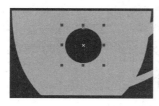
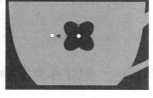

图 7-118   图 7-119

（8）选择"椭圆形"工具 ◯，按住 Ctrl 键，在页面中绘制一个圆形，设置图形填充颜色的 CMYK 值为 0、10、21、0，并去除图形的轮廓线，效果如图 7-120 所示。

（9）选择"贝塞尔"工具 ▨，绘制一个不规则图形，设置图形填充颜色的 CMYK 值为 0、10、21、0，填充图形，并去除图形的轮廓线，效果如图 7-121 所示。

（10）按 Ctrl+I 组合键，弹出"导入"对话框，选择云盘中的"Ch07 > 素材 > 制作咖啡标识 > 01"文件，单击"导入"按钮，在页面中单击导入图片，将其拖曳到适当的位置并调整其大小，填充图形为白色，效果如图 7-122 所示。咖啡标识绘制完成。

图 7-120   图 7-121   图 7-122

7.6　封套效果

使用"封套"工具 ▨可以快速建立对象的封套效果，使文本、图形和位图都可以产生丰富的变形效果。

7.6.1　制作封套效果

打开一个要制作封套效果的图形，如图 7-123 所示。选择"封套"工具 ，单击图形，图形外围显示封套的控制线和控制点，如图 7-124 所示。拖曳需要的控制点到适当的位置后松开，可以改变图形的外形，如图 7-125 所示。选择"选择"工具 ，按 Esc 键，取消选取，图形的封套效果如图 7-126 所示。

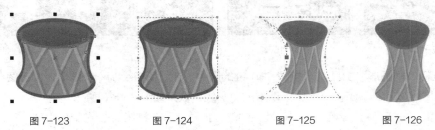

图 7-123　　　　　　　图 7-124　　　　　　　图 7-125　　　　　　　图 7-126

在属性栏的"预设列表" 数值框中可以选择需要的预设封套效果。"直线模式"按钮 、"单弧模式"按钮 、"双弧模式"按钮 和"非强制模式"按钮 为 4 种不同的封套编辑模式。"映射模式" 列表框包含 4 种映射模式，分别是"水平"模式、"原始"模式、"自由变形"模式和"垂直"模式。使用不同的映射模式可以使封套中的对象符合封套的形状，制作出需要的变形效果。

7.6.2　课堂案例——制作儿童节插画

案例学习目标

学习使用"封套"工具和"轮廓图"工具制作儿童节插画。

案例知识要点

使用"椭圆形"工具和"图框精确剪裁"命令绘制彩虹；使用"椭圆形"工具绘制云彩；使用"封套"工具和"轮廓图"工具制作文字效果；儿童节插画效果如图 7-127 所示。

效果所在位置

云盘/Ch07/效果/制作儿童节插画.cdr。

图 7-127

扫码观看
本案例视频

扫码观看
扩展案例

案例操作步骤

（1）按 Ctrl+N 组合键，新建一个页面。在属性栏的"页面度量"选项中分别设置宽度为 285mm、高度为 210mm，按 Enter 键，页面尺寸显示为设置的大小。

（2）按 Ctrl+I 组合键，弹出"导入"对话框，选择云盘中的"Ch07 > 素材 > 制作儿童节插画 > 01"文件，单击"导入"按钮，在页面中单击导入图片，将其拖曳到适当的位置并调整其大小，如图 7-128 所示。选择"矩形"工具 □，在页面中绘制一个矩形，如图 7-129 所示。

图 7-128 图 7-129

（3）选择"椭圆形"工具 ○，在页面中绘制一个椭圆形，如图 7-130 所示。选择"选择"工具 ▷，选取绘制的椭圆形，按住 Shift 键，向内拖曳图形，单击鼠标右键，复制图形，效果如图 7-131 所示。

（4）选择"选择"工具 ▷，圈选两个椭圆形，单击属性栏中的"移除前面对象"按钮 ▣，将两个图形剪切为一个图形，效果如图 7-132 所示。

图 7-130 图 7-131 图 7-132

（5）选择"选择"工具 ▷，将图形拖曳至适当的位置，设置图形填充颜色的 CMYK 值为 0、90、100、0，填充图形，并去除图形的轮廓线，效果如图 7-133 所示。

（6）选择"选择"工具 ▷，选取所需的图形，按住 Shift 键，向外拖曳图形，单击鼠标右键，复制图形。设置图形填充颜色的 CMYK 值为 0、60、90、0，填充图形，效果如图 7-134 所示。用相同的方法绘制其他图形，效果如图 7-135 所示。

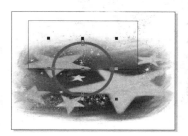  

图 7-133 图 7-134 图 7-135

（7）选择"选择"工具 ▷，圈选所需要的图形，如图 7-136 所示。选择"效果 > 图框精确剪裁 > 置入图文框内部"命令，鼠标指针变为黑色箭头形状，在矩形上单击，如图 7-137 所示，将图片置入到矩形中，去除矩形轮廓线，效果如图 7-138 所示。

图 7-136　　　　　　　　图 7-137　　　　　　　　图 7-138

（8）选择"椭圆形"工具 ○，在页面中绘制一个椭圆形，如图 7-139 所示。用相同的方法绘制其他图形，效果如图 7-140 所示。

（9）选择"选择"工具 ▷，圈选绘制的椭圆形，单击属性栏中的"合并"按钮 ⬚，将多个图形合并为一个图形，效果如图 7-141 所示。

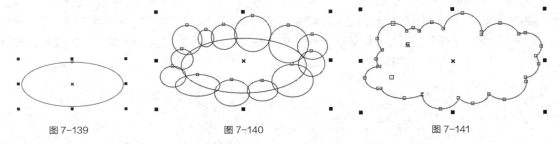

图 7-139　　　　　　　　图 7-140　　　　　　　　图 7-141

（10）按 F11 键，弹出"渐变填充"对话框，点选"双色"单选框，将"从"选项颜色的 CMYK 值设为 40、100、0、0，"到"选项颜色的 CMYK 值设为 0、0、0、0，其他选项的设置如图 7-142 所示，单击"确定"按钮，填充图形，并去除图形的轮廓线，效果如图 7-143 所示。用相同的方法绘制其他图形，效果如图 7-144 所示。

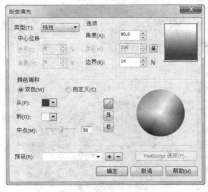

图 7-142　　　　　　　　图 7-143　　　　　　　　图 7-144

（11）按 Ctrl+I 组合键，弹出"导入"对话框，选择云盘中的"Ch07 > 素材 > 制作儿童节插画 > 02"文件，单击"导入"按钮，在页面中单击导入图片，将其拖曳到适当的位置并调整其大小，如图 7-145 所示。

（12）选择"文本"工具 字，在页面中输入需要的文字。选择"选择"工具 ▷，在属性栏中选择适当的字体并设置文字大小，设置文字颜色的CMYK值为0、100、60、0，填充文字，效果如图7-146所示。

图 7-145　　　　　　　　　　　　　　　　　　　图 7-146

（13）选择"轮廓图"工具，在文字上拖曳鼠标指针，为文字添加轮廓化效果。在属性栏中将"轮廓色"选项和"填充色"选项设为白色，其他选项的设置如图7-147所示。按 Enter 键确认操作，文字效果如图 7-148 所示。

图 7-147　　　　　　　　　　　　　　　　　图 7-148

（14）选择"封套"工具，调整文字控制节点，将文字变形，效果如图 7-149 所示。用上述方法添加其他文字，效果如图 7-150 所示。儿童节插画绘制完成。

图 7-149　　　　　　　　　　　　　　　图 7-150

7.7　立体效果

立体效果是利用三维空间的立体旋转和光源照射的功能来完成的。CorelDRAW X6 中的"立体化"工具可以制作和编辑图形的三维效果。下面介绍如何制作图形的立体效果。

7.7.1　制作立体效果

绘制一个要立体化的图形，如图 7-151 所示。选择"立体化"工具，在图形上按住鼠标左键并向右上方拖曳鼠标，如图 7-152 所示。达到需要的立体效果后，松开鼠标左键，图形的立体化效果如图 7-153 所示。

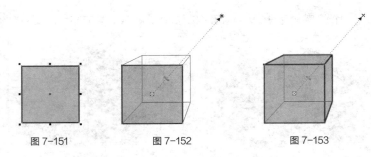

图 7-151　　　　　　　图 7-152　　　　　　　图 7-153

"立体化"工具 ⬙ 的属性栏如图 7-154 所示。各选项的含义如下。

图 7-154

"立体化类型" ▣▾：单击弹出下拉列表，可以选择不同的立体化效果。

"深度" ⬙²⁰：可以设置图形立体化的深度。

"灭点属性" 灭点锁定到对象 ▾：可以设置灭点的属性。

"页面或对象灭点"按钮 ⬙：可以将灭点锁定到页面，在移动图形时灭点不移动，立体化的图形形状会改变。

"立体化旋转"按钮 ⬙：单击此按钮，弹出旋转设置框，鼠标指针放在三维旋转设置区内会变为手形，拖曳鼠标可以在三维旋转设置区中旋转图形，页面中的立体化图形会相应地旋转；单击 ⬙ 按钮，设置区中出现"旋转值"数值框，可以精确地设置立体化图形的旋转数值；单击 ⬙ 按钮，恢复设置区的默认设置。

"立体化颜色"按钮 ⬙：单击此按钮，弹出立体化图形的"颜色"设置区。在颜色设置区中有 3 种颜色设置模式，分别是"使用对象填充"模式 ⬙、"使用纯色"模式 ⬙ 和"使用递减的颜色"模式 ⬙。

"立体化倾斜"按钮 ⬙：单击此按钮，弹出"斜角修饰"设置区，通过拖动面板中图例的节点来添加斜角效果，也可以在增量框中输入数值来设定斜角。勾选"只显示斜角修饰边"复选框，将只显示立体化图形的斜角修饰边。

"立体化照明"按钮 ⬙：单击此按钮，弹出照明设置区，在设置区中可以为立体化图形添加光源。

7.7.2　课堂案例——制作商场吊旗

📇 案例学习目标

学习使用"立体化"工具制作商场吊旗。

🔒 案例知识要点

使用"矩形"工具、"贝塞尔"工具和"图框精确剪裁"命令绘制背景；使用"立体化"工具制作文字立体效果；使用"文本"工具添加宣传文字；商场吊旗效果如图 7-155 所示。

◎ 效果所在位置

云盘/Ch07/效果/制作商场吊旗.cdr。

图 7-155

扫码观看
本案例视频

扫码观看
扩展案例

案例操作步骤

（1）按 Ctrl+N 组合键，新建一个页面。在属性栏的"页面度量"选项中分别设置宽度为 210mm、高度为 285mm，按 Enter 键，页面尺寸显示为设置的大小。

（2）选择"矩形"工具 □，绘制一个矩形，在属性栏中的设置如图 7-156 所示，按 Enter 键确认操作，效果如图 7-157 所示。设置图形填充颜色的 CMYK 值为 100、0、0、10，填充图形，并去除图形的轮廓线，效果如图 7-158 所示。

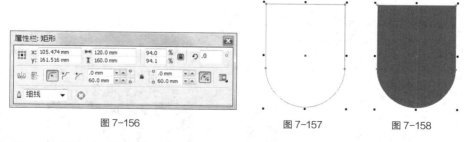

图 7-156　　　　　　　　　图 7-157　　　　图 7-158

（3）按 Ctrl+I 组合键，弹出"导入"对话框，选择云盘中的"Ch07 > 素材 > 制作商场吊旗 > 01"文件，单击"导入"按钮，在页面中单击导入图片，将其拖曳到适当的位置并调整其大小，如图 7-159 所示。

（4）选择"贝塞尔"工具 ，绘制一个不规则图形，设置图形填充颜色的 CMYK 值为 0、0、100、0，填充图形，并去除图形的轮廓线，效果如图 7-160 所示。

（5）选择"选择"工具 ，选取所需的图形，如图 7-161 所示。选择"效果 > 图框精确剪裁 > 置入图文框内部"命令，鼠标指针变为黑色箭头形状，在图形上单击，如图 7-162 所示，将图形置入到图形中，效果如图 7-163 所示。

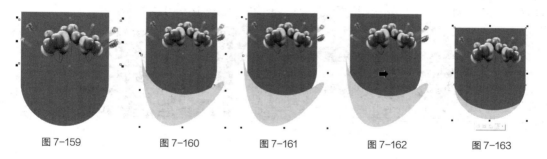

图 7-159　　　　图 7-160　　　　图 7-161　　　　图 7-162　　　　图 7-163

（6）选择"文本"工具 字，在页面中输入需要的文字。选择"选择"工具 ，在属性栏中选择适当的字体并设置文字大小，效果如图 7-164 所示。用相同的方法添加其他文字，效果如图 7-165 所示。

（7）选择"贝塞尔"工具 ，绘制一个不规则图形，填充图形为黑色，并去除图形的轮廓线，效果如图 7-166 所示。

图 7-164　　　　　　　　　　图 7-165

（8）选择"选择"工具 ，选取绘制的图形和文字，如图 7-167 所示。单击属性栏中的"合并"按钮 ，将文字合并为图形，效果如图 7-168 所示。

图 7-166　　　　　　　　　　图 7-167　　　　　　　　　　图 7-168

（9）按 F11 键，弹出"渐变填充"对话框，点选"双色"单选框，将"从"选项颜色的 CMYK 值设为 0、0、60、0，"到"选项颜色的 CMYK 值设为 0、0、0、0，其他选项的设置如图 7-169 所示，单击"确定"按钮，填充图形，效果如图 7-170 所示。

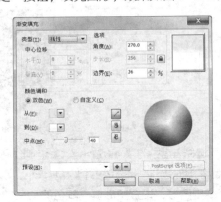

图 7-169　　　　　　　　　　图 7-170

（10）选择"立体化"工具 ，鼠标指针变为 ，在图形上从中心至下方拖曳鼠标，为文字添加立体化效果。在属性栏中单击"立体化颜色"按钮 ，在弹出的面板中单击"使用递减的颜色"按钮 ，将"从"选项颜色的 CMYK 值设为 100、0、0、0，"到"选项颜色的 CMYK 值设为 0、0、0、100，其他选项的设置如图 7-171 所示，按 Enter 键确认操作，效果如图 7-172 所示。

图 7-171　　　　　　　　　　图 7-172

（11）选择"贝塞尔"工具 ，绘制一个不规则图形，设置图形填充颜色的 CMYK 值为 0、0、100、0，填充图形，并去除图形的轮廓线，效果如图 7-173 所示。

（12）选择"选择"工具 ，选取所需的图形，选择"效果 > 图框精确剪裁 > 置入图文框内部"命令，鼠标指针变为黑色箭头形状，在文字上单击，如图 7-174 所示，将图片置入文字中，效果如图 7-175 所示。

图 7-173

（13）选择"文本"工具 ，在页面中输入需要的文字。选择"选择"工具 ，在属性栏中选择适当的字体并设置文字大小，填充文字颜色的 CMYK 值设为 0、0、100、0，效果如图 7-176 所示。用相同的方法添加其他文字，并填充适当颜色，效果如图 7-177 所示。商场吊旗制作完成。

图 7-174

图 7-175

图 7-176

图 7-177

7.8 透视效果

在设计和制作图形的过程中，经常会使用到透视效果。下面介绍如何在 CorelDRAW X6 中制作透视效果。

7.8.1 制作透视效果

打开要制作透视效果的图形，使用"选择"工具 将图形选中，效果如图 7-178 所示。选择"效果 > 添加透视"命令，在图形的周围出现控制线和控制点，如图 7-179 所示。拖曳控制点，制作需要的透视效果，在拖曳控制点时出现了透视点×，如图 7-180 所示。拖曳透视点×，同时可以改变透视效果，如图 7-181 所示。制作好透视效果后，按空格键，确定完成的效果。

要修改已经制作好的透视效果，需双击图形，再对已有的透视效果进行调整即可。选择"效果 > 清除透视点"命令，可以清除透视效果。

图 7-178

图 7-179

图 7-180

图 7-181

7.8.2 课堂案例——制作俱乐部卡片

案例学习目标

学习使用"添加透视"命令制作俱乐部卡片的标题文字。

案例知识要点

使用"矩形"工具和"渐变填充"工具制作背景；使用"椭圆形"工具、"合并"命令和"图框精确剪裁"命令添加装饰图案；使用"添加透视"命令并拖曳节点制作文字透视变形效果；使用"文本"工具输入其他说明文字；俱乐部卡片效果如图 7-182 所示。

效果所在位置

云盘/Ch07/效果/制作俱乐部卡片.cdr。

图 7-182

扫码观看
本案例视频

扫码观看
扩展案例

案例操作步骤

（1）按 Ctrl+N 组合键，新建一个页面。在属性栏的"页面度量"选项中分别设置宽度为 285mm、高度为 210mm，按 Enter 键，页面尺寸显示为设置的大小。

（2）选择"矩形"工具 ▢，在页面中绘制一个矩形，如图 7-183 所示。按 F11 键，弹出"渐变填充"对话框，点选"双色"单选框，将"从"选项颜色的 CMYK 值设为 90、45、10、0，"到"选项颜色的 CMYK 值设为 40、0、0、0，其他选项的设置如图 7-184 所示，单击"确定"按钮，填充图形，并去除图形的轮廓线，效果如图 7-185 所示。

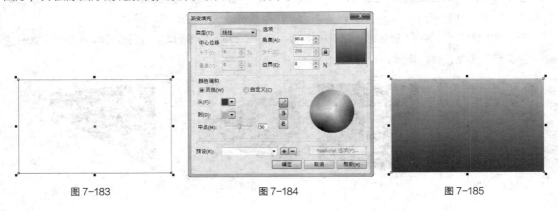

图 7-183   图 7-184   图 7-185

（3）选择"椭圆形"工具 ，在页面中绘制一个椭圆形，如图 7-186 所示。用相同的方法绘制其他图形，效果如图 7-187 所示。

（4）选择"选择"工具 ，选取绘制的图形，单击属性栏中的"合并"按钮 ，将多个图形合并为一个图形，效果如图 7-188 所示。填充图形为白色，并去除图形的轮廓线，效果如图 7-189 所示。用相同的方法绘制其他图形并填充适当颜色，效果如图 7-190 所示。按 Ctrl+PageDown 组合键，调整图层顺序，效果如图 7-191 所示。

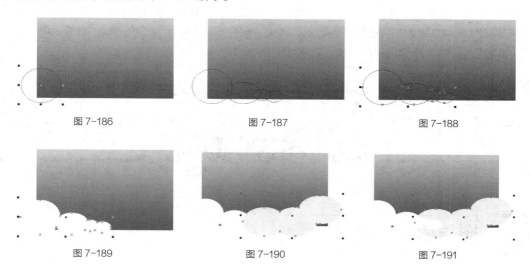

图 7-186　　　　图 7-187　　　　图 7-188

图 7-189　　　　图 7-190　　　　图 7-191

（5）选择"矩形"工具 ，在页面中绘制一个矩形，如图 7-192 所示。选择"选择"工具 ，选取所需的图形，如图 7-193 所示。选择"效果 > 图框精确剪裁 > 置入图文框内部"命令，鼠标指针变为黑色箭头形状，在矩形上单击，如图 7-194 所示，将图形置入矩形中，去除矩形的轮廓线，效果如图 7-195 所示。

图 7-192　　　　图 7-193　　　　图 7-194

（6）按 Ctrl+I 组合键，弹出"导入"对话框，选择云盘中的"Ch07 > 素材 > 制作俱乐部卡片 > 01"文件，单击"导入"按钮，在页面中单击导入图片，将其拖曳到适当的位置并调整其大小，如图 7-196 所示。

（7）选择"文本"工具 ，在页面中输入需要的文字。选择"选择"工具 ，在属性栏中选择适当的字体并设置文字大小，填充为白色，效果如图 7-197 所示。

图 7-195

（8）选择"选择"工具 ，选取需要的文字图形，如图 7-198 所示。选择"效果 > 添加透视"命令，在文字图形周围出现控制线和控制点，拖曳需要的控制点到适当位置，透视效果如图 7-199 所示。

图 7-196   图 7-197   图 7-198

（9）选择"文本"工具 字，在页面中输入需要的文字。选择"选择"工具 ，在属性栏中选择适当的字体并设置文字大小。选择"形状"工具 ，向右拖曳文字下方的 图标，调整字距，效果如图 7-200 所示。俱乐部卡片制作完成，效果如图 7-201 所示。

图 7-199   图 7-200   图 7-201

7.9 图框精确剪裁效果

在 CorelDRAW X6 中，使用图框精确剪裁，可以将一个对象内置于另外一个容器对象中。内置的对象可以是任意的，但容器对象必须是创建的封闭路径。

打开一个图片，再绘制一个图形作为容器对象，使用"选择"工具 选中要用来内置的图形，如图 7-202 所示。

选择"效果 > 图框精确剪裁 > 置于图文框内部"命令，鼠标指针变为黑色箭头，将箭头放在容器对象内并单击，如图 7-203 所示。完成的图框精确剪裁对象效果如图 7-204 所示，内置图形的中心和容器对象的中心是重合的。

图 7-202   图 7-203   图 7-204

选择"效果 > 图框精确剪裁 > 提取内容"命令，可以将容器对象内的内置位图提取出来。

选择"效果 > 图框精确剪裁 > 编辑 PowerClip"命令，可以修改内置对象。

选择"效果 > 图框精确剪裁 > 结束编辑"命令，完成内置位图的重新选择。

选择"效果 > 复制效果 > 图框精确剪裁自"命令，鼠标指针变为黑色箭头，将箭头放在图框精确剪裁对象上并单击，可复制内置对象。

课堂练习——制作演唱会宣传单

练习知识要点

使用"立体化"工具制作标题文字的立体效果；使用"轮廓图"工具和"封套"工具制作宣传文字效果；使用"表格"工具绘制表格图形；使用"多边形"工具和"复制"命令绘制星形图形；效果如图 7-205 所示。

效果所在位置

云盘/Ch07/效果/制作演唱会宣传单.cdr。

图 7-205

扫码观看
本案例视频

课后习题——制作立体字

习题知识要点

使用"文本"工具输入文字；使用"渐变填充"工具为文字填充渐变色；使用"立体化"工具制作文字立体效果；效果如图 7-206 所示。

效果所在位置

云盘/Ch07/效果/制作立体字.cdr。

图 7-206

扫码观看
本案例视频

08

第8章
实物的绘制

效果逼真并经过艺术化处理的实物绘制图可以应用到书籍设计、杂志设计、海报设计、宣传单设计、广告设计、包装设计和网页设计等多个设计领域。本章将以多个实物对象为例，讲解绘制实物的方法和技巧。

课堂学习目标

- ✔ 了解实物绘制的应用领域
- ✔ 掌握实物的绘制思路和过程
- ✔ 掌握实物的绘制方法和技巧

8.1　实物绘制概述

实物绘制图可以用计算机软件并通过一定的创意和构思来进行设计和制作，如图 8-1 所示。它能表现我们生活中喜欢的物品，也能表现有趣的事物和景象。绘制实物时，在表现手法上要努力捕捉真实的感觉，充分发挥想象，尽量让画面充实和艺术化。

图 8-1

8.2　绘制火箭图标

8.2.1　案例分析

本案例是为一个网站制作工具图标，要求绘制的图标可爱形象、充满童趣、色彩鲜艳丰富、符合网站的要求与定位。

在设计过程中，首先设计出火箭的主体形状，配上红色的色彩，形成具有视觉冲击力的图标形象，灰色渐变的火箭头使图标具有质感，渐变的火焰使图标更加生动形象，整体设计简洁直观，符合图标的特质，让人印象深刻。

本案例将使用"椭圆形"工具、"形状"工具、"渐变填充"工具和"图框精确剪裁"命令制作火箭；使用"矩形"工具、"形状"工具、"多边形"工具、"渐变填充"工具和"变换"命令制作火箭两翼；使用"贝塞尔"工具、"渐变填充"工具和"调整图层顺序"命令绘制火箭火焰。

8.2.2　案例设计

本案例设计流程如图 8-2 所示。

制作火箭箭体　　　　制作火箭机翼　　　　最终效果

图 8-2

扫码观看
本案例视频

8.2.3 案例制作

（1）按 Ctrl+N 组合键，新建一个 A4 页面。选择"椭圆形"工具 ◯，绘制一个椭圆形，如图 8-3 所示。按 Ctrl+Q 组合键，将椭圆形转换为曲线。选择"形状"工具 ⬚，选取所需节点，向中间拖曳节点手柄，如图 8-4 所示。

（2）选择"矩形"工具 ▢，在页面中绘制一个矩形，效果如图 8-5 所示。选择"选择"工具 ⬚，选取所需的图形，单击属性栏中的"移除前面对象"按钮 ⬚，将多个图形剪切为一个图形，效果如图 8-6 所示。

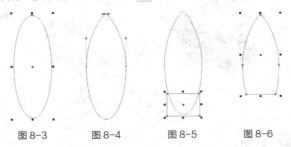

图 8-3　　　　图 8-4　　　　图 8-5　　　　图 8-6

（3）按 F11 键，弹出"渐变填充"对话框，点选"自定义"单选框，在"位置"选项中分别添加并输入 0、47、100 几个位置点，单击右下角的"其它"按钮，分别设置几个位置点颜色的 CMYK 值为 0（0、100、100、80）、47（0、100、100、30）、100（0、100、100、0），其他选项的设置如图 8-7 所示，单击"确定"按钮，填充图形，并去除图形的轮廓线，效果如图 8-8 所示。

（4）选择"多边形"工具 ◯，在属性栏中的设置如图 8-9 所示，绘制一个三角形，如图 8-10 所示。

（5）按 F11 键，弹出"渐变填充"对话框，点选"自定义"单选框，在"位置"选项中分别添加并输入 0、40、63、100 几个位置点，单击

图 8-7　　　　　　　　　　　　　　　图 8-8

右下角的"其它"按钮，分别设置几个位置点颜色的 CMYK 值为 0（0、0、0、100）、40（0、0、0、80）、63（0、0、0、40）、100（0、0、0、100），其他选项的设置如图 8-11 所示，单击"确定"按钮，填充图形，并去除图形的轮廓线，效果如图 8-12 所示。

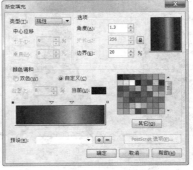

图 8-9　　　　　　图 8-10　　　　　　　图 8-11　　　　　　　图 8-12

（6）选择"贝塞尔"工具 ，绘制一个不规则图形，如图 8-13 所示。按 F11 键，弹出"渐变填充"对话框，点选"双色"单选框，将"从"选项颜色的 CMYK 值设为 0、0、0、100，"到"选项颜色的 CMYK 值设为 0、0、0、80，其他选项的设置如图 8-14 所示，单击"确定"按钮，填充图形。在属性栏中将"轮廓宽度" 细线 选项设为 0.6，填充图形的轮廓线为黑色，效果如图 8-15 所示。

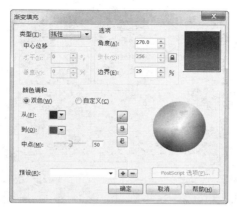
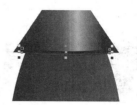

图 8-13 　　　　　　　　　　图 8-14 　　　　　　　　　　图 8-15

（7）选择"选择"工具 ，选取所需的图形，如图 8-16 所示。选择"效果 > 图框精确剪裁 > 置于图文框内部"命令，鼠标指针变为黑色箭头形状，在图形上单击，如图 8-17 所示，将灰色渐变图形置入到红色渐变图形中，并去除图形轮廓线，效果如图 8-18 所示。

（8）选择"贝塞尔"工具 ，绘制一个不规则图形，如图 8-19 所示。按 F11 键，弹出"渐变填充"对话框，点选"自定义"单选框，在"位置"选项中分别添加并输入 0、40、63、100 几

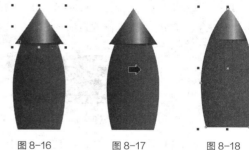

图 8-16 　　　　　　图 8-17 　　　　　　图 8-18

个位置点，单击右下角的"其它"按钮，分别设置几个位置点颜色的 CMYK 值为 0（0、0、0、100）、40（0、0、0、80）、63（0、0、0、40）、100（0、0、0、100），其他选项的设置如图 8-20 所示，单击"确定"按钮，填充图形，并去除图形的轮廓线，效果如图 8-21 所示。

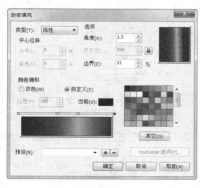

图 8-19 　　　　　　　　　　图 8-20 　　　　　　　　　　图 8-21

（9）选择"矩形"工具 ▢，在页面中绘制一个矩形，如图8-22所示。按F11键，弹出"渐变填充"对话框，点选"双色"单选框，将"从"选项颜色的CMYK值设为0、0、0、100，"到"选项颜色的CMYK值设为0、0、0、80，其他选项的设置如图8-23所示，单击"确定"按钮，填充图形，并去除图形的轮廓线，效果如图8-24所示。

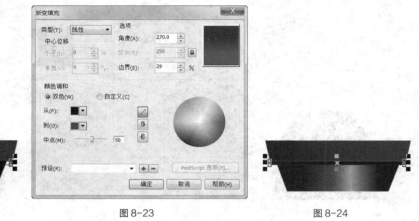

图8-22　　　　　　　　　　　图8-23　　　　　　　　　　　图8-24

（10）选择"选择"工具 ▹，选取绘制的矩形，选择"效果 > 图框精确剪裁 > 置于图文框内部"命令，鼠标指针变为黑色箭头形状，在下方的渐变图形上单击，如图8-25所示，将图形置入矩形中，并去除图形的轮廓线，效果如图8-26所示。

图8-25　　　　　　　　　　　图8-26

（11）选择"矩形"工具 ▢，绘制一个矩形，在属性栏中的设置如图8-27所示，按Enter键确认操作，效果如图8-28所示。

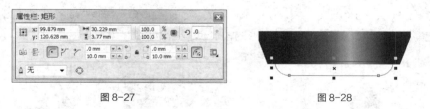

图8-27　　　　　　　　　　　图8-28

（12）按F11键，弹出"渐变填充"对话框，点选"自定义"单选框，在"位置"选项中分别添加并输入0、40、63、100几个位置点，单击右下角的"其它"按钮，分别设置几个位置点颜色的CMYK值为0（0、0、0、100）、40（0、0、0、80）、63（0、0、0、40）、100（0、0、0、100），其他选项的设置如图8-29所示，单击"确定"按钮，填充图形，并去除图形的轮廓线，效果如图8-30所示。

（13）选择"贝塞尔"工具 ✎，绘制一个不规则图形，如图8-31所示。按F11键，弹出"渐变填充"对话框，点选"自定义"单选框，在"位置"选项中分别添加并输入0、47、100几个位置点，单击右下角的"其它"按钮，分别设置几个位置点颜色的 CMYK 值为 0（0、100、100、80）、47（0、100、100、30）、100（0、100、100、0），其他选项的设置如图 8-32 所示，单击"确定"按钮，填充图形，并去除图形的轮廓线，效果如图 8-33 所示。

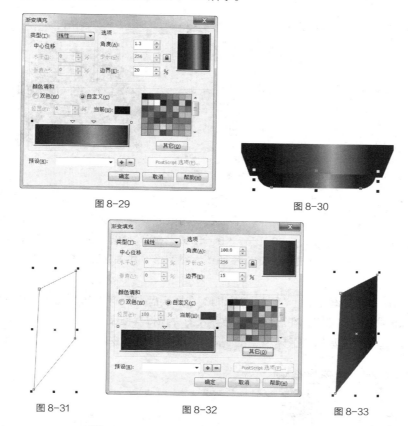

图 8-29   图 8-30

图 8-31   图 8-32   图 8-33

（14）选择"选择"工具 ，选取所需的图形，将其拖曳到适当位置，效果如图 8-34 所示。多次按 Ctrl+PageDown 组合键，调整图层顺序，效果如图 8-35 所示。

（15）选择"选择"工具 ，选择"排列 > 变换 > 缩放和镜像"命令，弹出"变换"泊坞窗，选项的设置如图 8-36 所示。单击"应用"按钮，复制并变换图形，效果如图 8-37 所示。选择"选择"工具 ，将复制的图形拖曳到适当的位置，效果如图 8-38 所示。

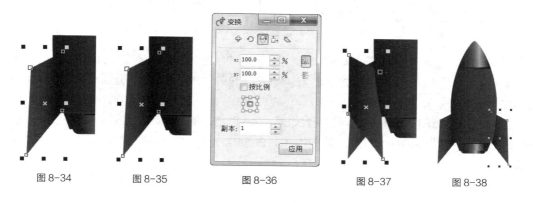

图 8-34   图 8-35   图 8-36   图 8-37   图 8-38

（16）选择"多边形"工具 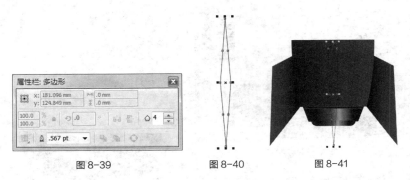，在属性栏中的设置如图 8-39 所示，绘制一个菱形，如图 8-40 所示。按 Ctrl+Q 组合键，将菱形转换为曲线。选择"形状"工具 ，选取所需节点并调整到适当的位置，效果如图 8-41 所示。

图 8-39   图 8-40   图 8-41

（17）按 F11 键，弹出"渐变填充"对话框，点选"自定义"单选框，在"位置"选项中分别添加并输入 0、47、100 几个位置点，单击右下角的"其它"按钮，分别设置几个位置点颜色的 CMYK 值为 0（0、100、100、80）、47（0、100、100、30）、100（0、100、100、0），其他选项的设置如图 8-42 所示，单击"确定"按钮，填充图形，并去除图形的轮廓线，效果如图 8-43 所示。

（18）按 Ctrl+I 组合键，弹出"导入"对话框，选择云盘中的"Ch08 > 素材 > 绘制火箭图标 > 01"文件，单击"导入"按钮，在页面中单击导入图片，将其拖曳到适当的位置并调整其大小，如图 8-44 所示。选择"贝塞尔"工具 ，绘制一个不规则图形，如图 8-45 所示。

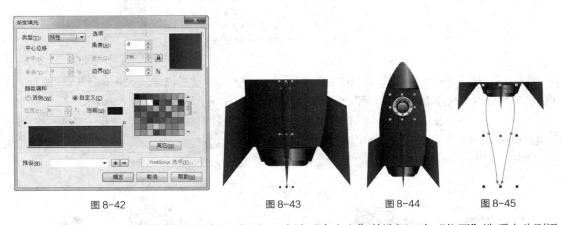

图 8-42   图 8-43   图 8-44   图 8-45

（19）按 F11 键，弹出"渐变填充"对话框，点选"自定义"单选框，在"位置"选项中分别添加并输入 0、10、25、62、100 几个位置点，单击右下角的"其它"按钮，分别设置几个位置点颜色的 CMYK 值为 0（0、100、100、0）、10（0、60、100、0）、25（0、0、100、0）、62（0、0、40、0）、100（0、0、20、0），其他选项的设置如图 8-46 所示，单击"确定"按钮，填充图形，并去除图形的轮廓线，效果如图 8-47 所示。多次按 Ctrl+PageDown 组合键，调整图层顺序，效果如图 8-48 所示。

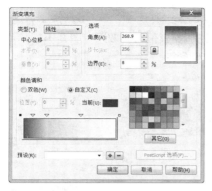

图 8-46   图 8-47   图 8-48

8.3　绘制小蛋糕

8.3.1　案例分析

　　本案例是为一家蛋糕店制作宣传图标，要求设计抓住蛋糕的特色，使蛋糕的美味和情趣得到充分的体现，用丰富的想象力绘制出有代表性的图标。

　　在设计过程中，图标的造型使用纸杯蛋糕的形状，丰富了设计层次感，可爱的蛋糕造型搭配鲜美的巧克力酱，再使用樱桃进行点缀，使蛋糕图标形象生动、鲜活可爱，能抓住人们的视线，达到宣传的目的。整个设计主题明确，符合蛋糕店的特色。

　　本案例将使用"矩形"工具、"形状"工具、"贝塞尔"工具和"透明度"工具绘制小蛋糕外形；使用"调和"命令、"调整图层顺序"命令和"图框精确剪裁"命令制作纸杯。

8.3.2　案例设计

　　本案例设计流程如图 8-49 所示。

绘制蛋糕轮廓　　　　　　添加装饰图形　　　　　　最终效果　　　　　　扫码观看
　　　　　　　　　　　　图 8-49　　　　　　　　　　　　　　　　　　本案例视频

8.3.3　案例制作

（1）按 Ctrl+N 组合键，新建一个 A4 页面。单击属性栏中的"横向"按钮□，将页面设置为横向。选择"矩形"工具 □，在页面中绘制一个矩形，如图 8-50 所示。按 Ctrl+Q 组合键，将矩形转换为曲线。选择"形状"工具 ⟨，，选取所需节点并分别调整其位置，效果如图 8-51 所示。

（2）选择"椭圆形"工具 ○，绘制一个椭圆形，如图 8-52 所示。选择"选择"工具 ⟨，圈选所需图形，如图 8-53 所示。单击属性栏中的"合并"按钮 □，将多个图形合并为一个图形，效果如图 8-54 所示。设置图形填充颜色的 CMYK 值为 0、85、100、20，填充图形，并去除图形的轮廓线，效果如图 8-55 所示。

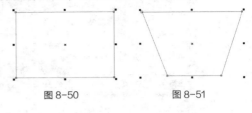

图 8-50   图 8-51

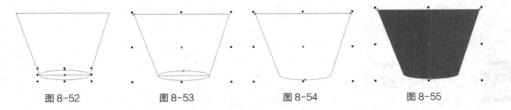

图 8-52   图 8-53   图 8-54   图 8-55

（3）选择"贝塞尔"工具 ⟨，绘制一个不规则图形，设置图形填充颜色的 CMYK 值为 0、40、76、0，填充图形，并去除图形的轮廓线，效果如图 8-56 所示。用相同的方法绘制其他图形，并填充适当的颜色，效果如图 8-57 所示。

（4）选择"透明度"工具 ♀，在属性栏中将"透明度类型"选项设为"标准"，其他选项的设置如图 8-58 所示。按 Enter 键确认操作，效果如图 8-59 所示。用上述方法绘制其他图形，效果如图 8-60 所示。

图 8-56   图 8-57   图 8-58   图 8-59   图 8-60

（5）选择"选择"工具 ⟨，选取所需的图形，如图 8-61 所示。选择"效果 > 图框精确剪裁 > 置于图文框内部"命令，鼠标指针变为黑色箭头形状，在需要的图形上单击，如图 8-62 所示，将需要的图形置入到图形中，并去除图形的轮廓线，效果如图 8-63 所示。

图 8-61   图 8-62   图 8-63

（6）选择"贝塞尔"工具 ⟨，绘制一个不规则图形，填充图形为黑色，并去除图形的轮廓线，效果如图 8-64 所示。选择"透明度"工具 ♀，在属性栏中将"透明度类型"选项设为"标准"，其他选项的设置如图 8-65 所示。按 Enter 键确认操作，效果如图 8-66 所示。

图 8-64

图 8-65

图 8-66

（7）选择"贝塞尔"工具，绘制一个不规则图形，设置图形填充颜色的 CMYK 值为 62、88、100、56，填充图形，并去除图形的轮廓线，效果如图 8-67 所示。用相同的方法绘制其他图形，并分别填充适当的颜色，效果如图 8-68 所示。

（8）按 Ctrl+I 组合键，弹出"导入"对话框，选择云盘中的"Ch08 > 素材 > 绘制小蛋糕 > 01"文件，单击"导入"按钮，在页面中单击导入图片，将其拖曳到适当的位置并调整其大小，效果如图 8-69 所示。

（9）选择"贝塞尔"工具，绘制一个不规则图形，填充图形为黑色，并去除图形的轮廓线，效果如图 8-70 所示。多次按 Ctrl+PageDown 组合键，调整图层顺序，效果如图 8-71 所示。

图 8-67   图 8-68   图 8-69   图 8-70   图 8-71

（10）选择"透明度"工具，在属性栏中将"透明度类型"选项设为"标准"，其他选项的设置如图 8-72 所示。按 Enter 键确认操作，效果如图 8-73 所示。

（11）选择"矩形"工具，在页面中绘制一个矩形，设置图形填充颜色的 CMYK 值为 19、75、99、0，填充图形，并去除图形的轮廓线，效果如图 8-74

图 8-72

图 8-73

所示。选择"选择"工具，选取绘制的矩形，将其拖曳到适当位置，单击鼠标右键，复制图形，效果如图 8-75 所示。

图 8-74   图 8-75

（12）选择"选择"工具，选取左侧的矩形，在属性栏中将"旋转角度"选项设为 295.9，旋转图形，效果如图 8-76 所示。选取右侧的矩形，在属性栏中将"旋转角度"选项设为 246，旋转图形，效果如图 8-77 所示。

（13）选择"调和"工具，将鼠标指针从左侧图形拖曳到右侧图形上，在属性栏中进行选项设置，如图 8-78 所示。按 Enter 键确认操作，图形的调和效果如图 8-79 所示。

图 8-76　　　　图 8-77　　　　　　　图 8-78　　　　　　　　图 8-79

（14）选择"贝塞尔"工具 ，绘制一个不规则图形，设置图形填充颜色的 CMYK 值为 0、40、80、0，填充图形，并去除图形的轮廓线，效果如图 8-80 所示。

（15）选择"透明度"工具 ，在属性栏中将"透明度类型"选项设为"标准"，其他选项的设置如图 8-81 所示。按 Enter 键确认操作，效果如图 8-82 所示。用上述方法绘制其他图形，效果如图 8-83 所示。

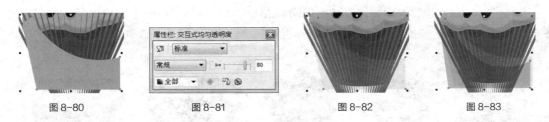

图 8-80　　　　　　　　图 8-81　　　　　　　图 8-82　　　　　　　图 8-83

（16）选择"选择"工具 ，选取所需的图形，如图 8-84 所示。选择"效果 > 图框精确剪裁 > 置于图文框内部"命令，鼠标指针变为黑色箭头形状，在需要的图形上单击，如图 8-85 所示，将调和图形置入到图形中，并去除图形的轮廓线，效果如图 8-86 所示。小蛋糕绘制完成。

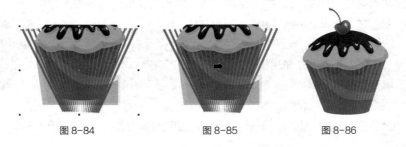

图 8-84　　　　　　　图 8-85　　　　　　　图 8-86

课堂练习1——绘制卡通闹钟

🔗 练习知识要点

使用"矩形"工具、旋转角度、"3 点椭圆形"工具和"填充"工具绘制背景；使用"椭圆形"工具、"矩形"工具和"轮廓宽度"选项绘制闹钟；效果如图 8-87 所示。

◎ 效果所在位置

云盘/Ch08/效果/绘制卡通闹钟.cdr。

图 8-87

扫码观看
本案例视频

课堂练习 2——绘制茶壶

练习知识要点

使用"贝塞尔"工具、"钢笔"工具和"形状"工具绘制茶壶轮廓图;使用"艺术"笔工具添加花纹图形;效果如图 8-88 所示。

效果所在位置

云盘/Ch08/效果/绘制茶壶.cdr。

图 8-88

扫码观看
本案例视频

课后习题 1——绘制南瓜

习题知识要点

使用"椭圆形"工具、"贝塞尔"工具和"填充"工具绘制南瓜图形;使用"钢笔"工具、"形状"工具调整图形;效果如图 8-89 所示。

效果所在位置

云盘/Ch08/效果/绘制南瓜.cdr。

图 8-89

课后习题 2——绘制校车

习题知识要点

使用"矩形"工具、"合并"命令和"移除前面对象"命令绘制车身；使用"椭圆形"工具和"贝塞尔"工具绘制车轮；效果如图 8-90 所示。

效果所在位置

云盘/Ch08/效果/绘制校车.cdr。

图 8-90

09

第 9 章
插画的绘制

现代插画艺术发展迅速，已经被广泛应用于杂志、广告、包装和纺织品等领域。使用 CorelDRAW X6 绘制的插画简洁明快、独特新颖、形式多样，已经成为流行的插画绘制方式。本章将以多个主题插画为例，讲解插画的多种绘制方法和制作技巧。

课堂学习目标 ▦

- ✔ 了解插画的概念和应用领域
- ✔ 了解插画的分类
- ✔ 了解插画的风格特点
- ✔ 掌握插画的绘制思路和过程
- ✔ 掌握插画的绘制方法和技巧

9.1　插画设计概述

插画，就是用来解释说明一段文字的图画。广告、杂志、说明书、海报、书籍、包装等平面作品中，凡是用来"解释说明"的图画都可以称之为插画。

9.1.1　插画的应用领域

通行于国外市场的商业插画包括出版物插图、卡通吉祥物插图、影视与游戏美术设计插图和广告插画 4 种形式。在中国，插画已经遍布于平面和电子媒体、商业场馆、公众机构、商品包装、影视演艺海报、企业广告，甚至 T 恤、日记本和贺年片中。

9.1.2　插画的分类

插画的种类繁多，可以分为商业广告类插画、海报招贴类插画、儿童读物类插画、艺术创作类插画、流行风格类插画，如图 9-1 所示。

商业广告类插画　　海报招贴类插画　　儿童读物类插画　　艺术创作类插画　　流行风格类插画

图 9-1

9.1.3　插画的风格特点

插画的风格和表现形式多样，有抽象手法、写实手法，有黑白的、彩色的、运用材料的、运用照片的、电脑制作的，现代插画运用的技术手段则更加丰富。

9.2　绘制可爱棒冰插画

9.2.1　案例分析

本案例是为卡通书籍绘制的可爱棒冰插画。在插画绘制上以形象可爱的棒冰图形为主体，通过简洁的绘画语言表现出棒冰可爱的造型和美味的口感。

在设计绘制过程中，用黄色的棒冰图形重复排列，构成插画的背景效果，营造出时尚而清新的感觉。拟人化的棒冰图形活泼可爱、形象生动，凸显出活力感。整个画面自然协调，生动且富于变化，让人印象深刻。

本案例将使用"贝塞尔"工具、"椭圆形"工具绘制棒冰图形；使用"渐变填充"工具为图形填充渐变色。

9.2.2　案例设计

本案例设计流程如图 9-2 所示。

导入背景　　　　　　绘制可爱棒冰　　　　　　最终效果

扫码观看
本案例视频

图 9-2

9.2.3　案例制作

（1）按 Ctrl+N 组合键，新建一个页面。在属性栏的"页面度量"选项中分别设置宽度为 200mm、高度为 200mm，按 Enter 键，页面尺寸显示为设置的大小。

（2）选择"文件 > 导入"命令，弹出"导入"对话框。选择云盘中的"Ch09 > 素材 > 绘制可爱棒冰插画 > 01"文件，单击"导入"按钮。在页面中单击导入图片，按 P 键，图片在页面中居中对齐，效果如图 9-3 所示。

（3）选择"贝塞尔"工具 ，绘制一个不规则图形，如图 9-4 所示。设置图形颜色的 CMYK 值为 0、1、27、0，填充图形，并去除图形的轮廓线，效果如图 9-5 所示。

（4）选择"贝塞尔"工具 ，绘制一个不规则图形。设置图形颜色的 CMYK 值为 6、11、73、0，填充图形，并去除图形的轮廓线，效果如图 9-6 所示。

图 9-3　　　　　　图 9-4　　　　　　图 9-5　　　　　　图 9-6

（5）选择"贝塞尔"工具 ，绘制一个不规则图形，如图 9-7 所示。按 F11 键，弹出"渐变填充"对话框。点选"双色"单选框，将"从"选项颜色的 CMYK 值设置为 40、73、94、66，"到"选项颜色的 CMYK 值设置为 50、75、100、15，其他选项的设置如图 9-8 所示。单击"确定"按钮，填充图形，并去除图形的轮廓线，效果如图 9-9 所示。

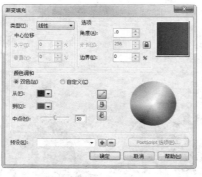

图 9-7　　　　　　　　　　　图 9-8　　　　　　　　　　　图 9-9

（6）选择"贝塞尔"工具，绘制多个不规则图形。填充图形为白色，并去除图形的轮廓线，效果如图 9-10 所示。

（7）选择"贝塞尔"工具，在适当的位置绘制一个图形。设置图形颜色的 CMYK 值为 67、80、100、60，填充图形并去除图形的轮廓线，效果如图 9-11 所示。用相同的方法再绘制一个图形，并填充相同的颜色，效果如图 9-12 所示。

图 9-10　　　　　　　　　图 9-11　　　　　　　　　图 9-12

（8）选择"贝塞尔"工具，在适当的位置绘制一个图形。设置图形颜色的 CMYK 值为 67、80、100、60，填充图形，并去除图形的轮廓线，效果如图 9-13 所示。

（9）选择"贝塞尔"工具，在适当的位置绘制一个图形。设置图形颜色的 CMYK 值为 14、87、30、0，填充图形，并去除图形的轮廓线，效果如图 9-14 所示。

（10）选择"贝塞尔"工具，在适当的位置绘制一个图形。设置图形颜色的 CMYK 值为 0、51、0、0，填充图形，并去除图形的轮廓线，效果如图 9-15 所示。

（11）选择"椭圆形"工具，按住 Ctrl 键，在适当的位置拖曳鼠标绘制一个圆形，如图 9-16 所示。

图 9-13　　　　　　图 9-14　　　　　　图 9-15　　　　　　图 9-16

（12）按 F11 键，弹出"渐变填充"对话框。点选"双色"单选框，将"从"选项颜色的 CMYK 值设置为 20、70、68、0，"到"选项颜色的 CMYK 值设置为 13、39、33、0，其他选项的设置如图 9-17 所示。单击"确定"按钮，填充图形并去除图形的轮廓线，效果如图 9-18 所示。用相同的方法再绘制一个图形，并填充相同的颜色，效果如图 9-19 所示。

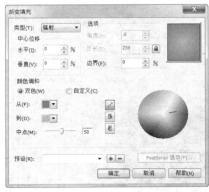
图 9-17

图 9-18

图 9-19

（13）选择"椭圆形"工具 ◯，绘制一个椭圆形。设置图形颜色的 CMYK 值为 14、10、62、0，填充图形并去除图形的轮廓线，效果如图 9-20 所示。

（14）选择"椭圆形"工具 ◯，绘制一个椭圆形。设置图形颜色的 CMYK 值为 55、70、90、81，填充图形并去除图形的轮廓线，效果如图 9-21 所示。

（15）选择"贝塞尔"工具 ╲，在适当的位置绘制一个图形。设置图形颜色的 CMYK 值为 25、38、68、8，填充图形并去除图形的轮廓线，效果如图 9-22 所示。

（16）选择"贝塞尔"工具 ╲，在适当的位置绘制一个图形。设置图形颜色的 CMYK 值为 5、15、65、7，填充图形并去除图形的轮廓线，效果如图 9-23 所示。可爱棒冰插画绘制完成。

图 9-20

图 9-21

图 9-22

图 9-23

9.3 绘制生态保护插画

9.3.1 案例分析

本案例是为卡通书籍绘制的生态保护插画，主要表达的是保护海洋珍稀动物的主题。在插画绘制上要通过简洁的绘画语言突出宣传的主题。

在设计绘制过程中，通过蓝色的海洋背景突出前方的宣传主体，展现出海洋的浩瀚、壮阔。形象生动的鲸鱼图形醒目突出、辨识度强，能吸引人们的视线。宣传文字在深蓝色水花图形的衬托下，醒目突出，点明了宣传的主题。

本案例将使用"导入"命令导入背景及其他元素；使用"贝塞尔"工具、"形状"工具绘制鲨鱼轮廓；使用"贝塞尔"工具、"2 点线"工具和"轮廓笔"工具绘制鲨鱼嘴唇和胡须；使用"置于图文框内部"命令制作图框精确剪裁效果。

9.3.2 案例设计

本案例设计流程如图 9-24 所示。

导入背景

绘制卡通鲸鱼

最终效果

扫码观看
本案例视频

图 9-24

9.3.3 案例制作

（1）按 Ctrl+N 组合键，新建一个 A4 页面。在属性栏的"页面度量"选项中分别设置宽度为190mm、高度为 300mm，按 Enter 键，页面尺寸显示为设置的大小。

（2）选择"文件 > 导入"命令，弹出"导入"对话框，选择云盘中的"Ch09 > 素材 > 绘制生态保护插画 > 01"文件，单击"导入"按钮。在页面中单击导入图片，按 P 键，图片在页面居中对齐，效果如图 9-25 所示。选择"贝塞尔"工具 ，在页面中绘制一个不规则闭合图形，如图 9-26所示。

图 9-25   图 9-26

（3）选择"形状"工具 ，选取需要的节点，如图 9-27所示。单击属性栏中的"转换为曲线"按钮 ，节点上出现控制线，如图 9-28 所示。选取需要的控制线并将其拖曳到适当的位置，效果如图 9-29 所示。用相同的方法调整右侧的节点到适当的位置，如图 9-30 所示。

（4）用相同的方法将其他节点转换为曲线，并分别调整其位置和弧度，效果如图 9-31 所示。填充图形为黑色并去除图形的轮廓线，效果如图 9-32 所示。

（5）选择"贝塞尔"工具 ，绘制一个图形。填充图形为白色，并去除图形的轮廓线，效果如图 9-33 所示。

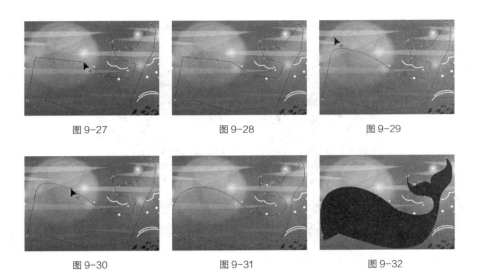

图 9-27　　　　　　　图 9-28　　　　　　　图 9-29

图 9-30　　　　　　　图 9-31　　　　　　　图 9-32

（6）选择"贝塞尔"工具 ，绘制一个图形。设置图形颜色的 CMYK 值为 47、81、0、0，填充图形，并去除图形的轮廓线，效果如图 9-34 所示。

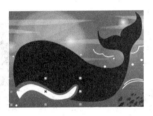

图 9-33　　　　　　　图 9-34

（7）选择"2 点线"工具 ，绘制一条直线。设置轮廓线颜色的 CMYK 值为 78、23、0、0，填充轮廓线，效果如图 9-35 所示。按 F12 键，弹出"轮廓笔"对话框，选项的设置如图 9-36 所示。单击"确定"按钮，效果如图 9-37 所示。用相同的方法绘制其他直线，并填充相同的颜色，效果如图 9-38 所示。

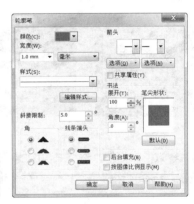

图 9-35　　　　　　　图 9-36　　　　　　　图 9-37　　　　　　图 9-38

（8）选择"贝塞尔"工具 ，绘制一个图形。设置图形颜色的 CMYK 值为 79、26、0、0，填充图形并去除图形的轮廓线，效果如图 9-39 所示。

（9）选择"贝塞尔"工具 ，绘制一条曲线。设置轮廓线颜色的 CMYK 值为 100、79、23、0，填充轮廓线，效果如图 9-40 所示。

图 9-39　　　　　　　　　　　图 9-40

（10）按 F12 键，弹出"轮廓笔"对话框，选项的设置如图 9-41 所示。单击"确定"按钮，效果如图 9-42 所示。用相同的方法绘制其他曲线，并填充相同的颜色，效果如图 9-43 所示。

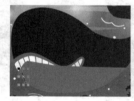
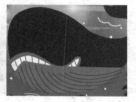

图 9-41　　　　　　　　图 9-42　　　　　　　　图 9-43

（11）选择"选择"工具 ，将曲线图形同时选取。选择"效果 > 图框精确剪裁 > 置于图文框内部"命令，鼠标指针变为黑色箭头，在蓝色不规则图形上单击，如图 9-44 所示。将曲线置入不规则图形中，效果如图 9-45 所示。多次按 Ctrl+PageDown 组合键，将图形后置，效果如图 9-46 所示。

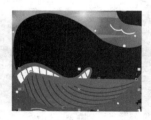
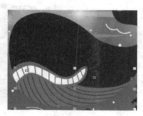

图 9-44　　　　　　　　图 9-45　　　　　　　　图 9-46

（12）选择"文件 > 导入"命令，弹出"导入"对话框。选择云盘中的"Ch09 > 素材 > 绘制生态保护插画 > 02"文件，单击"导入"按钮。选择"选择"工具 ，在页面中单击导入图片，将其拖曳到适当的位置，效果如图 9-47 所示。

（13）选择"贝塞尔"工具 ，绘制一个图形。设置图形颜色的 CMYK 值为 100、78、22、0，填充图形并去除图形的轮廓线，效果如图 9-48 所示。

（14）选择"贝塞尔"工具 ，绘制一个图形。设置图形颜色的 CMYK 值为 79、26、0、0，填充图形并去除图形的轮廓线，效果如图 9-49 所示。

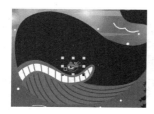  

图 9-47　　　　　　　图 9-48　　　　　　　图 9-49

（15）选择"贝塞尔"工具 ，绘制一条曲线。设置轮廓线颜色的 CMYK 值为 100、79、23、0，填充轮廓线，效果如图 9-50 所示。

（16）按 F12 键，弹出"轮廓笔"对话框，选项的设置如图 9-51 所示。单击"确定"按钮，效果如图 9-52 所示。用相同的方法绘制其他曲线，并填充相同的颜色，效果如图 9-53 所示。

图 9-50　　　　　　　图 9-51　　　　　　　图 9-52　　　　　　　图 9-53

（17）选择"选择"工具 ，将曲线图形同时选取，选择"效果 > 图框精确剪裁 > 置于图文框内部"命令，鼠标指针变为黑色箭头，在蓝色不规则图形上单击，如图 9-54 所示。将曲线置于不规则图形中，效果如图 9-55 所示。

（18）选择"文件 > 导入"命令，弹出"导入"对话框。选择云盘中的"Ch09 > 素材 > 绘制生态保护插画 > 03"文件，单击"导入"按钮。选择"选择"工具 ，在页面中单击导入图片，将其拖曳到适当的位置，效果如图 9-56 所示。生态保护插画绘制完成。

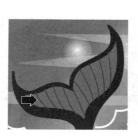 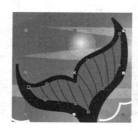 

图 9-54　　　　　　　图 9-55　　　　　　　图 9-56

课堂练习 1——绘制城市夜景插画

🔗 练习知识要点

使用"矩形"工具和"贝塞尔"工具绘制楼房图形；使用"艺术笔"工具绘制月亮和树效果；效果如图 9-57 所示。

◎ 效果所在位置

云盘/Ch09/效果/绘制城市夜景插画.cdr。

扫码观看
本案例视频

图 9-57

课堂练习 2——绘制酒吧插画

🔗 练习知识要点

使用"贝塞尔"工具和"椭圆形"工具制作背景效果；使用"文本"工具添加文字；使用"形状"工具调整文字的字间距；效果如图 9-58 所示。

◎ 效果所在位置

云盘/Ch09/效果/绘制酒吧插画.cdr。

扫码观看
本案例视频

图 9-58

课后习题 1——绘制城市印象插画

习题知识要点

使用"底纹填充"工具制作背景效果；使用"贝塞尔"工具和"渐变填充"工具绘制装饰图形；使用"文本"工具添加文字；效果如图 9-59 所示。

效果所在位置

云盘/Ch09/效果/绘制城市印象插画.cdr。

扫码观看
本案例视频

图 9-59

课后习题 2——绘制风景插画

习题知识要点

使用"矩形"工具、"贝塞尔"工具和"渐变填充"工具绘制背景效果；使用"贝塞尔"工具、"椭圆形"工具和"底纹填充"工具绘制装饰图形；使用"椭圆形"工具、"贝塞尔"工具和"合并"命令绘制树木图形；效果如图 9-60 所示。

效果所在位置

云盘/Ch09/效果/绘制风景插画.cdr。

扫码观看
本案例视频

图 9-60

第 10 章
书籍装帧设计

精美的书籍装帧设计可以使读者享受到阅读的愉悦。书籍装帧整体设计所考虑的项目包括开本设计、封面设计、版本设计、使用材料等内容。本章将以多个类别的书籍封面为例，讲解封面的设计方法和制作技巧。

课堂学习目标

- ✔ 了解书籍装帧设计的概念
- ✔ 了解书籍装帧的主体设计要素
- ✔ 掌握书籍封面的设计思路和过程
- ✔ 掌握书籍封面的制作方法和技巧

10.1　书籍装帧设计概述

　　书籍装帧设计是指书籍的整体设计。它包括的内容很多，封面、扉页和插图设计是其中的三大主体设计要素。

10.1.1　书籍结构图

　　书籍结构图效果如图 10-1 所示。

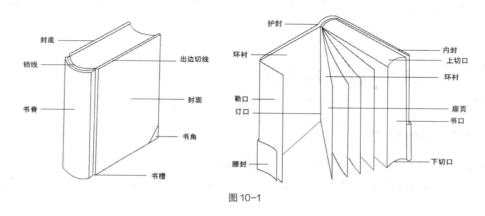

图 10-1

10.1.2　封面

　　封面是书籍的外表和标志，兼有保护书籍内文页和美化书籍外在形态的作用，是书籍装帧的重要组成部分，如图 10-2 所示。封面包括平装和精装两种。

　　要掌握书籍的封面设计，就要注意把握书籍封面的 5 个要素：文字、材料、图案、色彩和工艺。

 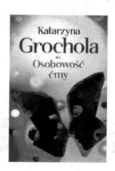 

图 10-2

10.1.3　扉页

　　扉页是指封面或环衬页后的那一页。上面所载的文字内容与封面的要求类似，但要比封面文字的内容详尽。扉页的背面可以空白，也可以适当加一点图案作装饰点缀。

　　扉页除向读者介绍书名、作者名和出版社名外，还是书的入口和序曲，因而是书籍内部设计的重点，它的设计能表现出书籍的内容、时代精神和作者风格。

10.1.4 插图

插图是活跃书籍内容的一个重要因素。它能帮助读者发挥想象力和对内容进行理解，并使读者获得一种艺术的享受。

10.1.5 正文

书籍的核心和最基本的部分是正文，它是书籍设计的基础。正文设计的主要任务是方便读者，减少阅读的困难和疲劳，同时给读者美的享受。

正文包括几大要素：开本、版心、字体、行距、重点标志、段落起行、页码、页标题、注文以及标题。

10.2 制作茶鉴赏书籍封面

10.2.1 案例分析

本案例是一本介绍茶鉴赏的书籍封面设计，书名是"茶之鉴赏"，书的内容是介绍茶叶相关知识和品鉴方法。在设计上要紧紧围绕书籍主题进行设计，茶叶是中国的传统饮品，所以设计要求具有中国特色。

在设计制作中，首先使用大面积的银灰色作为背景，增加了书籍的内涵与质感，上方使用茶田与茶壶等与茶叶相关的元素，在点明主旨的同时还增加了画面的丰富感，大量的留白使封面看起来干净清爽，表现出茶的魅力。

本案例将使用"矩形"工具、"导入"命令和"图框精确剪裁"命令制作书籍封面；使用"亮度""对比度""强度"和"颜色平衡"命令调整图片颜色；使用"高斯式模糊"命令制作图片的模糊效果；使用"文本"工具输入直排和横排文字；使用"转换为曲线"命令和"渐变填充"工具转换并填充书籍名称。

10.2.2 案例设计

本案例设计流程如图 10-3 所示。

制作封面　　　制作封底　制作书脊　　　　最终效果

扫码观看
本案例视频

图 10-3

10.2.3 案例制作

（1）按 Ctrl+N 组合键，新建一个页面。在属性栏的"页面度量"选项中分别设置宽度为 440mm、高度为 297mm，按 Enter 键，页面尺寸显示为设置的大小。分别在 0、297mm 处设置水平参考线，在 0、210mm、230mm、440mm 处设置垂直参考线，效果如图 10-4 所示。

（2）按 Ctrl+I 组合键，弹出"导入"对话框，选择云盘中的"Ch10 > 素材 > 制作茶鉴赏书籍封面 > 01"文件，单击"导入"按钮，在页面中单击导入图片，将其拖曳到适当的位置并调整其大小，如图 10-5 所示。

图 10-4 图 10-5

（3）选择"选择"工具 ，选取图片，按数字键盘上的+键，复制图片，拖曳到适当的位置，效果如图 10-6 所示。选择"矩形"工具 ，绘制一个与封面大小相等的矩形，如图 10-7 所示。选择"选择"工具 ，选取两张图片，选择"效果 > 图框精确剪裁 > 置于图文框内部"命令，鼠标指针变为黑色箭头形状，在矩形上单击，将图片置入矩形中，并去除矩形的轮廓线，效果如图 10-8 所示。

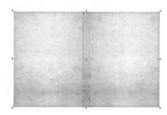

图 10-6 图 10-7 图 10-8

（4）按 Ctrl+I 组合键，弹出"导入"对话框，选择云盘中的"Ch10 > 素材 > 制作茶鉴赏书籍封面 > 02、03"文件，单击"导入"按钮，在页面中分别单击导入图片，将其拖曳到适当的位置并调整其大小，效果如图 10-9 所示。

（5）选取 03 文件。选择"效果 > 调整 > 颜色平衡"命令，在弹出的对话框中进行设置，如图 10-10 所示，单击"确定"按钮，效果如图 10-11 所示。

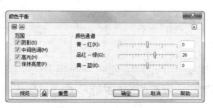

图 10-9 图 10-10 图 10-11

（6）选取 02 文件。选择"效果 > 调整 > 颜色平衡"命令，在弹出的对话框中进行设置，如图 10-12 所示，单击"确定"按钮，效果如图 10-13 所示。

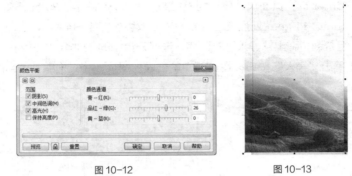

图 10-12　　　　　　　　　　图 10-13

（7）选择"位图 > 模糊 > 高斯式模糊"命令，在弹出的对话框中进行设置，如图 10-14 所示，单击"确定"按钮，效果如图 10-15 所示。

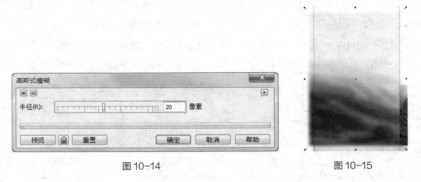

图 10-14　　　　　　　　　　图 10-15

（8）按 Ctrl+I 组合键，弹出"导入"对话框，选择云盘中的"Ch10 > 素材 > 制作茶鉴赏书籍封面 > 04"文件，单击"导入"按钮，在页面中单击导入图片，将其拖曳到适当的位置并调整其大小，如图 10-16 所示。选择"效果 > 调整 > 色度/饱和度/亮度"命令，在弹出的对话框中进行设置，如图 10-17 所示，单击"确定"按钮，效果如图 10-18 所示。

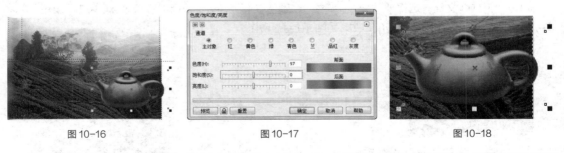

图 10-16　　　　　　　　　图 10-17　　　　　　　　　图 10-18

（9）选择"矩形"工具 □，绘制一个矩形，如图 10-19 所示。选择"选择"工具 ，选取两张图片，选择"效果 > 图框精确剪裁 > 置于图文框内部"命令，鼠标指针变为黑色箭头形状，在矩形上单击，将图片置入矩形中，并去除矩形的轮廓线，效果如图 10-20 所示。

图 10-19 图 10-20

（10）按 Ctrl+I 组合键，弹出"导入"对话框，选择云盘中的"Ch10 > 素材 > 制作茶鉴赏书籍封面 > 05、07"文件，单击"导入"按钮，在页面中单击导入图片，将其拖曳到适当的位置并调整其大小，如图 10-21 和图 10-22 所示。

（11）选择"文本"工具 字，在页面输入需要的文字，选择"选择"工具 ，在属性栏中选择适当的字体并设置文字大小，单击属性栏中的"将文本更改为垂直方向"按钮 ，将文本垂直排列，并将其拖曳到适当的位置，效果如图 10-23 所示。

图 10-21 图 10-22 图 10-23

（12）选择"选择"工具 ，选取需要的文字。选择"渐变填充"工具 ，弹出"渐变填充"对话框，点选"双色"单选框，将"从"选项颜色的 CMYK 值设为 0、100、100、0，"到"选项颜色的 CMYK 值设为 100、0、100、0，其他选项的设置如图 10-24 所示。单击"确定"按钮，文字被填充渐变色，效果如图 10-25 所示。

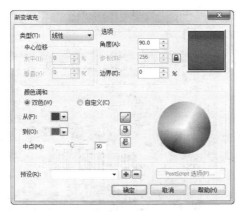 

图 10-24 图 10-25

（13）选择"文本"工具 🄰，在页面分别输入需要的文字，选择"选择"工具 🄰，在属性栏中选择适当的字体并设置文字大小，单击属性栏中的"将文本更改为垂直方向"按钮 ⬛，将文本垂直排列，并将其拖曳到适当的位置，效果如图 10-26 所示。

（14）选择"贝塞尔"工具 🄰，在文字左侧绘制直线，如图 10-27 所示。用相同的方法添加其他文字，效果如图 10-28 所示。

图 10-26　　　　　图 10-27　　　　　　　　　　图 10-28

（15）按 Ctrl+I 组合键，弹出"导入"对话框，选择云盘中的"Ch10 > 素材 > 制作茶鉴赏书籍封面 > 06"文件，单击"导入"按钮，在页面中单击导入图片，将其拖曳到适当的位置并调整其大小，如图 10-29 所示。

（16）选择"文本"工具 🄰，在页面输入需要的文字，选择"选择"工具 🄰，在属性栏中选择适当的字体并设置文字大小，单击属性栏中的"将文本更改为垂直方向"按钮 ⬛，将文本垂直排列，并将其拖曳到适当的位置，效果如图 10-30 所示。

图 10-29　　　　　　　　　　　　图 10-30

（17）选择"矩形"工具 🄰，在页面中绘制一个矩形，在"属性栏"中将"圆角半径"选项设为 3mm，填充为白色，并去除图形的轮廓线，效果如图 10-31 所示。选择"编辑 > 插入条码"命令，在弹出的对话框进行设置，如图 10-32 所示。

 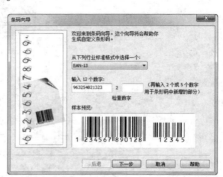

图 10-31　　　　　　　　　　图 10-32

（18）单击"下一步"按钮，切换到相应的对话框，选项的设置如图 10-33 所示，单击"下一步"按钮，切换到相应的对话框，选项的设置如图 10-34 所示，单击"完成"按钮，将其拖曳到适当的位置并调整其大小，效果如图 10-35 所示。选择"文本"工具 ，在条形码上方输入需要的文字，选择"选择"工具 ，在属性栏中选取适当的字体并设置文字大小，效果如图 10-36 所示。

图 10-33

图 10-34

图 10-35

图 10-36

（19）选择"选择"工具 ，分别选取需要的文字，按数字键盘上的+键，复制文字，并拖曳到适当的位置。选取出版社文字，单击属性栏中的"将文本更改为垂直方向"按钮 ，将文本垂直排列，并将其拖曳到适当的位置，效果如图 10-37 所示。茶鉴赏书籍封面制作完成，效果如图 10-38 所示。

图 10-37

图 10-38

10.3　制作旅行英语书籍封面

10.3.1　案例分析

本案例是一本旅行攻略类书籍的封面设计。设计要求结构简单并体现出境外旅游的特点。

在设计过程中，背景效果使用蓝色渐变图形和景色照片相互呼应，展现出境外旅行独特的魅力。使用简单的文字变化，使读者的视线都集中在书名上，达到醒目的效果；在封底和书脊的设计上使用文字和图形组合的方式，增加对读者的吸引力，增强读者的购书欲望。

本案例将使用"矩形"工具、"图框精确剪裁"命令添加并编辑图片；使用"高斯式模糊"命令、"透明度"工具制作图片融洽效果；使用"文本"工具、"轮廓图"工具、"椭圆形"工具制作封面效果；使用"插入条码"命令制作条形码。

10.3.2　案例设计

本案例设计流程如图 10-39 所示。

制作封面　　　　制作封底　　制作书脊　　　　最终效果

图 10-39

10.3.3　案例制作

扫码观看
本案例视频

1. 制作背景

（1）按 Ctrl+N 组合键，新建一个页面，在属性栏的"页面度量"选项中分别设置宽度为 348mm、高度为 239mm，按 Enter 键，页面尺寸显示为设置的大小。

（2）按 Ctrl+J 组合键，弹出"选项"对话框，选择"文档/页面尺寸"选项，在出血框中设置数值为 3，如图 10-40 所示，单击"确定"按钮，效果如图 10-41 所示。

图 10-40　　　　　　　　　　　　　　　　　　　　图 10-41

（3）选择"视图 > 标尺"命令，在视图中显示标尺。选择"选择"工具 ，在页面中拖曳一条垂直辅助线，在属性栏中将"X 位置"选项设为 169mm，按 Enter 键；用相同的方法，在 179mm 的位置上添加一条辅助线，在页面空白处单击，页面效果如图 10-42 所示。

（4）选择"矩形"工具 ，绘制一个矩形，如图 10-43 所示。

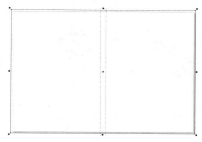

图 10-42   图 10-43

（5）按 F11 键，弹出"渐变填充"对话框。点选"双色"单选框，将"从"选项颜色的 CMYK 值设置为白色，"到"选项颜色的 CMYK 值设置为 77、22、0、0，其他选项的设置如图 10-44 所示。单击"确定"按钮，填充图形，并去除图形的轮廓线，效果如图 10-45 所示。

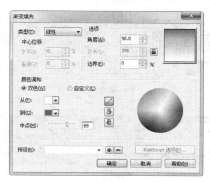

图 10-44   图 10-45

（6）选择"贝塞尔"工具 ，在适当的位置绘制一条曲线，如图 10-46 所示。按 F12 键，弹出"轮廓笔"对话框，在"颜色"选项中设置轮廓线颜色为"白"，其他选项的设置如图 10-47 所示；单击"确定"按钮，效果如图 10-48 所示。

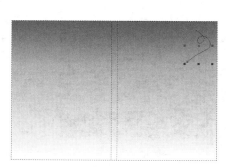

图 10-46   图 10-47   图 10-48

（7）选择"矩形"工具 ▢，绘制一个矩形，如图 10-49 所示。按 Ctrl+I 组合键，弹出"导入"对话框，选择云盘中的"Ch10 > 素材 > 制作旅行英语书籍封面 > 01"文件，单击"导入"按钮，在页面中单击导入图片，将其拖曳到适当的位置，效果如图 10-50 所示。选择"选择"工具 ▯，选取图片，按 Shift+PageDown 组合键，将其后移。选择"效果 > 图框精确剪裁 > 置于图文框内部"命令，鼠标指针变为黑色箭头，在矩形框上单击，将图片置入矩形框中，如图 10-51 所示。

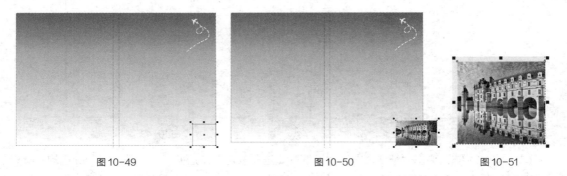

图 10-49　　　　　　　　　图 10-50　　　　　　　　　图 10-51

（8）使用相同的方法制作其他图片效果，效果如图 10-52 所示。选择"选择"工具 ▯，选取需要的图形，按数字键盘上的+键，复制一组图形，并将其拖曳到适当的位置，如图 10-53 所示。

图 10-52　　　　　　　　　　　　　图 10-53

（9）按 Ctrl+I 组合键，弹出"导入"对话框，选择云盘中的"Ch10 > 素材 > 制作旅行英语书籍封面 > 09"文件，单击"导入"按钮，在页面中单击导入图片，将其拖曳到适当的位置，效果如图 10-54 所示。单击属性栏中的"水平镜像"按钮 ▥，将图片水平翻转，效果如图 10-55 所示。

图 10-54　　　　　　　　　　図 10-55

（10）选择"选择"工具 ▯，选择"位图 > 模糊 > 高斯式模糊"命令，在弹出的对话框中进行设置，如图 10-56 所示，单击"确定"按钮，效果如图 10-57 所示。

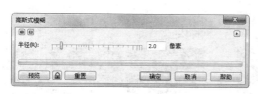

图 10-56

图 10-57

（11）选择"透明度"工具 ，在图片中从左下角向右上角拖曳鼠标指针，为图片添加透明效果，在属性栏中的设置如图 10-58 所示；按 Enter 键，效果如图 10-59 所示。

图 10-58

图 10-59

2. 添加文本

（1）选择"文本"工具 字，分别在页面中输入需要的文字，选择"选择"工具 ，在属性栏中选取适当的字体并设置文字大小，如图 10-60 所示。选取下方的文字，填充文字为白色，效果如图 10-61 所示。再次单击使其处于旋转状态，向右拖曳上方中间的控制手柄到适当的位置，松开鼠标左键，文字倾斜效果如图 10-62 所示。

扫码观看
本案例视频

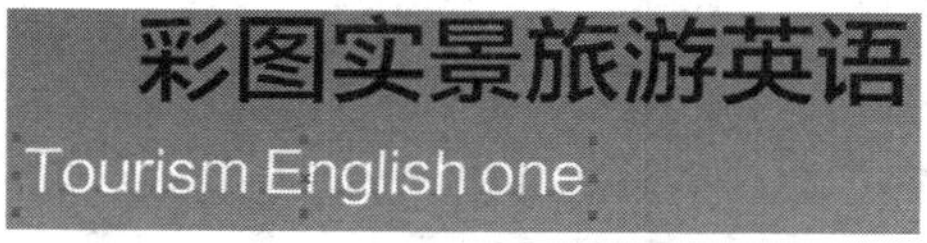

图 10-61

图 10-60

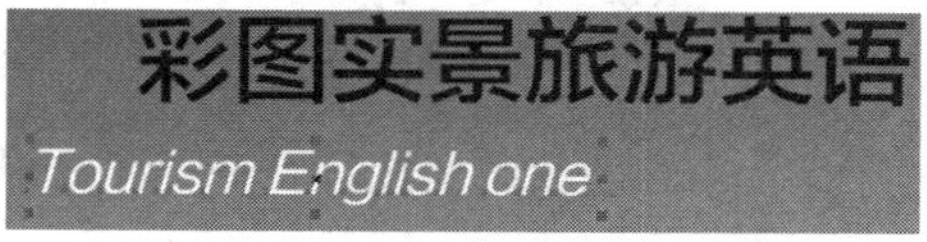

图 10-62

（2）选择"文本"工具 字，分别在页面中输入需要的文字，选择"选择"工具 ，在属性栏中选取适当的字体并设置文字大小，如图 10-63 所示。选取需要的文字，设置文字填充色的 CMYK 值为 0、75、100、0，填充文字，效果如图 10-64 所示。

（3）选择"选择"工具 ，选取需要的文字，再次单击使其处于旋转状态，拖曳右上角的控制手柄到适当的位置，松开鼠标左键，文字旋转效果如图 10-65 所示。

图 10-63   图 10-64

（4）选择"轮廓图"工具 ，在属性栏中单击"外部轮廓"按钮 ，将"填充色"选项设为白色，其他选项的设置如图 10-66 所示，在文字左下角的节点上单击，拖曳鼠标指针至需要的位置，如图 10-67 所示。

图 10-65   图 10-66   图 10-67

（5）使用相同的方法制作其他效果，如图 10-68 所示。按 Ctrl+I 组合键，弹出"导入"对话框，选择云盘中的"Ch10 > 素材 > 制作旅行英语书籍封面 > 10、11"文件，单击"导入"按钮，分别在页面中单击导入图片，将其拖曳到适当的位置，效果如图 10-69 所示。

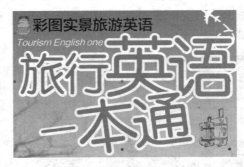

图 10-68   图 10-69

（6）选择"文本"工具 ，分别在页面中输入需要的文字，选择"选择"工具 ，在属性栏中选取适当的字体并设置文字大小，如图 10-70 所示。选取上方的文字，在"CMYK 调色板"中的"红"色块上单击，填充文字，如图 10-71 所示。

（7）选择"椭圆形"工具 ，按住 Ctrl 键的同时，在适当的位置拖曳鼠标指针绘制一个圆形，在"CMYK 调色板"中的"红"色块上单击鼠标，填充图形，并去除图形的轮廓线，如图 10-72 所示。

（8）选择"选择"工具 ，选取圆形，按数字键盘上的+键，复制图形。按住 Shift 键的同时，拖曳右上角的控制手柄到适当的位置，等比例放大图形，在"CMYK 调色板"中的"红"色块上单击鼠标右键，填充轮廓线，在"无填充"按钮⊠上单击鼠标，去除圆形填充色，在属性栏中的"轮廓宽度" ⌁ .2 mm ▾ 数值框中设置数值为 0.3mm，效果如图 10-73 所示。按数字键盘上的+键，复制图形。按住 Shift 键的同时，拖曳右上角的控制手柄到适当的位置，等比例放大图形。在属性栏中的"轮廓宽度" ⌁ .2 mm ▾ 数值框中设置数值为 0.6mm，效果如图 10-74 所示。

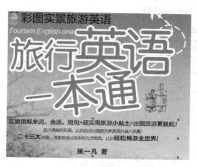
图 10-70

图 10-71

图 10-72

（9）选择"文本"工具 字，在页面中输入需要的文字。选择"选择"工具 ▶，在属性栏中选择合适的字体并设置文字大小，在"CMYK 调色板"中的"红"色块上单击鼠标，填充文字，效果如图 10-75 所示。

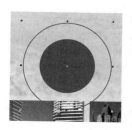
图 10-73

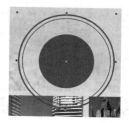
图 10-74

图 10-75

（10）选择"选择"工具 ▶，选取需要的文字，选择"形状"工具 ↖，向右拖曳文字下方的 ⊪ 图标调整字距，松开鼠标后，效果如图 10-76 所示。选择"文本 > 使文本适合路径"命令，将文字拖曳到路径上，文本绕路径排列，单击鼠标，文字效果如图 10-77 所示。

图 10-77

附赠MP3光盘
图 10-76

（11）使用相同的方法制作其他效果，如图 10-78 所示。

（12）选择"文本"工具 字，在页面中输入需要的文字。选择"选择"工具 ▶，在属性栏中选择合适的字体并设置文字大小，填充文字为白色，效果如图 10-79 所示。

图 10-78

图 10-79

3. 制作书脊和封底

（1）选择"文本"工具 字 ，分别在页面中输入需要的文字，选择"选择"工具 ，在属性栏中选取适当的字体并设置文字大小，单击"将文本更改为垂直方向"按钮 ，更改文字方向，如图 10-80 所示。选取中间的文字，设置文字填充颜色的 CMYK 值为 0、75、100、0，填充文字，效果如图 10-81 所示。

图 10-80

图 10-81

（2）选择"轮廓图"工具 ，在属性栏中单击"外部轮廓"按钮 ，将"填充色"选项设为白色，其他选项的设置如图 10-82 所示，在文字左下角的节点上单击鼠标，拖曳鼠标指针至需要的位置，效果如图 10-83 所示。

（3）选择"选择"工具 ，选取需要的图片，按数字键盘上的+键，复制图片。按住 Shift 键，拖曳右上角的控制手柄到适当的位置，向中心等比例缩小图形，并将其拖曳到适当的位置，效果如图 10-84 所示。

图 10-82 　　　　　　　　 图 10-83 　　　　　　　　 图 10-84

（4）选择"矩形"工具 ，绘制一个矩形，设置图形颜色的 CMYK 值为 0、75、100、0，填充图形，并去除图形的轮廓线，如图 10-85 所示。在属性栏中将"圆角半径"选项均设为 10，按 Enter 键，圆角矩形的效果如图 10-86 所示。

图 10-85

图 10-86

（5）使用相同的方法制作其他效果，如图 10-87 所示。

（6）选择"文本"工具字，在页面中输入需要的文字。选择"选择"工具，在属性栏中选择合适的字体并设置文字大小，填充文字为白色，效果如图 10-88 所示。选取需要的文字，选择"形状"工具，向右拖曳文字下方的图标调整字距，松开鼠标后，效果如图 10-89 所示。

图 10-87

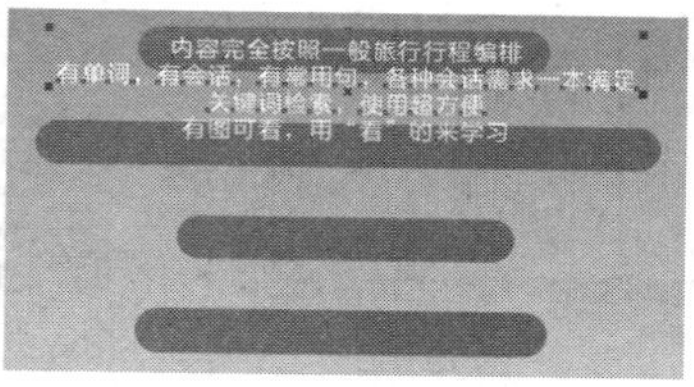

图 10-88

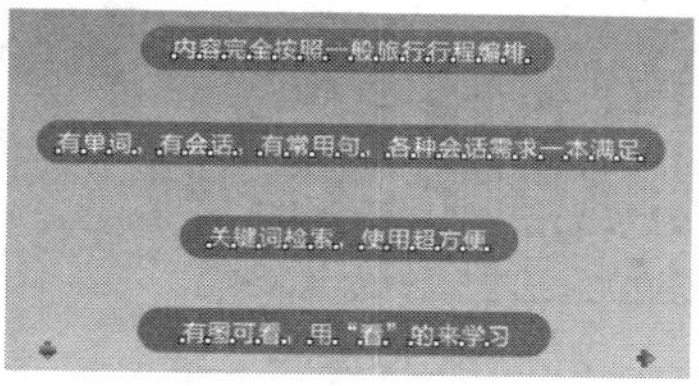

图 10-89

（7）选择"矩形"工具，绘制一个矩形，填充图形为白色，并去除图形的轮廓线，如图 10-90 所示。

（8）选择"编辑 > 插入条码"命令，在弹出的对话框进行设置，如图 10-91 所示，单击"下一步"按钮，切换到相应的对话框，选项的设置如图 10-92 所示，单击"下一步"按钮，切换到相应的对话框，选项的设置如图 10-93 所示，单击"完成"按钮，将其拖曳到适当的位置，效果如图 10-94 所示。

图 10-90

图 10-91

（9）选择"文本"工具字，在页面中分别输入需要的文字，选择"选择"工具，在属性栏中选取适当的字体并设置文字大小，如图 10-95 所示。选取右侧的文字，在属性栏中单击"将文本更改为垂直方向"按钮，更改文字方向，效果如图 10-96 所示。旅行英语书籍封面制作完成，效果如图 10-97 所示。

图 10-92

图 10-93

图 10-94

图 10-95

图 10-96

图 10-97

课堂练习 1——制作影随心生书籍封面

练习知识要点

　　使用"辅助线"命令添加辅助线；使用"色度""饱和度""亮度"命令调整背景图片；使用"矩形"工具和"图框精确剪裁"命令制作背景效果；使用"文本"工具添加文字；使用"插入条码"命令制作书籍条形码；效果如图 10-98 所示。

效果所在位置

　　云盘/Ch10/效果/制作影随心生书籍封面.cdr。

图 10-98

扫码观看
本案例视频

课堂练习 2——制作创意家居书籍封面

🔗 练习知识要点

使用"辅助线"命令添加辅助线;使用"矩形"工具、"椭圆形"工具、"贝塞尔"工具和"图框精确剪裁"命令制作灯罩;使用"文本"工具制作文字效果;使用"流程图形状"工具和"椭圆形"工具绘制标识;使用"插入条码"命令制作书籍条形码;效果如图 10-99 所示。

◎ 效果所在位置

云盘/Ch10/效果/制作创意家居书籍封面.cdr。

扫码观看
本案例视频

图 10-99

课后习题 1——制作古物鉴赏书籍封面

🔗 习题知识要点

使用"辅助线"命令添加辅助线;使用"矩形"工具、"图样填充"工具、"透明度"工具制作背景;使用"矩形"工具、"多边形"工具和"图框精确剪裁"命令添加装饰图形;使用"文本"工具、"阴影"工具和"形状"工具制作封面文字和出版信息;使用"导入"命令、"透明度"工具和"文本"工具制作封底和书脊;使用"插入"符号字符命令添加符号图形;效果如图 10-100 所示。

◎ 效果所在位置

云盘/Ch10/效果/制作古物鉴赏书籍封面.cdr。

扫码观看
本案例视频

图 10-100

课后习题 2——制作文学书籍封面

习题知识要点

使用"矩形"工具和"阴影"工具制作标题文字的底图；使用"文本"工具和"形状"工具制作书名；使用"矩形"工具和"星形"工具绘制装饰图形；使用"文本"工具和"文本属性"泊坞窗添加封底文字；效果如图 10-101 所示。

效果所在位置

云盘/Ch10/效果/制作文学书籍封面.cdr。

图 10-101

扫码观看
本案例视频

11 第 11 章
杂志设计

杂志是比较专项的宣传媒介之一，它具有目标受众准确、实效性强、宣传力度大、效果明显等特点。时尚生活类杂志的设计可以轻松活泼、色彩丰富。图文编排可以灵活多变，但要注意把握风格的整体性。本章以多个杂志栏目为例，讲解杂志的设计方法和制作技巧。

课堂学习目标

- ✔ 了解杂志设计的特点和要求
- ✔ 了解杂志设计的主要设计要素
- ✔ 掌握杂志栏目的设计思路和过程
- ✔ 掌握杂志栏目的制作方法和技巧

11.1　杂志设计的概述

随着社会的发展，杂志已经逐渐变成一个多方位多媒体集合的产物。杂志的设计不同于其他的广告设计，其主要是根据杂志所属的行业和杂志的内容来进行设计和排版的，这点在封面设计上尤其突出。

11.1.1　封面

杂志封面的设计是一门艺术类的学科。不管是用什么形式去表现，必须按照杂志本身的一些特性和规律去设计。杂志封面上的元素一般分为 3 部分：杂志名称 Logo 和杂志月号、杂志栏目和文章标题、条形码，如图 11-1 所示。

图 11-1

11.1.2　目录

目录又叫目次，杂志内容的纲领，它显示杂志内容的结构层次，设计要眉目清楚、条理分明，才有助于读者迅速了解全部内容，如图 11-2 所示。目录可以放在前面或者后面。科技杂志的目录必须放在前面，起指导作用。文艺杂志的目录也可放在末尾。

图 11-2

11.1.3　内页

杂志的内页设计是以文字为主、图片为辅的形式。文字又包括正文部分、大标题、小标题等，如图 11-3 所示。整个文字和图片又在一定的版心尺寸范围之内，这部分是整个杂志的重要部分，位于整个杂志的中间部分。上面是页眉，下面是页码。

图 11-3

11.2　制作旅游杂志封面

11.2.1　案例分析

《享受旅行》杂志是一本为即将去旅行的人制作的旅行类杂志。杂志主要介绍的是旅行目的地的相关景区、重要景点、主要节庆日等信息。本杂志在封面设计上，要求体现出旅行生活的多姿多彩，让人在享受旅行生活的同时，感受大自然的美。

在设计制作中，首先用迷人的自然风景照片作为杂志封面的背景，表现出旅游景区的真实美景；通过对杂志名称的艺术化处理，给人强烈的视觉冲击，醒目直观又不失活泼；通过不同样式的栏目标题展示出多姿多彩的旅行生活，给人无限的想象空间，产生亲身体验的欲望；封面中，文字与图形的编排布局相对集中紧凑，使页面布局合理有序。

本案例将使用"文本"工具添加文字；使用"段落格式化"命令调整文字间距、使用"转换为曲线"命令将文字转换为曲线；使用"形状"工具调整文字的节点；使用"矩形"工具、"合并"命令和"轮廓笔"工具制作标题文字效果；使用"椭圆形"工具、"矩形"工具和"移除前面对象"命令制作装饰图形。

11.2.2　案例设计

本案例设计流程如图 11-4 所示。

制作杂志标题和刊号　　　　　添加栏目内容　　　　　最终效果

图 11-4

11.2.3　案例制作

1. 制作杂志标题

（1）选择"文件 > 打开"命令，弹出"打开绘图"对话框，选择云盘中的"Ch11 > 素材 > 制作旅游杂志封面 > 01"文件，单击"打开"按钮，效果如图 11-5 所示。

扫码观看
本案例视频

（2）选择"文本"工具 字，分别输入需要的文字，选择"选择"工具 ，分别在属性栏中选择合适的字体并设置文字大小。将文字颜色的 CMYK 值设置为 0、100、100、0，填充文字，效果如图 11-6 所示。选择"选择"工具 ，选择文字"Enjoy Travel"。在属性栏中单击"粗体"按钮 B 和"斜体"按钮 I，效果如图 11-7 所示。

图 11-5　　　　　　　　　　图 11-6　　　　　　　　　　图 11-7

（3）选择"文本 > 文本属性"命令，弹出"文本属性"泊坞窗，各选项的设置如图 11-8 所示。按 Enter 键，文字效果如图 11-9 所示。选择"选择"工具 ，用圈选的方法选取所有文字，如图 11-10 所示。

图 11-8　　　　　　　　　　图 11-9　　　　　　　　　　图 11-10

（4）向上拖曳文字下方中间的控制手柄到适当的位置，效果如图 11-11 所示。按 Ctrl+Q 组合键，将文字转换为曲线。选择"选择"工具 ，选择文字"Enjoy Travel"。选择"形状"工具 ，选择需要的节点，如图 11-12 所示，将其向下拖曳到适当的位置，效果如图 11-13 所示。用相同的方法调整其他文字的节点，效果如图 11-14 所示。

图 11-11　　　　　　图 11-12　　　　　　图 11-13　　　　　　图 11-14

（5）选择"选择"工具，选择文字"Enjoy Travel"。单击鼠标右键，在弹出的快捷菜单中选择"拆分曲线"命令，文字效果如图 11-15 所示。按住 Shift 键，选取需要的文字，如图 11-16 所示。按住 Shift+PageDown 组合键，将该图形置于所有图形的最下层。

（6）选择"选择"工具，按住 Shift 键，选取需要的图形，如图 11-17 所示。在"CMYK 调色板"中的"白"色块上单击，填充图形，效果如图 11-18 所示。

图 11-15　　　　　图 11-16　　　　　图 11-17　　　　　图 11-18

（7）选择"矩形"工具，在页面中绘制一个矩形，填充为红色，并去除图形的轮廓线，效果如图 11-19 所示。选择"选择"工具，选取需要的图形，如图 11-20 所示。单击属性栏中的"合并"按钮，将两个图形合并为一个图形，效果如图 11-21 所示。将文字"E"和合并图形同时选取，单击属性栏中的"合并"按钮，将两个图形合并为一个图形，效果如图 11-22 所示。

图 11-19　　　　　图 11-20　　　　　图 11-21　　　　　图 11-22

（8）选择"选择"工具，选取所有的文字，并将其拖曳到页面中适当的位置，效果如图 11-23 所示。按 F12 键，弹出"轮廓笔"对话框，将"颜色"选项设为白色，其他选项的设置如图 11-24 所示。单击"确定"按钮，效果如图 11-25 所示。

图 11-23　　　　　图 11-24　　　　　图 11-25

2.　制作出版刊号

（1）选择"椭圆形"工具，按住 Ctrl 键，绘制一个圆形，填充为黄色，并去除图形的轮廓线，效果如图 11-26 所示。

（2）选择"矩形"工具，在页面中绘制两个矩形，如图 11-27 所示。选择"选择"工具，用圈选的方法选取矩形和圆形。单击属性栏中的"移除前面对象"按钮，剪切图形，效果如图 11-28 所示。

扫码观看
本案例视频

图 11-26

图 11-27

图 11-28

（3）选择"文本"工具 字，分别输入需要的文字。选择"选择"工具 ，分别在属性栏中选择合适的字体并设置文字大小，填充适当的颜色，效果如图 11-29 所示。选择文字"2018.10.15"，在属性栏中单击"粗体"按钮 B 和"斜体"按钮 I。选择"文本 > 文本属性"命令，弹出"段落格式化"面板，将"字符间距"设为 0，文字效果如图 11-30 所示。再次单击文字，使其处于旋转状态，向右拖曳文字上方中间的控制手柄到适当的位置，效果如图 11-31 所示。

图 11-29

图 11-30

图 11-31

（4）选择"选择"工具 ，选择文字"特刊"。按 F12 键，弹出"轮廓笔"对话框，将"颜色"选项设为白色，其他选项的设置如图 11-32 所示。单击"确定"按钮，效果如图 11-33 所示。

图 11-32

图 11-33

3. 添加栏目标题和内容

（1）选择"文本"工具 字，输入需要的文字。选择"选择"工具 ，在属性栏中选择合适的字体并设置文字大小，填充文字为黄色，效果如图 11-34 所示。向左拖曳文字右侧中间的控制手柄到适当的位置，效果如图 11-35 所示。将文字拖曳到页面中适当的位置，如图 11-36 所示。

图 11-34

扫码观看
本案例视频

图 11-35   图 11-36

（2）选择"矩形"工具 □ ，在页面中绘制一个矩形，如图 11-37 所示。选择"选择"工具 ▶ ，用圈选的方法同时选取文字和矩形，单击属性栏中的"移除前面对象"按钮 □ ，对文字进行裁切，效果如图 11-38 所示。

图 11-37   图 11-38

（3）选择"文本"工具 字 ，分别输入需要的文字。选择"选择"工具 ▶ ，分别在属性栏中选择合适的字体并设置文字大小，填充文字为黄色，效果如图 11-39 所示。

（4）选择"椭圆形"工具 ○ ，按住 Ctrl 键，绘制一个圆形，填充为黄色，并去除图形的轮廓线，效果如图 11-40 所示。选择"选择"工具 ▶ ，连续按 3 次数字键盘上的+键，复制 3 个圆形，并分别将其拖曳到适当的位置，效果如图 11-41 所示。

图 11-39

图 11-40   图 11-41

（5）选择"文本"工具 字 ，输入需要的文字。选择"选择"工具 ▶ ，在属性栏中选择合适的字体并设置文字大小，填充文字为白色，效果如图 11-42 所示。在"文本属性"泊坞窗中，各选项的设置如图 11-43 所示。按 Enter 键，效果如图 11-44 所示。

图 11-42   图 11-43   图 11-44

（6）选择"矩形"工具 ▢，在页面中绘制两个矩形，如图 11-45 所示。选择"选择"工具 ▶，选取上方的矩形，设置图形颜色的 CMYK 值为 20、80、0、20，填充图形，并去除图形的轮廓线，效果如图 11-46 所示。选择下方的矩形，设置图形颜色的 CMYK 值为 100、0、0、0，填充图形，并去除图形的轮廓线，效果如图 11-47 所示。

图 11-45 　　　　　　　　图 11-46 　　　　　　　　图 11-47

（7）选择"文本"工具 字，分别输入需要的文字。选择"选择"工具 ▶，分别在属性栏中选择合适的字体并设置文字大小。填充文字为白色，效果如图 11-48 所示。

（8）选择"选择"工具 ▶，选择文字"去野象谷……"。在"文本属性"泊坞窗中，各选项的设置如图 11-49 所示。按 Enter 键，效果如图 11-50 所示。用相同的方法调整其他文字的行间距，效果如图 11-51 所示。

图 11-48 　　　　　　　　图 11-49 　　　　　　　　图 11-50 　　　　　　　　图 11-51

（9）选择"文件 > 导入"命令，弹出"导入"对话框。选择云盘中的"Ch11 > 素材 > 制作旅游杂志封面 > 02"文件，单击"导入"按钮，在页面中单击导入图片，并将其拖曳到适当的位置，效果如图 11-52 所示。

（10）选择"贝塞尔"工具 ✎，在页面中适当的位置绘制一个图形，如图 11-53 所示。在"CMYK 调色板"中"黄"色块上单击鼠标右键，填充图形，并去除图形的轮廓线，效果如图 11-54 所示。

图 11-52 　　　　　　　　图 11-53 　　　　　　　　图 11-54

（11）选择"文本"工具 字，分别输入需要的文字。选择"选择"工具 ▶，分别在属性栏中选择合适的字体并设置文字大小，分别填充适当的颜色，效果如图 11-55 所示。

（12）选择"选择"工具 ，选择文字"青海湖"。选择"阴影"工具 ，在文字上由上向下拖曳鼠标指针，为文字添加阴影效果，其属性栏中的选项设置如图 11-56 所示，按 Enter 键，文字效果如图 11-57 所示。

图 11-55

图 11-56

图 11-57

（13）选择文字"千岛湖"。选择"阴影"工具 ，在文字上由左向右拖曳鼠标指针，为文字添加阴影效果，其属性栏中的选项设置如图 11-58 所示，按 Enter 键，文字效果如图 11-59 所示。

图 11-58

图 11-59

（14）选择"选择"工具 ，选择文字"神龙岛……"。在"文本属性"泊坞窗中，各选项的设置如图 11-60 所示。按 Enter 键，文字效果如图 11-61 所示。

图 11-60

图 11-61

（15）选择"椭圆形"工具 ，按住 Ctrl 键，绘制一个圆形。设置图形颜色的 CMYK 值为 0、100、100、0，填充图形，并去除图形的轮廓线，效果如图 11-62 所示。连续单击 3 次数字键盘上的+键，复制 3 个圆形，并分别拖曳到适当的位置，填充适当的颜色，效果如图 11-63 所示。

（16）选择"选择"工具 ，同时选取 4 个圆形，连续按 4 次 Ctrl+PageDown 组合键，将 4 个圆形置于文字下方，效果如图 11-64 所示。

图 11-62

图 11-63

图 11-64

（17）选择"选择"工具 ，选择文字"三亚"。按 F12 键，弹出"轮廓笔"对话框。将"颜色"

选项设为白色，其他选项的设置如图 11-65 所示。单击"确定"按钮，文字效果如图 11-66 所示。

图 11-65　　　　　　　　　　　　图 11-66

（18）选择"矩形"工具 ▢，在属性栏中将"圆角半径"选项设为 1mm，在页面中适当的位置绘制一个圆角矩形。设置图形颜色的 CMYK 值为 0、60、100、0，填充图形，并去除图形的轮廓线，效果如图 11-67 所示。连续单击 3 次数字键盘上的+键，复制 3 个圆角矩形，并分别拖曳到适当的位置，填充适当的颜色，效果如图 11-68 所示。

（19）选择"选择"按钮 ▹，同时选取 4 个圆角矩形，连续按 4 次 Ctrl+PageDown 组合键，将图形置于文字下方，效果如图 11-69 所示。

图 11-67　　　　　　　　　图 11-68　　　　　　　　图 11-69

（20）选择"文本"工具 字，分别输入需要的文字。选择"选择"工具 ▹，分别在属性栏中选择合适的字体并设置文字大小，分别填充适当的颜色，效果如图 11-70 所示。

（21）选择"选择"工具 ▹，选择文字"每年 9 月……"。在"文本属性"泊坞窗中，各选项的设置如图 11-71 所示。按 Enter 键，文字效果如图 11-72 所示。

图 11-70　　　　　　　　　图 11-71　　　　　　　　图 11-72

（22）选择"贝塞尔"工具 ✎，在页面中绘制一个三角形，如图 11-73 所示。按 F11 快捷键，弹出"渐变填充"对话框。点选"双色"单选框，将"从"选项颜色的 CMYK 值设置为 0、100、0、

0,"到"选项颜色的 CMYK 值设置为 0、0、0、0,其他选项的设置如图 11-74 所示。单击"确定"按钮,填充图形,效果如图 11-75 所示。

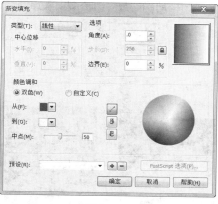

图 11-73   图 11-74   图 11-75

(23)选择"文本"工具 字,输入需要的文字。选择"选择"工具 ,在属性栏中选择合适的字体并设置文字大小,调整其角度。将文字颜色的 CMYK 值设置为 100、0、0、0,填充文字,效果如图 11-76 所示。旅游杂志封面制作完成,效果如图 11-77 所示。

图 11-76   图 11-77

11.3 制作旅游杂志内页 1

11.3.1 案例分析

旅游杂志主要是为热爱旅游的人设计的专业杂志,杂志的宗旨是使人们的旅游生活更加舒适便捷。杂志主要内容是旅游景点推荐以及各地风土人情的介绍。在页面设计上要抓住杂志的特色,激发人们对旅游的热情。

在设计制作过程中,使用大篇幅的摄影图片给人带来视觉上的美感;使用红色的栏目标题,醒目突出,吸引读者的注意;美景图片和介绍性文字编排合理,在展现出宣传主题的同时,激发人们的旅游欲望,达到宣传的效果;整体色彩搭配使画面更加丰富活泼。

本案例将使用"导入"命令导入素材图片；使用"文本"工具、"2 点线"工具、"阴影"工具制作内页刊期；使用"矩形"工具、"透明度"工具、"文本"工具和"文本属性"泊坞窗添加栏目名称和相关文字；使用"矩形"工具、"图框精确剪裁"命令编辑景点图片；使用"文本"工具、"栏"命令编排介绍性文字；使用"星形"工具、"文本"工具制作杂志页码。

11.3.2 案例设计

本案例设计流程如图 11-78 所示。

制作左侧内页　　　　　制作右侧内页　　　　　最终效果

图 11-78

11.3.3 案例制作

1. 制作栏目名称和文字

（1）按 Ctrl+N 组合键，新建一个页面。在属性栏的"页面度量"选项中分别设置宽度为 420mm、高度为 278mm，按 Enter 键，页面尺寸显示为设置的大小。

扫码观看
本案例视频

（2）选择"视图 > 标尺"命令，在视图中显示标尺。选择"选择"工具，在页面中拖曳一条垂直辅助线，在属性栏中将"X 位置"选项设为 213mm，按 Enter 键，如图 11-79 所示。

（3）选择"文件 > 导入"命令，弹出"导入"对话框，选择云盘中的"Ch11 > 素材 > 制作旅游杂志内页 1 > 01"文件，单击"导入"按钮。在页面中单击导入图片，将其拖曳到适当的位置，效果如图 11-80 所示。

图 11-79　　　　　　　　　　图 11-80

（4）选择"文本"工具 字，在适当的位置分别输入需要的文字。选择"选择"工具 ，在属性栏中分别选择合适的字体并设置文字大小。在"CMYK 调色板"中的"红"色块上单击鼠标左键，填充文字，效果如图 11-81 所示。

（5）选择"选择"工具 ，选取文字"JIUZHAIGOU"。选择"阴影"工具 ，在文字上从上向下拖曳鼠标指针，为文字添加阴影效果。在属性栏中进行设置，如图 11-82 所示。按 Enter 键，效果如图 11-83 所示。用相同的方法制作其他文字的阴影效果，如图 11-84 所示。

图 11-81

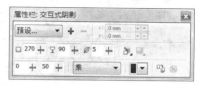

图 11-82

图 11-83

图 11-84

（6）选择"2 点线"工具 ，在页面中绘制一条直线，如图 11-85 所示。按 F12 键，弹出"轮廓笔"对话框。将"颜色"选项的颜色设置为红色，其他选项的设置如图 11-86 所示。单击"确定"按钮，效果如图 11-87 所示。用上述所讲的方法制作直线的阴影效果，如图 11-88 所示。用相同的方法再制作一条直线，效果如图 11-89 所示。

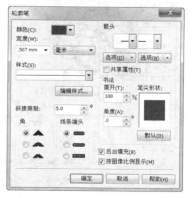

图 11-85

图 11-86

图 11-87

图 11-88

图 11-89

（7）选择"矩形"工具 ▢，按住 Ctrl 键，绘制一个正方形。填充图形为黑色，并去除图形的轮廓线，效果如图 11-90 所示。

（8）选择"透明度"工具 ☑，在属性栏中进行设置，如图 11-91 所示。按 Enter 键，效果如图 11-92 所示。

图 11-90　　　　　　　　图 11-91　　　　　　　　图 11-92

（9）选择"矩形"工具 ▢，按住 Ctrl 键，绘制一个正方形。填充图形为黑色，并去除图形的轮廓线，效果如图 11-93 所示。

（10）选择"透明度"工具 ☑，在属性栏中进行设置，如图 11-94 所示。按 Enter 键，效果如图 11-95 所示。

图 11-93　　　　　　　　图 11-94　　　　　　　　图 11-95

（11）选择"文本"工具 ✏，输入需要的文字。选择"选择"工具 ▨，在属性栏中选择合适的字体并设置文字大小。填充文字为红色，效果如图 11-96 所示。

（12）选择"文本 > 文本属性"命令，弹出"文本属性"泊坞窗，选项的设置如图 11-97 所示。按 Enter 键，效果如图 11-98 所示。再次单击文字，使文字处于旋转状态，向右拖曳上方中间的控制手柄到适当的位置，将文字倾斜，效果如图 11-99 所示。

（13）选择"文本"工具 ✏，分别输入需要的文字。选择"选择"工具 ▨，分别在属性栏中选择合适的字体并设置文字大小。填充适当的颜色，效果如图 11-100 所示。

（14）选择"椭圆形"工具 ◯，按住 Ctrl 键，绘制一个圆形。填充图形为黄色，效果如图 11-101 所示。选择"选择"工具 ▨，连续按 3 次数字键盘上的+键，复制圆形，分别将复制的图形拖曳到适当的位置，效果如图 11-102 所示。

图 11-96　　　　　　　　　图 11-97　　　　　　　　　图 11-98　　　　　　　　　图 11-99

图 11-100　　　　　　　　　图 11-101　　　　　　　　　图 11-102

（15）打开云盘中的"Ch11 > 素材 > 制作旅游杂志内页 1 > 文本"文件，选取并复制需要的文字，如图 11-103 所示。返回到正在编辑的 CorelDRAW X6 软件中，选择"文本"工具 字，拖曳出一个文本框，按 Ctrl+V 组合键，将复制的文字粘贴到文本框中。选择"选择"工具 ，在属性栏中选择合适的字体并设置文字大小，填充文字为白色，效果如图 11-104 所示。在"文本属性"泊坞窗中进行设置，如图 11-105 所示。按 Enter 键，效果如图 11-106 所示。

图 11-103　　　　　　　　　图 11-104　　　　　　　　　图 11-105　　　　　　　　　图 11-106

2. 编辑景点图片和介绍文字

（1）选择"选择"工具 ，选取杂志内页左侧需要的文字。按数字键盘上的+键，复制文字，并调整其位置和大小，效果如图 11-107 所示。

（2）选择"矩形"工具 ，绘制一个矩形。在"CMYK 调色板"中的"40% 黑"色块上单击鼠标右键，填充矩形轮廓线，效果如图 11-108 所示。

扫码观看
本案例视频

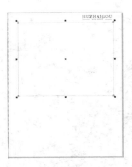

图 11-107 　　　　　　　　　　 图 11-108

（3）选择"文件 > 导入"命令，弹出"导入"对话框。选择云盘中的"Ch11 > 素材 > 制作旅游杂志内页 1 > 02"文件，单击"导入"按钮。在页面中单击导入图片，并将其拖曳到适当的位置，效果如图 11-109 所示。

（4）选择"文本"工具 字，分别输入需要的文字。选择"选择"工具 ，分别在属性栏中选择合适的字体并设置文字大小，填充适当的颜色，效果如图 11-110 所示。

图 11-109 　　　　　　　　　　 图 11-110

（5）选择"文本 > 插入符号字符"命令，弹出"插入字符"泊坞窗，在泊坞窗中按需要进行设置并选择需要的字符，如图 11-111 所示。单击"插入"按钮，插入字符，拖曳字符到适当的位置并调整其大小，效果如图 11-112 所示。填充字符为红色并去除字符的轮廓线，效果如图 11-113 所示。用相同的方法插入其他符号字符，并填充相同的颜色，效果如图 11-114 所示。

（6）选取并复制文本文件中需要的文字。选择"文本"工具 字，拖曳出一个文本框，粘贴复制的文字。选择"选择"工具 ，在属性栏中选择合适的字体并设置文字大小。在"CMYK 调色板"中的"70%黑"色块上单击鼠标，填充文字，效果如图 11-115 所示。

图 11-111 　　　　　　 图 11-112 　　　　　　 图 11-113

图 11-114   图 11-115

（7）选择"文本 > 栏"命令，弹出"栏设置"对话框，选项的设置如图 11-116 所示，单击"确定"按钮，效果如图 11-117 所示。

图 11-116   图 11-117

（8）选择"矩形"工具 □，绘制一个矩形，如图 11-118 所示。按 F12 键，弹出"轮廓笔"对话框。在"颜色"选项中设置轮廓线颜色的 CMYK 值为 100、0、100、0，其他选项的设置如图 11-119 所示。单击"确定"按钮，效果如图 11-120 所示。

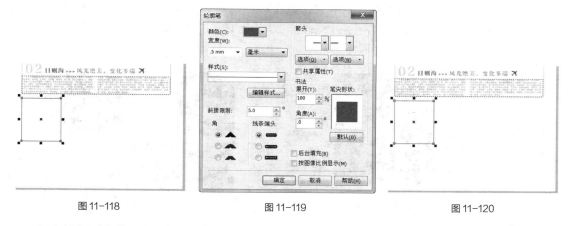

图 11-118   图 11-119   图 11-120

（9）选择"文件 > 导入"命令，弹出"导入"对话框。选择云盘中的"Ch11 > 素材 > 制作旅游杂志内页 1 > 03"文件，单击"导入"按钮。在页面中单击导入图片，将其拖曳到适当的位置，效果如图 11-121 所示。

（10）按 Ctrl+PageDown 组合键，将图片向后移动一层，效果如图 11-122 所示。选择"效果 > 图框精确剪裁 > 置于图文框内部"命令，鼠标指针变为黑色箭头形状，在矩形图形上单击，如图 11-123 所示，将图形置入矩形中，效果如图 11-124 所示。

（11）选择"文本"工具 字，分别输入需要的文字。选择"选择"工具 ↖，在属性栏中分别选择合适的字体并设置文字大小，填充适当的颜色，效果如图 11-125 所示。

| 图 11-121 | 图 11-122 | 图 11-123 | 图 11-124 |

（12）选取并复制文本文件中需要的文字。选择"文本"工具 ，拖曳出一个文本框，粘贴需要的文字。选择"选择"工具 ，在属性栏中选择合适的字体并设置文字大小。在"CMYK 调色板"中的"70%黑"色块上单击鼠标，填充文字，效果如图 11-126 所示。

图 11-125   图 11-126

（13）在"文本属性"泊坞窗中进行设置，如图 11-127 所示。按 Enter 键，效果如图 11-128 所示。用上述相同的方法分别制作其他图片和文字效果，如图 11-129 所示。

图 11-127   图 11-128   图 11-129

（14）选择"星形"工具 ，在属性栏中将"点数或边数"选项设为 12，"锐度"选项设为 25，在适当的位置绘制一个图形，填充图形为红色，并去除图形的轮廓线，效果如图 11-130 所示。

（15）选择"文本"工具 ，输入需要的文字。选择"选择"工具 ，在属性栏中选择合适的字体并设置文字大小，填充文字为白色，效果如图 11-131 所示。

（16）用相同的方法再绘制一个图形，输入需要的文字，

图 11-130   图 11-131

并填充相同的颜色，效果如图 11-132 所示。旅游杂志内页 1 制作完成，效果如图 11-133 所示。

图 11-132   图 11-133

课堂练习1——制作旅游杂志内页 2

🔗 习题知识要点

使用"矩形"工具、"图框精确剪裁"命令和"阴影"工具制作相框效果；使用"文本"工具添加文字；使用"椭圆形"工具绘制装饰图形；使用"项目符号"命令插入图形；使用"文本绕图"命令制作文字效果；效果如图 11-134 所示。

◎ 效果所在位置

云盘/Ch11/效果/制作旅游杂志内页 2.cdr。

扫码观看
本案例视频

图 11-134

课堂练习2——制作旅游杂志内页 3

🔗 习题知识要点

使用钢笔工具和图框精确剪裁命令制作图片效果；使用文字工具添加文字；使用矩形工具和阴影

工具制作相框效果；使用椭圆形工具、手绘工具和矩形工具制作装饰图形；使用星形工具制作杂志页码；效果如图 11-135 所示。

◎ 效果所在位置

云盘/Ch11/效果/制作旅游杂志内页 3.cdr。

图 11-135

课后习题 1——制作旅游杂志内页 4

◎ 练习知识要点

使用"透明度"工具编辑图片；使用"矩形"工具和"手绘"工具绘制装饰图形；使用"文本"工具添加文字；使用"表格"工具和"文本"工具制作表格图形；使用"星形"工具制作杂志页码；效果如图 11-136 所示。

◎ 效果所在位置

云盘/Ch11/效果/制作旅游杂志内页 4.cdr。

图 11-136

课后习题 2——制作时尚杂志封面

🔗 练习知识要点

使用"文本"工具和"对象属性"泊坞窗添加需要的封面文字；使用"转换为曲线"命令和"形状"工具编辑杂志名称；使用"刻刀"工具分割文字；使用"插入符号字符"命令插入需要的字符；使用"插入条码"命令添加封面条形码；效果如图 11-137 所示。

◉ 效果所在位置

云盘/Ch11/效果/制作时尚杂志封面.cdr。

图 11-137

扫码观看
本案例视频

第 12 章
海报设计

海报是广告艺术中的一种大众化载体，又名"招贴"或"宣传画"。海报由于具有尺寸大、远视性强、艺术性高的特点，在宣传媒介中占有重要的位置。本章将以各种不同主题的海报为例，讲解海报的设计方法和制作技巧。

课堂学习目标

- ✔ 了解海报的概念和功能
- ✔ 了解海报的种类和特点
- ✔ 掌握海报的设计思路和过程
- ✔ 掌握海报的制作方法和技巧

12.1 海报设计概述

海报分布在各街道、影剧院、展览会、商业闹区、车站、码头、公园等公共场所，用来达到一定的宣传目的。文化类的海报更加接近于纯粹的艺术表现，是最能张扬个性的一种设计艺术形式，可以在其中注入一个民族的精神、一个国家的精神、一个企业的精神，或是一个设计师的精神。商业类的海报具有一定的商业意义，其艺术性服务于商业目的。

12.1.1 海报的种类

海报按其应用不同大致可以分为商业海报、文化海报、电影海报和公益海报等，如图 12-1 所示。

商业海报　　　　　　文化海报　　　　　　电影海报　　　　　　公益海报

图 12-1

12.1.2 海报的特点

尺寸大：海报张贴于公共场所，会受到周围环境和各种因素的干扰，所以必须以大画面及突出的形象和色彩展现在人们面前；其画面尺寸有全开、对开、长三开及特大画面（八张全开）等。

远视强：为了给来去匆忙的人们留下视觉印象，除了尺寸大之外，海报设计还要充分体现定位设计的原理；以突出的商标、标志、标题、图形，或对比强烈的色彩，或大面积的空白，或简练的视觉流程成为视觉焦点。

艺术性高：商业海报的表现形式以具体艺术表现力的摄影、造型写实的绘画或漫画形式为主，给消费者留下真实感人的画面和富有幽默情趣的感受；非商业海报内容广泛、形式多样，艺术表现力丰富；特别是文化艺术类的海报，根据广告主题设计者可以充分发挥想象力，尽情施展艺术才华。

12.2 制作房地产海报

12.2.1 案例分析

本案例是为一家房地产公司设计制作宣传海报，公司的新楼房即将开盘，想要进行宣传，要求围绕"大城市小爱情"这一主题进行宣传制作，并且要求画面温馨、能够表现宣传主题。

在设计制作中，首先使用浅色的背景营造出温馨舒适的环境，起到衬托画面主体的作用。清新独立的楼房图案搭配花边进行装饰，增加了画面的活泼感，拉近与受众的距离。文字的设计清晰明了、醒目突出，让人一目了然、印象深刻。

本案例将使用"矩形"工具和"图框精确剪裁"命令制作背景；使用"文本"工具和"艺术笔"工具绘制装饰花图形；使用"文本"工具和"形状"工具添加标题文字；使用"贝塞尔"工具、"多边形"工具、"矩形"工具和"文本"工具制作标志。

12.2.2 案例设计

本案例设计流程如图 12-2 所示。

制作背景　　　　　　　添加宣传文字　　　　　　　最终效果

图 12-2

12.2.3 案例制作

1. 制作背景效果

（1）按 Ctrl+N 组合键，新建一个页面。在属性栏中的"页面度量"选项中分别设置宽度为 300mm、高度为 400mm，按 Enter 键，页面尺寸显示为设置的大小。

（2）双击"矩形"工具 ，绘制一个与页面大小相等的矩形，设置图形填充颜色的 CMYK 值为 0、5、10、0，填充图形，并去除图形的轮廓线，效果如图 12-3 所示。

（3）选择"文件 > 导入"命令，弹出"导入"对话框。选择云盘中的"Ch12 > 素材 > 制作房地产海报 > 01"文件，单击"导入"按钮，在页面中单击导入图片，将其拖曳到适当的位置，效果如图 12-4 所示。

扫码观看
本案例视频

（4）选择"选择"工具 ，选取需要的图形，选择"效果 > 图框精确剪裁 > 置于图文框内部"命令，鼠标指针变为黑色箭头形状，在矩形上单击，如图 12-5 所示，将图片置入矩形中，效果如图 12-6 所示。

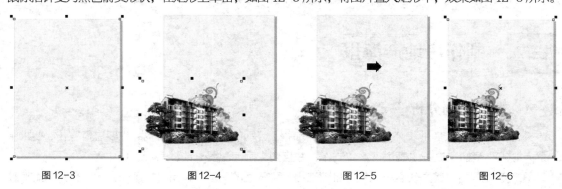

图 12-3　　　　　　　图 12-4　　　　　　　图 12-5　　　　　　　图 12-6

（5）选择"矩形"工具 ▢，在页面中绘制一个矩形，如图 12-7 所示。按 Ctrl+Q 组合键，将矩形转换为曲线。选择"形状"工具 ▸，选取需要的节点，向下拖曳节点，如图 12-8 所示。设置图形填充颜色的 CMYK 值为 0、40、60、40，填充图形，并去除图形的轮廓线，效果如图 12-9 所示。

（6）选择"矩形"工具 ▢，在页面中绘制一个矩形，设置图形填充颜色的 CMYK 值为 0、40、60、60，填充图形，并去除图形的轮廓线，效果如图 12-10 所示。

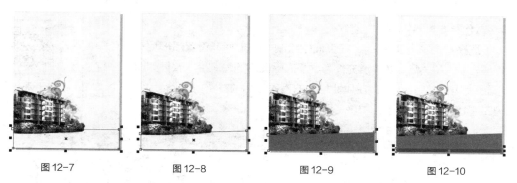

图 12-7   图 12-8   图 12-9   图 12-10

2. 制作宣传语

（1）选择"文本"工具 字，在页面中输入需要的文字。选择"选择"工具 ▸，在属性栏中选择适当的字体并设置文字大小，效果如图 12-11 所示。保持文字的选取状态，再次单击文字，使其处于旋转状态，向右拖曳上侧中间的控制手柄到适当的位置，将文字倾斜，效果如图 12-12 所示。

扫码观看
本案例视频

图 12-11   图 12-12

（2）按 Ctrl+Q 组合键，将矩形转换为曲线，效果如图 12-13 所示。选择"形状"工具 ▸，选取所需节点，拖曳节点到适当的位置，效果如图 12-14 所示。

图 12-13   图 12-14

（3）用相同的方法调整其他节点，效果如图 12-15 所示。选择"选择"工具 ▸，圈选需要的文字，按 Ctrl+G 组合键，将文字群组。选择"文本"工具 字，在页面中分别输入需要的文字。选择"选择"工具 ▸，在属性栏中分别选择适当的字体并设置文字大小，效果如图 12-16 所示。

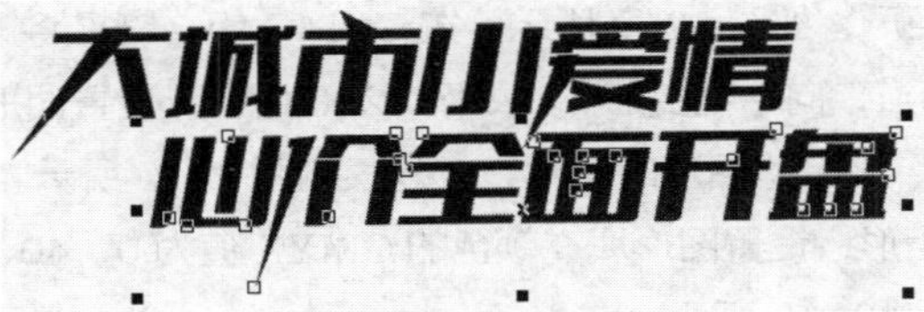

图 12-15

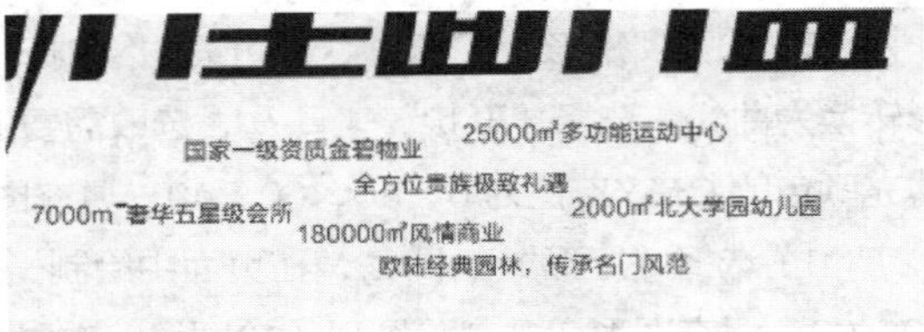

图 12-16

扫码观看
本案例视频

3. 制作标志图形

（1）选择“矩形”工具，在页面中绘制一个矩形，设置图形填充颜色的 CMYK 值为 0、20、40、40，填充图形，并去除图形的轮廓线，效果如图 12-17 所示。选择“星形”工具，在属性栏中的设置如图 12-18 所示，绘制一个三角形，如图 12-19 所示。

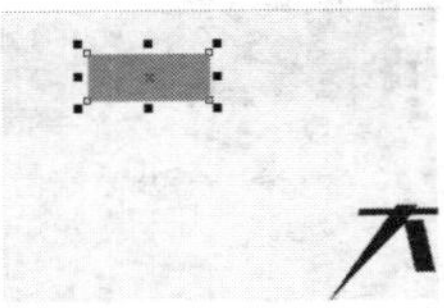

图 12-17

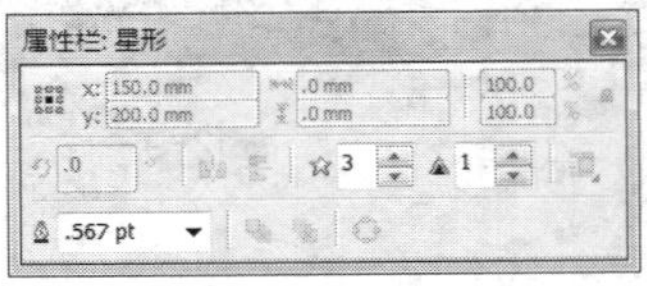

图 12-18

图 12-19

（2）按 F12 键，弹出“轮廓笔”对话框，在“颜色”选项中设置轮廓线颜色的 CMYK 值为 60、73、100、36，其他选项的设置如图 12-20 所示。单击“确定”按钮，效果如图 12-21 所示。

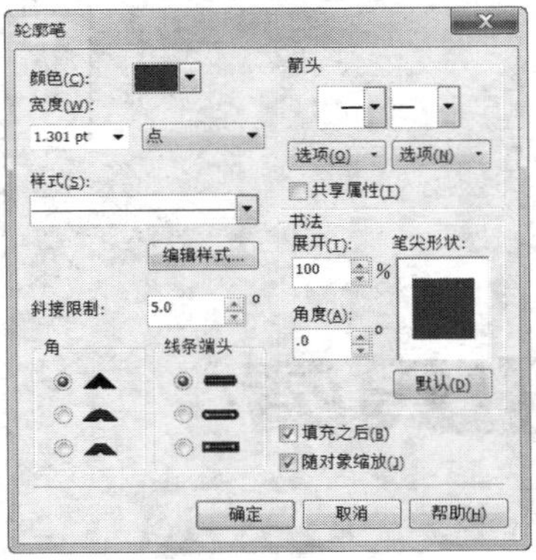

图 12-20

图 12-21

（3）选择“选择”工具，选取绘制的三角形，拖曳到适当的位置，单击鼠标右键，复制图形，效果如图 12-22 所示。连续按 Ctrl+D 组合键，连续复制图形，效果如图 12-23 所示。

图 12-22

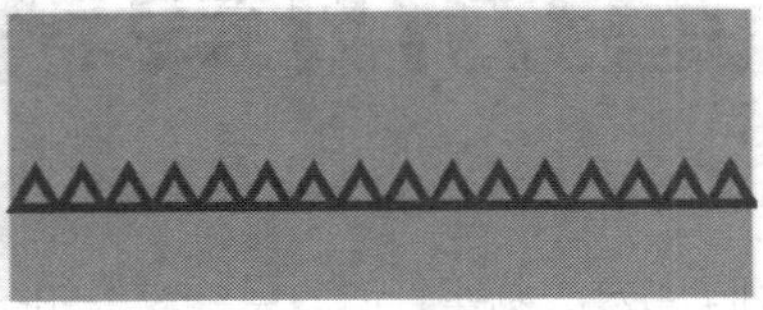

图 12-23

（4）选择“选择”工具，圈选绘制的三角形，按 Ctrl+G 组合键，将三角形群组，将群组的图形拖曳至需要的位置，单击鼠标右键，复制图形，效果如图 12-24 所示。用上述方法绘制其他图形，并填充适当的轮廓线颜色，效果如图 12-25 所示。

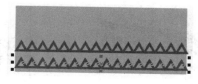

图 12-24

图 12-25

（5）选择"选择"工具 ，选取所需的图形，如图 12-26 所示。选择"效果 > 图框精确剪裁 > 置于图文框内部"命令，鼠标指针变为黑色箭头形状，在矩形上单击，如图 12-27 所示，将图片置入到矩形中，效果如图 12-28 所示。

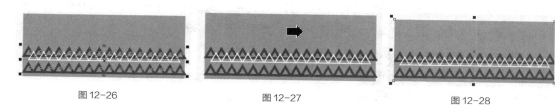

图 12-26

图 12-27

图 12-28

（6）选择"文本"工具 字，在页面中输入需要的文字。选择"选择"工具 ，在属性栏中选择适当的字体并设置文字大小，设置文字填充颜色的 CMYK 值为 0、0、20、0，填充文字，效果如图 12-29 所示。用相同的方法添加其他文字，效果如图 12-30 所示。

图 12-29

图 12-30

（7）选择"文本"工具 字，在页面中输入需要的文字。选择"选择"工具 ，在属性栏中选择适当的字体并设置文字大小，效果如图 12-31 所示。用相同的方法添加其他文字，效果如图 12-32 所示。

（8）选择"矩形"工具 ，在页面中绘制一个矩形，填充图形为黑色，并去除图形的轮廓线，效果如图 12-33 所示。选择"选择"工具 ，圈选需要的图形和文字，按 Ctrl+G 组合键，将图形和文字群组，效果如图 12-34 所示。

图 12-31

图 12-32

图 12-33

图 12-34

4. 添加其他介绍文字

（1）选择"贝塞尔"工具 ，绘制一个不规则图形，设置图形填充颜色的 CMYK 值为 0、100、

100、20，填充图形，并去除图形的轮廓线，效果如图 12-35 所示。再次绘制一个不规则图形，如图 12-36 所示。

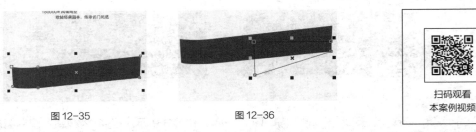

图 12-35　　　　　　　　　　图 12-36

扫码观看
本案例视频

（2）按 F11 键，弹出"渐变填充"对话框，点选"双色"单选框，将"从"选项颜色的 CMYK 值设为 0、100、100、80，"到"选项颜色的 CMYK 值设为 0、100、100、50，其他选项的设置如图 12-37 所示，单击"确定"按钮，填充图形，并去除图形的轮廓线，效果如图 12-38 所示。选择"排列 > 顺序 > 向后一层"命令，调整图形顺序，效果如图 12-39 所示。

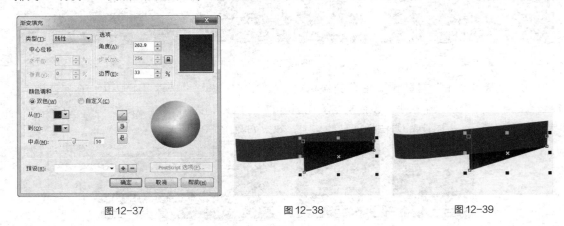

图 12-37　　　　　　　　　图 12-38　　　　　　　　　图 12-39

（3）选择"文本"工具 字，在页面中分别输入需要的文字。选择"选择"工具 ，在属性栏中分别选择适当的字体并设置文字大小，填充文字为白色，效果如图 12-40 所示。将文字同时选取，再次单击文字，使其处于旋转状态，向右拖曳上方中间的控制手柄到适当的位置，倾斜文字，效果如图 12-41 所示。

图 12-40　　　　　　　　　　　图 12-41

（4）选择"选择"工具 ，选取上方的文字。选择"文本 > 文本属性"命令，弹出"文本属性"泊坞窗，选项的设置如图 12-42 所示，按 Enter 键，效果如图 12-43 所示。

（5）选择"文本"工具 字，选取需要的文字，如图 12-44 所示。设置文字填充颜色的 CMYK 值为 0、0、100、0，填充文字，效果如图 12-45 所示。

（6）选择"选择"工具 ，选取所需文字，效果如图 12-46 所示。在属性栏中将旋转角度选项设为 5.4，旋转文字，效果如图 12-47 所示。

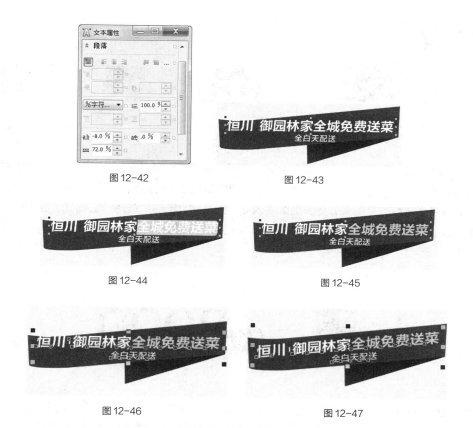

图 12-42

图 12-43

图 12-44

图 12-45

图 12-46

图 12-47

（7）按 Ctrl+I 组合键，弹出"导入"对话框，选择云盘中的"Ch12 > 素材 > 制作房地产海报 > 02"文件，单击"导入"按钮，在页面中单击导入图片，将其拖曳到适当的位置并调整其大小，如图 12-48 所示。

（8）选择"选择"工具 ，选取导入的图片，拖曳到适当的位置并单击鼠标右键，复制图片，效果如图 12-49 所示。在属性栏中将"旋转角度" 选项设为 7.8，旋转图片，效果如图 12-50 所示。

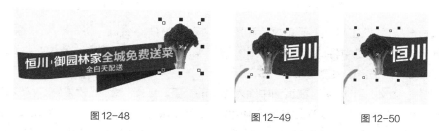

图 12-48

图 12-49

图 12-50

（9）选择"贝塞尔"工具 ，绘制一个不规则图形，设置图形填充颜色的 CMYK 值为 0、100、100、20，填充图形，并去除图形的轮廓线，效果如图 12-51 所示。用上述方法分别绘制其他图形，并分别填充适当的颜色，效果如图 12-52 所示。

（10）选择"选择"工具 ，选取需要的图形，如图 12-53 所示。连续按两次 Ctrl+PageDown 组合键，调整图层顺序，效果如图 12-54 所示。选择"选择"工具 ，圈选需要的图形，按 Ctrl+G 组合键，将图形群组，效果如图 12-55 所示。

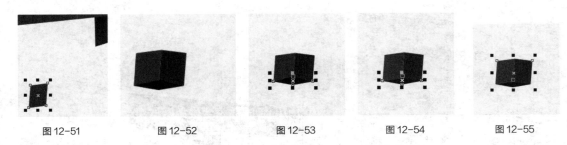

图 12-51　　　　　图 12-52　　　　　图 12-53　　　　　图 12-54　　　　　图 12-55

（11）选择"文本"工具 字，在页面中输入需要的文字。选择"选择"工具 ，在属性栏中选择适当的字体并设置文字大小，填充文字为白色，效果如图 12-56 所示。

（12）选择"文本"工具 字，在页面中输入需要的文字。选择"选择"工具 ，在属性栏中选择适当的字体并设置文字大小，设置文字填充颜色的 CMYK 值为 0、100、100、20，填充文字，效果如图 12-57 所示。

图 12-56　　　　　　　　图 12-57

（13）选择"选择"工具 ，再次选取文字，使文字处于旋转状态，向右拖曳上侧中间的控制手柄到适当的位置，将文字倾斜，效果如图 12-58 所示。用相同的方法添加其他文字，效果如图 12-59 所示。

图 12-58　　　　　　　　图 12-59

（14）选择"选择"工具 ，选取文字和图形，按 Ctrl+G 组合键，将图形和文字群组，效果如图 12-60 所示。在属性栏中将"旋转角度" 选项设为 4.4，旋转图形，效果如图 12-61 所示。用上述方法添加其他文字，效果如图 12-62 所示。

（15）选择"文本"工具 字，在页面中输入需要的文字。选择"选择"工具 ，在属性栏中选择适当的字体并设置文字大小，设置文字填充颜色的 CMYK 值为 0、0、20、0，填充文字。将输入的两行文字选取，选择"排列 > 对齐和分布 > 右对齐"命令，对齐文字，效果如图 12-63 所示。房地产海报制作完成。

图 12-60　　　　　　　　图 12-61

图 12-62

图 12-63

12.3　制作冰淇淋海报

12.3.1　案例分析

冰淇淋是许多人喜爱的食物，它口感顺滑美味，清凉爽口，是夏天的首选冷饮。本案例是为某冰淇淋品牌制作的宣传海报，要求展现产品青春活泼的特点。

在设计制作过程中，使用粉红色的背景营造出浪漫、温馨的氛围，拉近与人们的距离，食物融化的设计给人甜蜜的感觉；不同产品的展示在突出产品丰富种类的同时，还能激发人们的食欲，达到宣传的目的；冰蓝色的艺术宣传文字醒目突出，给人以冰爽的感觉。整个海报色彩丰富、主题突出、充满诱惑力。

本案例将使用"贝塞尔"工具、"调和"工具和"图框精确剪裁"命令制作装饰图形；使用"文本"工具添加文字；使用"轮廓"工具制作文字效果。

12.3.2　案例设计

本案例设计流程如图 12-64 所示。

制作海报背景

导入标志

图 12-64

添加类别和价格文字

扫码观看
本案例视频

扫码观看
本案例视频

12.3.3　案例制作

（1）按 Ctrl+N 组合键，新建一个页面。在属性栏的"页面度量"选项中分别设置宽度为 130mm、高度为 180mm，按 Enter 键，页面尺寸显示为设置的大小。按 Ctrl+I 组合键，弹出"导入"对话框，选择云盘中的"Ch12 > 素材 > 制作冰淇淋海报 > 01、04"文件，单击"导入"按钮，在页面中分别单击导入图片，调整其大小，并拖曳到适当的位置，效果如图 12-65 所示。

（2）按 Ctrl+I 组合键，弹出"导入"对话框，选择云盘中的"Ch12 > 素材 > 制作冰淇淋海报 > 02"文件，单击"导入"按钮，在页面中单击导入图片，如图 12-66 所示。

（3）按 Ctrl+U 组合键，取消群组。选择"选择"工具 ▶，选取需要的图形，如图 12-67 所示。拖曳到适当的位置，并调整其大小，效果如图 12-68 所示。用相同的方法拖曳其他图形到适当的位置，并调整其大小和角度，效果如图 12-69 所示。

图 12-65   图 12-66   图 12-67   图 12-68   图 12-69

（4）选择"钢笔"工具 ♠，在适当的位置绘制一个图形，设置图形颜色的 CMYK 值为 1、89、13、0，填充图形。填充轮廓色为白色，在属性栏中的"轮廓宽度" ♠ .2 mm ▼ 数值框中设置数值为 2mm，按 Enter 键，效果如图 12-70 所示。

（5）选择"矩形"工具 □，在适当的位置绘制一个矩形，如图 12-71 所示。设置图形颜色的 CMYK 值为 7、81、2、0，填充图形，并去除图形的轮廓线，效果如图 12-72 所示。

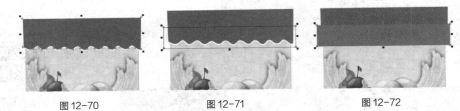

图 12-70   图 12-71   图 12-72

（6）选择"矩形"工具 □，再绘制一个矩形，如图 12-73 所示。设置图形颜色的 CMYK 值为 33、87、10、0，填充图形，并去除图形的轮廓线，效果如图 12-74 所示。

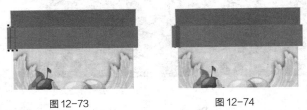

图 12-73   图 12-74

（7）选择"选择"工具 ▶，再次单击矩形图形，使其处于旋转状态，如图 12-75 所示。向右拖曳上方中间的控制手柄到适当的位置，倾斜图形，效果如图 12-76 所示。用相同的方法制作出图 12-77 所示的效果。

图 12-75

图 12-76

图 12-77

（8）选择"调和"工具，在两个矩形之间拖曳鼠标，如图 12-78 所示，在属性栏中进行图 12-79 所示的设置，按 Enter 键，效果如图 12-80 所示。用上述的方法制作其他图形效果，如图 12-81 所示。

图 12-78

图 12-79

图 12-80

图 12-81

（9）选择"选择"工具，用圈选的方法将需要的图形同时选取，如图 12-82 所示。选择"效果 > 图框精确剪裁 > 置于图文框内部"命令，鼠标指针变为黑色箭头，在图形上单击，如图 12-83 所示，将图形置入容器中，如图 12-84 所示。

图 12-82

图 12-83

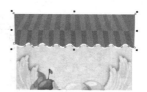
图 12-84

（10）按 Ctrl+I 组合键，弹出"导入"对话框，选择云盘中的"Ch12 > 素材 > 制作冰淇淋海报 > 03"文件，单击"导入"按钮，在页面中单击导入图片，将其拖曳到适当的位置，效果如图 12-85 所示。连续按 Ctrl+PageDown 组合键，将其后移，效果如图 12-86 所示。

（11）用圈选的方法将需要的图形同时选取，如图 12-87 所示。按 Ctrl+G 组合键，将其群组。双击"矩形"工具，绘制一个与页面大小相等的矩形。按 Shift+PageUp 组合键，将其置于图层前面，如图 12-88 所示。

图 12-85

图 12-86

图 12-87

图 12-88

（12）选择"选择"工具 ，将需要的图形同时选取，如图 12-89 所示。选择"效果 > 图框精确剪裁 > 置于图文框内部"命令，鼠标指针变为黑色箭头，在矩形上单击，如图 12-90 所示，将群组对象置入矩形中，并去除矩形的轮廓线，如图 12-91 所示。

（13）按 Ctrl+I 组合键，弹出"导入"对话框，选择云盘中的"Ch12 > 素材 > 制作冰淇淋海报 > 05、06"文件，单击"导入"按钮，在页面中分别单击导入图片，将其拖曳到适当的位置，效果如图 12-92 所示。

图 12-89   图 12-90   图 12-91   图 12-92

（14）选择"文本"工具 ，在页面中输入需要的文字，选择"选择"工具 ，在属性栏中选取适当的字体并设置文字大小，填充文字为白色，效果如图 12-93 所示。选择"文本"工具 ，选取需要的文字，如图 12-94 所示，在属性栏中设置适当的文字大小，效果如图 12-95 所示。

图 12-93   图 12-94   图 12-95

（15）选择"轮廓图"工具 ，在文字上拖曳指针到适当的位置，如图 12-96 所示。在属性栏中将"填充色"选项的 CMYK 值设为 39、100、43、0，其他选项的设置如图 12-97 所示，按 Enter 键，效果如图 12-98 所示。按 Ctrl+K 组合键，拆分轮廓对象。按 Ctrl+U 组合键，取消群组。

图 12-96   图 12-97   图 12-98

（16）选择"选择"工具 ，选取需要的图形，如图 12-99 所示。设置图形颜色的 CMYK 值为 0、92、8、0，填充图形，效果如图 12-100 所示。用圈选的方法将需要的图形同时选取，如图 12-101 所示。按 Ctrl+G 组合键，将其群组。

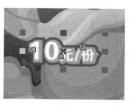

图 12-99

图 12-100

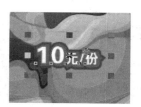
图 12-101

（17）选择"文本"工具字，在页面中输入需要的文字，选择"选择"工具，在属性栏中选取适当的字体并设置文字大小，填充文字为白色，效果如图 12-102 所示。

（18）选择"轮廓图"工具，在文字上拖曳鼠标指针，为文字添加轮廓图效果。在属性栏中将"填充色"选项的 CMYK 值设为 39、100、43、0，其他选项的设置如图 12-103 所示，按 Enter 键，效果如图 12-104 所示。按 Ctrl+K 组合键，拆分轮廓对象。按 Ctrl+U 组合键，取消群组。

图 12-102

图 12-103

图 12-104

（19）选择"选择"工具，选取需要的图形，如图 12-105 所示。设置图形颜色的 CMYK 值为 0、92、8、0，填充图形，效果如图 12-106 所示。用圈选的方法将需要的图形同时选取，如图 12-107 所示。按 Ctrl+G 组合键，将其群组。

图 12-105

图 12-106

图 12-107

（20）在群组图形上单击，使其处于旋转状态，如图 12-108 所示，向下拖曳群组图形左上方的控制手柄到适当的位置，将其旋转，并将图形拖曳到适当的位置，效果如图 12-109 所示。用相同的方法制作其他文字效果，如图 12-110 所示。冰淇淋海报制作完成。

图 12-108

图 12-109

图 12-110

课堂练习 1——制作 MP3 宣传海报

练习知识要点

使用"矩形"工具、"透明度"工具和"图框精确剪裁"命令制作背景效果；使用"文本"工具和"轮廓笔"工具添加标题文字；使用"垂直镜像"命令和"透明度"工具制作 MP3 投影效果；使用"插入符号字符"命令添加装饰图形；效果如图 12-111 所示。

效果所在位置

云盘/Ch12/效果/制作 MP3 宣传海报.cdr。

图 12-111

扫码观看
本案例视频

课堂练习 2——制作数码相机海报

练习知识要点

使用"矩形"工具、"椭圆形"工具、"调和"工具和"图框精确剪裁"命令制作背景；使用"椭圆形"工具、"合并"命令和"移除前面对象"命令制作镜头图形；使用"透明度"工具制作剪切图形的透明效果；使用"文本"工具添加相关信息；效果如图 12-112 所示。

效果所在位置

云盘/Ch12/效果/制作数码相机海报.cdr。

图 12-112

扫码观看
本案例视频

课后习题 1——制作街舞大赛海报

习题知识要点

使用"文本"工具和"形状"工具添加并调整文字；使用"渐变填充"工具填充文字；使用"椭圆形"工具绘制装饰圆形；使用"形状"工具和"转换为曲线"命令编辑宣传语；使用"轮廓图"工具和"阴影"工具制作宣传语立体效果；效果如图 12-113 所示。

效果所在位置

云盘/Ch12/效果/制作街舞大赛海报.cdr。

图 12-113

扫码观看
本案例视频

课后习题 2——制作商城促销海报

习题知识要点

使用"亮度""对比度""强度"命令和"图框精确剪裁"命令制作背景效果；使用"添加透视"命令并拖曳节点制作文字透视变形效果；使用"渐变填充"工具为文字填充渐变色；使用"阴影"工具为文字添加阴影；使用"轮廓图"工具为文字添加轮廓化效果；使用"文本"工具输入其他说明文字；效果如图 12-114 所示。

效果所在位置

云盘/Ch12/效果/制作商城促销海报.cdr。

图 12-114

扫码观看
本案例视频

13

第 13 章
宣传单设计

宣传单是直销广告的一种，对宣传活动和促销商品有着重要的作用。宣传单通过派发、邮递等形式，可以有效地将信息传达给目标受众。本章将以各种不同主题的宣传单为例，讲解宣传单的设计方法和制作技巧。

课堂学习目标

- ✔ 了解宣传单的概念
- ✔ 了解宣传单的功能
- ✔ 掌握宣传单的设计思路和过程
- ✔掌握宣传单的制作方法和技巧

13.1　宣传单设计概述

　　宣传单是将产品和活动信息传播出去的一种广告形式，其最终目的是帮助客户推销产品，如图 13-1 所示。宣传单可以是单页，也可以做成多页形成宣传册。

图 13-1

13.2　制作儿童摄影宣传单

13.2.1　案例分析

　　本案例是为一家儿童摄影工作室制作宣传单。这家摄影工作室主要拍摄儿童满月照、百天照、亲子照、儿童写真、儿童艺术照等，为了扩大知名度需要设计制作宣传单，要求符合儿童摄影的行业特色。

　　在设计制作过程中，首先使用渲染的淡彩色制作背景，增添了画面的梦幻感，给人淡雅可爱的印象；人物与插画图片的完美结合富有新意，展示出宣传的主体，增加了画面的活泼感；多彩的文字设计和活泼的排版方式，与宣传的主题相呼应，表现出儿童摄影的特色，让人印象深刻。

　　本案例将使用"导入"命令和"图框精确剪裁"命令制作背景；使用"文本"工具添加文字内容；使用"转换为曲线"命令编辑文字效果；使用"贝塞尔"工具、"椭圆形"工具和"2 点线"工具绘制图形效果。

13.2.2　案例设计

　　本案例设计流程如图 13-2 所示。

制作背景效果

添加标志及文字

最终效果

图 13-2

扫码观看
本案例视频

13.2.3 案例制作

（1）按 Ctrl+N 组合键，新建一个页面。在属性栏的"页面度量"选项中分别设置宽度为 210mm、高度为 285mm，按 Enter 键确认操作，页面尺寸显示为设置的大小，显示出血线。按 Ctrl+I 组合键，弹出"导入"对话框，选择云盘中的"Ch13 > 素材 > 制作儿童摄影宣传单 > 01、02"文件，单击"导入"按钮，在页面中分别单击导入图片，拖曳到适当的位置，效果如图 13-3 所示。

（2）按 Ctrl+I 组合键，弹出"导入"对话框，选择云盘中的"Ch13 > 素材 > 制作儿童摄影宣传单 > 03、04、05"文件，单击"导入"按钮，在页面中分别单击导入图片，拖曳到适当的位置，效果如图 13-4 所示。

（3）选择"矩形"工具 □，绘制一个与页面大小相等的矩形，如图 13-5 所示。选择"选择"工具 ▶，选取图片，选择"效果 > 图框精确剪裁 > 置于图文框内部"命令，鼠标指针变为黑色箭头形状，在矩形上单击，将图片置入矩形中，并去除矩形的轮廓线，效果如图 13-6 所示。

图 13-3　　　　　　图 13-4　　　　　　图 13-5　　　　　　图 13-6

（4）选择"文本"工具 字，在页面上适当的位置输入需要的文字。选择"选择"工具 ▶，在属性栏中选择合适的字体并设置文字大小。按 Ctrl+T 组合键，弹出"文本属性"泊坞窗，设置适当的字符间距和字间距，效果如图 13-7 所示。按 Ctrl+Q 组合键，将文字转换为曲线，效果如图 13-8 所示。

（5）选择"形状"工具 ▶，选取需要的节点，如图 13-9 所示。拖曳到适当的位置，效果如图 13-10 所示。用相同的方法分别选取节点，并将其拖曳到适当的位置，效果如图 13-11 所示。

图 13-7　　　　　　　　图 13-8　　　　　　图 13-9　　　图 13-10　　　图 13-11

（6）使用相同的方法分别调整其他文字节点的位置和样式，效果如图 13-12 所示。选择"选择"工具 ▶，选取文字，设置文字颜色的 CMYK 值为 0、100、80、0，填充文字，效果如图 13-13 所示。

图 13-12　　　　　　　　图 13-13

（7）选择"选择"工具 ▶，选取文字，将其拖曳到适当的位置，如图 13-14 所示。再次单击文字，使其处于旋转状态，拖曳鼠标将其旋转到适当的角度，效果如图 13-15 所示。

图 13-14　　　　　　　　　　　图 13-15

（8）选择"文本"工具 字，在页面上适当的位置分别输入需要的文字。选择"选择"工具 ，在属性栏中分别选择合适的字体并设置文字大小，效果如图 13-16 所示。再次单击文字使其处于旋转状态，拖曳鼠标将其旋转到适当的角度，效果如图 13-17 所示。

图 13-16　　　　　　　　　　　图 13-17

（9）用相同的方法输入文字并将其旋转到适当的角度，设置填充颜色的 CMYK 值分别为 40、0、100、0，填充文字。按 F12 键，弹出"轮廓笔"对话框，将"颜色"选项设为白色，其他选项的设置如图 13-18 所示，单击"确定"按钮，效果如图 13-19 所示。用上述方法在页面左上角输入需要的文字，并调整字符间距和字间距，设置填充颜色的 CMYK 值分别为 20、80、0、20，填充文字，效果如图 13-20 所示。

图 13-18　　　　　　　　图 13-19　　　　　　　图 13-20

（10）选择"文本"工具 字，在页面上适当的位置分别输入需要的文字。选择"选择"工具 ，在属性栏中分别选择合适的字体并设置文字大小，并调整字符间距和字间距，效果如图 13-21 所示。选择"贝塞尔"工具 ，在文字间绘制一条直线，如图 13-22 所示。

（11）用上述方法分别输入需要的文字，并调整其间距、角度和颜色，效果如图 13-23 所示。选择"椭圆形"工具 ，按住 Ctrl 键，在适当的位置绘制圆形，设置填充颜色的 CMYK 值分别为 20、80、0、20，填充圆形，并去除图形的轮廓线，效果如图 13-24 所示。

图 13-21   图 13-22

图 13-23   图 13-24

（12）选择"文本"工具 字，在页面上适当的位置输入需要的文字。选择"选择"工具 ，在属性栏中选择合适的字体并设置文字大小，调整字符间距和字间距，填充为白色，效果如图 13-25 所示。用相同的方法制作下方的圆形和文字，效果如图 13-26 所示。儿童摄影宣传单制作完成，效果如图 13-27 所示。

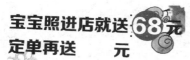

图 13-25   图 13-26   图 13-27

13.3   制作鸡肉卷宣传单

13.3.1   案例分析

本案例是为一款墨西哥鸡肉卷制作宣传单。要求宣传单能够使用独特的设计手法，主题鲜明地展现出鸡肉卷的健康、可口。

在设计制作过程中，通过绿色渐变背景搭配精美的产品图片，体现出产品选料精良、美味可口的特点；通过艺术设计的标题文字，展现出时尚和现代感，突出宣传主题，让人印象深刻。

本案例将使用"文本"工具、"拆分"命令、"贝塞尔"工具和"填充"工具制作标题文字；使用"椭圆形"工具、"文本"工具添加促销文字。

13.3.2　案例设计

本案例设计流程如图 13-28 所示。

导入背景

添加并编辑主题文字

添加宣传性文字

图 13-28

扫码观看
本案例视频

13.3.3　案例制作

（1）按 Ctrl+N 组合键，新建一个页面。在属性栏的"页面度量"选项中分别设置宽度为 210mm、高度为 285mm，按 Enter 键，页面尺寸显示为设置的大小。

（2）选择"文件 > 导入"命令，弹出"导入"对话框，选择云盘中的"Ch09 > 素材 > 制作鸡肉卷宣传单 > 01"文件，单击"导入"按钮。在页面中单击导入图片，按 P 键，图片在页面居中对齐，效果如图 13-29 所示。

（3）选择"文本"工具 字 ，在适当的位置输入需要的文字。选择"选择"工具 ，在属性栏中选择合适的字体并设置文字大小，效果如图 13-30 所示。

图 13-29

图 13-30

（4）按 Ctrl+K 组合键，将文字进行拆分。选择"选择"工具 ，选取文字"墨"，将其拖曳到适当的位置，在属性栏中进行设置，如图 13-31 所示。按 Enter 键，效果如图 13-32 所示。用相同的方法分别调整其他文字的大小、角度和位置，效果如图 13-33 所示。

图 13-31

图 13-32

图 13-33

（5）选择"选择"工具 ，选取文字"墨"。按 Ctrl+Q 组合键，将文字转换为曲线，如图 13-34 所示。用相同的方法将其他文字转换为曲线。选择"贝塞尔"工具 ，在页面中适当的位置绘制一个不规则图形，如图 13-35 所示。选择"选择"工具 ，将文字"卷"和不规则图形同时选取，单击属性栏中的"移除前面对象"按钮 ，对文字进行裁切，效果如图 13-36 所示。

图 13-34   图 13-35   图 13-36

（6）选择"选择"工具 ↖，选取文字"墨"。选择"形状"工具 ↖，选取需要的节点，如图 13-37 所示。向左上方拖曳节点到适当的位置，效果如图 13-38 所示。用相同的方法调整其他文字节点的位置，效果如图 13-39 所示。

图 13-37   图 13-38   图 13-39

（7）选择"贝塞尔"工具 ↖，在适当的位置绘制一个不规则图形，填充图形为黑色，并去除图形的轮廓线，效果如图 13-40 所示。用相同的方法再绘制两个图形，填充图形为黑色并去除图形的轮廓线，效果如图 13-41 所示。

图 13-40   图 13-41

（8）选择"选择"工具 ↖，用圈选的方法将所有文字同时选取。设置图形颜色的 CMYK 值为 0、100、100、20，填充文字。按 Ctrl+G 组合键，将其群组，效果如图 13-42 所示。按 Ctrl+C 组合键，复制文字图形。

（9）按 F12 键，弹出"轮廓笔"对话框，在"颜色"选项中设置轮廓线颜色为"白"，其他选项的设置如图 13-43 所示。单击"确定"按钮，效果如图 13-44 所示。

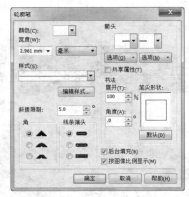

图 13-42   图 13-43   图 13-44

（10）按 Ctrl+V 组合键，将复制的文字图形原位粘贴。按 F12 键，弹出"轮廓笔"对话框，在"颜色"选项中设置轮廓线颜色为"黑"，其他选项的设置如图 13-45 所示。单击"确定"按钮，效果如图 13-46 所示。

（11）选择"贝塞尔"工具 ，绘制多个不规则图形和曲线，填充曲线为白色，并去除图形的轮廓线，效果如图 13-47 所示。

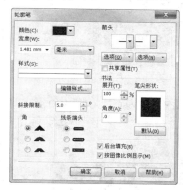

图 13-45　　　　　　　　　　图 13-46　　　　　　　　　　图 13-47

（12）选择"贝塞尔"工具 ，绘制多个不规则图形和曲线，设置图形颜色的 CMYK 值为 40、0、100、0，填充图形，并去除图形的轮廓线，效果如图 13-48 所示。多次按 Ctrl+PageDown 组合键将图形向后调整到适当的位置，效果如图 13-49 所示。

（13）选择"文件 > 导入"命令，弹出"导入"对话框。选择云盘中的"Ch09> 素材 > 制作鸡肉卷宣传单 > 02、03"文件，单击"导入"按钮。在页面中分别单击导入图片，并将其拖曳到适当的位置，效果如图 13-50 所示。

图 13-48　　　　　　　　　　图 13-49　　　　　　　　　　图 13-50

（14）选择"文本"工具 ，分别输入需要的文字。选择"选择"工具 ，在属性栏中分别选择合适的字体并设置文字大小，填充文字为白色，效果如图 13-51 所示。

（15）选择"椭圆形"工具 ，按住 Ctrl 键，绘制一个圆形。设置图形颜色的 CMYK 值为 0、60、100、0，填充图形，并去除图形的轮廓线，效果如图 13-52 所示。多次按 Ctrl+PageDown 组合键，将图形向后调整到适当的位置，效果如图 13-53 所示。

（16）选择"文本"工具 ，分别输入需要的文字。选择"选择"工具 ，在属性栏中分别选择合适的字体并设置文字大小。设置图形颜色的 CMYK 值为 0、100、100、0，填充文字，效果如图 13-54 所示。

图 13-51

图 13-52

图 13-53

（17）选择"矩形"工具 ▢，绘制一个矩形。设置图形颜色的 CMYK 值为 0、100、100、0，填充图形，并去除图形的轮廓线，效果如图 13-55 所示。用相同的方法再绘制一个矩形，并填充相同的颜色，效果如图 13-56 所示。

图 13-54

图 13-55

图 13-56

（18）选择"文本"工具 字，输入需要的文字。选择"选择"工具 ▯，在属性栏中选择合适的字体并设置文字大小。设置图形颜色的 CMYK 值为 0、100、100、50，填充文字，效果如图 13-57 所示。

（19）选择"文本"工具 字，输入需要的文字。选择"选择"工具 ▯，在属性栏中选择合适的字体并设置文字大小，填充文字为黑色，效果如图 13-58 所示。鸡肉卷宣传单制作完成。

图 13-57

图 13-58

课堂练习 1——制作糕点宣传单

练习知识要点

使用"矩形"工具、"贝塞尔"工具和"图框精确剪裁"命令制作底图；使用"星形"工具、"椭圆形"工具、"修改"命令和"文字"工具制作标志图形；使用"矩形"工具、"图框精确剪裁"命令、

"星形"工具和"贝塞尔"工具制作糕点宣传栏；效果如图 13-59 所示。

效果所在位置

云盘/Ch13/效果/制作糕点宣传单.cdr。

图 13-59

扫码观看
本案例视频

课堂练习 2——制作旅游宣传单

练习知识要点

使用"矩形"工具绘制背景；使用"文本"工具和"修剪"命令添加镂空的宣传文字；使用"文本"工具添加内容文字；效果如图 13-60 所示。

效果所在位置

云盘/Ch13/效果/制作旅游宣传单.cdr。

图 13-60

扫码观看
本案例视频

课后习题 1——制作时尚鞋宣传单

习题知识要点

使用"矩形"工具、"贝塞尔"工具和"图框精确剪裁"命令制作背景效果；使用"椭圆形"工具、"贝塞尔"工具、"渐变填充"工具和"文本"工具制作标识；使用"导入"命令导入素材图片；使用"文本"工具添加文字；效果如图 13-61 所示。

◎ 效果所在位置

云盘/Ch13/效果/制作时尚鞋宣传单.cdr。

图 13-61

课后习题 2——制作咖啡宣传单

∂ 习题知识要点

使用"透明度"工具和"图框精确剪裁"命令制作背景效果；使用"钢笔"工具和"渐变填充"工具制作装饰图形；使用"文本"工具添加文字；使用"表格"工具制作表格；效果如图 13-62 所示。

◎ 效果所在位置

云盘/Ch13/效果/制作咖啡宣传单.cdr。

图 13-62

14

第 14 章
广告设计

广告以多样的形式出现在城市中，是城市商业发展的写照。广告通过电视、报纸、网络等媒体来发布。好的户外广告要强化视觉冲击力，抓住观众的视线。本章以多种题材的广告为例，讲解广告的设计方法和制作技巧。

课堂学习目标

- ✔ 了解广告的概念
- ✔ 了解广告的本质和功能
- ✔ 掌握广告的设计思路和过程
- ✔ 掌握广告的制作方法和技巧

14.1　广告的设计概述

　　广告是为了某种特定的需要，通过一定的媒体形式公开而广泛地向公众传递信息的宣传手段，它的本质是传播。平面广告的效果如图 14-1 所示。

图 14-1

14.2　制作汽车广告

14.2.1　案例分析

　　本案例是为某汽车品牌设计制作宣传广告，在设计上要求能充分展示出新款汽车的特色，并能表现出产品的创新与品牌的信誉。

　　在设计制作过程中，使用黑色的舞台背景衬托出前方的宣传主体，展示出高端、大气的品牌形象，能吸引人们的视线，达到宣传的目的；倾斜的橙色矩形醒目突出，与汽车颜色和右侧的图形相呼应，在打破画面格局的同时，突出新产品的特点；文字的运用简洁直观，让人一目了然。

　　本案例将使用"矩形"工具和"透明度"工具绘制背景；使用"文本"工具和"2 点线"工具添加标题文字；使用"椭圆形"工具、"调和"工具、"透明度"工具、"文本"工具和"星形"工具绘制标志；使用"矩形"工具和"图框精确剪裁"命令制作倾斜的宣传图片；使用"表格"工具和"文本"工具添加宣传和介绍文字。

14.2.2　案例设计

　　本案例设计流程如图 14-2 所示。

制作背景效果　　　　　　　　　添加汽车标志及文字　　　　　　　　最终效果

图 14-2

14.2.3 案例制作

1. 制作背景效果

（1）按 Ctrl+N 组合键，新建一个页面。在属性栏的"页面度量"选项中分别设置宽度为 285mm、高度为 210mm，按 Enter 键，页面尺寸显示为设置的大小。

（2）按 Ctrl+I 组合键，弹出"导入"对话框，选择云盘中的"Ch14 > 素材 > 制作汽车广告 > 01"文件，单击"导入"按钮，在页面中单击导入的图片，将其拖曳到适当的位置并调整其大小，如图 14-3 所示。

（3）选择"矩形"工具 ▯，绘制一个矩形，设置图形填充颜色的 CMYK 值为 0、85、100、0，填充图形，并去除图形的轮廓线，效果如图 14-4 所示。

扫码观看
本案例视频

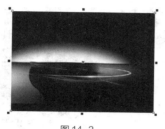

图 14-3

图 14-4

（4）选择"矩形"工具 ▯，绘制一个矩形，填充图形为黑色，并去除图形的轮廓线，效果如图 14-5 所示。选择"选择"工具 ▨，选取需要的图形，在属性栏中将"旋转角度" ○ .° 选项设为 35°，旋转图形，效果如图 14-6 所示。

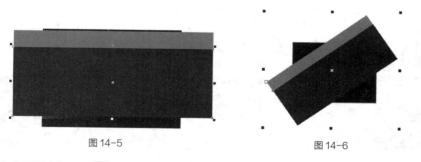

图 14-5　　　　　　　　　　　　　　图 14-6

（5）选择"透明度"工具 ▨，在属性栏中将"透明度类型"选项设为"标准"，其他选项的设置如图 14-7 所示。按 Enter 键，效果如图 14-8 所示。

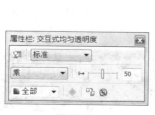

图 14-7

图 14-8

（6）选择"矩形"工具 □，绘制一个矩形，如图 14-9 所示。选择"选择"工具 ▷，选取需要的图形，如图 14-10 所示。选择"效果 > 图框精确剪裁 > 置于图文框内部"命令，鼠标指针变为黑色箭头形状，在矩形上单击，如图 14-11 所示，将图片置入矩形中，并去除图形的轮廓线，效果如图 14-12 所示。

| 图 14-9 | 图 14-10 | 图 14-11 | 图 14-12 |

（7）按 Ctrl+I 组合键，弹出"导入"对话框，选择云盘中的"Ch14 > 素材 > 制作汽车广告 > 02"文件，单击"导入"按钮，在页面中单击导入的图片，将其拖曳到适当的位置并调整其大小，效果如图 14-13 所示。

2．添加宣传语

（1）选择"文本"工具 字，在页面中输入需要的文字。选择"选择"工具 ▷，在属性栏中选择适当的字体并设置文字大小，填充为白色，效果如图 14-14 所示。选择"文本 > 文本属性"命令，在弹出的"文本属性"泊坞窗中进行设置，如图 14-15 所示，按 Enter 键，文字效果如图 14-16 所示。

图 14-13

| 图 14-14 | 图 14-15 | 图 14-16 |

（2）选择"文本"工具 字，在页面中输入需要的文字。选择"选择"工具 ▷，在属性栏中选择适当的字体并设置文字大小，设置文字填充颜色的 CMYK 值为 0、85、100、0，填充文字，效果如图 14-17 所示。

（3）选择"选择"工具 ▷，再次选取文字，使文字处于旋转状态，向右拖曳上侧中间的控制手柄到适当的位置，将文字倾斜，效果如图 14-18 所示。用上述方法添加其他文字，效果如图 14-19 所示。

| 图 14-17 | 图 14-18 | 图 14-19 |

（4）选择"2 点线"工具 ✐，在页面中绘制一条直线，如图 14-20 所示。按 F12 键，弹出"轮廓笔"对话框，在"颜色"选项中设置轮廓线颜色的 CMYK 值为 0、85、100、0，其他选项的设置如图 14-21 所示。单击"确定"按钮，效果如图 14-22 所示。

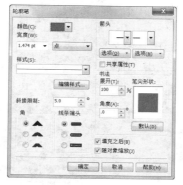

图 14-20   图 14-21   图 14-22

3. 制作标志图形

（1）选择"椭圆形"工具 ◯，按住 Ctrl 键，在页面中绘制一个圆形，如图 14-23 所示。选择"选择"工具 ➤，选取绘制的圆形，按住 Shift 键的同时向内拖曳，单击鼠标右键，复制圆形，如图 14-24 所示。填充图形为白色，效果如图 14-25 所示。

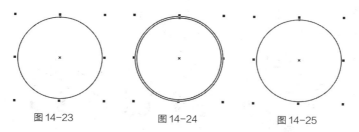

图 14-23   图 14-24   图 14-25

（2）选择"调和"工具 ▧，在两个圆形之间拖曳鼠标应用调和。在属性栏中的设置如图 14-26 所示。按 Enter 键，效果如图 14-27 所示。

（3）选择"椭圆形"工具 ◯，按住 Ctrl 键，在页面中绘制一个圆形，填充图形为黑色，并去除图形的轮廓线，效果如图 14-28 所示。用相同的方法复制圆形，并填充为白色，效果如图 14-29 所示。

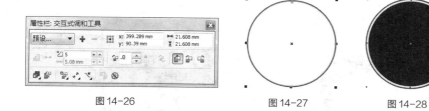
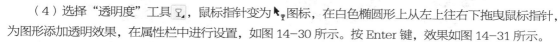

图 14-26   图 14-27   图 14-28   图 14-29

（4）选择"透明度"工具 ▨，鼠标指针变为 ▸◤ 图标，在白色椭圆形上从左上往右下拖曳鼠标指针，为图形添加透明效果，在属性栏中进行设置，如图 14-30 所示。按 Enter 键，效果如图 14-31 所示。

（5）选择"椭圆形"工具 ⊙，按住 Ctrl 键，在页面中绘制一个圆形，如图 14-32 所示。按 F11 键，弹出"渐变填充"对话框，点选"自定义"单选框，在"位置"选项中分别添加并输入 0、49、100 几个位置点，单击右下角的"其它"按钮，分别设置几个位置点颜色的 CMYK 值为 0（0、0、0、40）、49（0、0、0、0）、100（0、0、0、50），其他选项的设置如图 14-33 所示，单击"确定"按钮，填充图形，并去除图形的轮廓线，效果如图 14-34 所示。

图 14-30

图 14-31

图 14-32

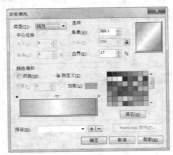

图 14-33

图 14-34

（6）选择"椭圆形"工具 ⊙，按住 Ctrl 键，在页面中绘制一个圆形，设置轮廓图颜色为白色，效果如图 14-35 所示。选择"文本"工具 字，在页面中输入需要的文字。选择"选择"工具 ⬚，在属性栏中选择适当的字体并设置文字大小，效果如图 14-36 所示。

图 14-35　　　　　　　　　图 14-36

（7）选择"文本 > 使文本适合路径"命令，将鼠标指针放在椭圆形路径上单击，使文本适合路径，效果如图 14-37 所示。选择"选择"工具 ⬚，在属性栏中单击"水平镜像文本"按钮 和"垂直镜像文本"按钮 ，填充文字为白色，效果如图 14-38 所示。在"文本属性"泊坞窗中进行选项设置，如图 14-39 所示，按 Enter 键，文字效果如图 14-40 所示。

图 14-37　　　　图 14-38

图 14-39　　　　图 14-40

（8）选择"交互式填充"工具 ，在属性栏中将"填充类型"选项设为"线性"，其他选项的设置如图 14-41 所示，填充文字，效果如图 14-42 所示。用相同的方法添加其他文字，效果如图 14-43 所示。

图 14-41　　　　　　图 14-42　　　　　图 14-43

（9）选择"星形"工具 ，在属性栏中的设置如图 14-44 所示，绘制一个星形，效果如图 14-45 所示。按 F11 键，弹出"渐变填充"对话框，点选"双色"单选框，将"从"选项颜色的 CMYK 值设为 85、17、73、0，"到"选项颜色的 CMYK 值设为 85、51、81、70，其他选项的设置如图 14-46 所示，单击"确定"按钮，填充图形，并去除图形的轮廓线，效果如图 14-47 所示。

图 14-44　　　　　　　　　图 14-45

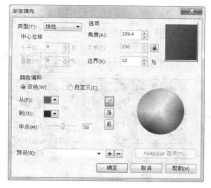

图 14-46　　　　　　　　图 14-47

（10）选择"选择"工具 ，圈选绘制的图形，按 Ctrl+G 组合键，将图形群组，效果如图 14-48 所示。将图形拖曳至适当的位置，效果如图 14-49 所示。

图 14-48　　　　　　图 14-49

4．制作介绍图形

（1）按 Ctrl+I 组合键，弹出"导入"对话框，选择云盘中的"Ch14 > 素材 > 制作汽车广告 > 03"文件，单击"导入"按钮，在页面中单击导入的图片，将其拖曳到适当的位置并调整其大小，如图 14-50 所示。

（2）选择"矩形"工具 口，在页面中绘制一个矩形，填充图形为白色，并去除图形的轮廓线，效果如图 14-51 所示。

（3）选择"选择"工具 ，再次选取矩形，使矩形处于旋转状态，向右拖曳上侧中间的控制手柄到适当的位置，将矩形倾斜，效果如图 14-52 所示。在属性栏中将"旋转角度" 选项设为 34°，旋转图形，效果如图 14-53 所示。

扫码观看
本案例视频

图 14-50　　　　　图 14-51　　　　　图 14-52　　　　　图 14-53

（4）选择"选择"工具 ，选取需要的图片，如图 14-54 所示。选择"效果 > 图框精确剪裁 > 置于图文框内部"命令，鼠标指针变为黑色箭头形状，在矩形上单击，如图 14-55 所示，将图片置入矩形中，效果如图 14-56 所示。用上述方法制作其他图形，效果如图 14-57 所示。

（5）选择"矩形"工具 口，在页面中绘制一个矩形，设置图形填充颜色的 CMYK 值为 0、85、100、0，填充图形，并去除图形的轮廓线，效果如图 14-58 所示。

图 14-54　　　　　图 14-55　　　　　图 14-56　　　　　图 14-57　　　　　图 14-58

（6）选择"选择"工具 ，再次选取矩形，使矩形处于旋转状态，向右拖曳上侧中间的控制手柄到适当的位置，将矩形倾斜，效果如图 14-59 所示。在属性栏中将"旋转角度" 选项设为 35.6°，旋转图形，效果如图 14-60 所示。

图 14-59　　　　　图 14-60

5. 添加功能表格

（1）选择"表格"工具 ⊞ ，在属性栏中的设置如图 14-61 所示，绘制一个表格，如图 14-62 所示。在属性栏中将"边框"选项设为"全部"，"轮廓线颜色"设为白色，按 Enter 键，效果如图 14-63 所示。选择"形状"工具 ↖ ，选取所需表格线段，将其分别拖曳到适当的位置，效果如图 14-64 所示。

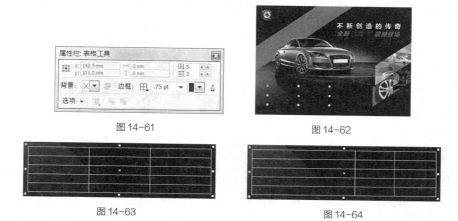

图 14-61   图 14-62

图 14-63   图 14-64

（2）选择"文本"工具 字 ，在表格中输入需要的文字。选择"选择"工具 ↖ ，在属性栏中选择适当的字体并设置文字大小，效果如图 14-65 所示。用相同的方法添加其他文字，效果如图 14-66 所示。

图 14-65   图 14-66

（3）选择"文本"工具 字 ，在适当的位置输入需要的文字。选择"选择"工具 ↖ ，在属性栏中选择适当的字体并设置文字大小，设置文字填充颜色的 CMYK 值为 0、85、100、0，填充文字，效果如图 14-67 所示。汽车广告制作完成。

图 14-67

14.3　制作茶叶广告

14.3.1　案例分析

本案例是为尚品堂推出的新款乌龙茶制作宣传广告，设计要求在不丢失传统风格的前提下，用全新的设计理念和独特的表现手法宣传新款茶叶。

在设计制作过程中，使用浅色的背景和充满意境的山水画带给人清新舒适的感觉，茶壶与茶园的完美结合和创意设计，在突出宣传主体的同时，展现出茶叶优良的品质和健康、自然的特色，加深了人们的印象，手写的产品名称拉近了与人们的距离，宣传性强。

本案例将使用"矩形"工具、"贝塞尔"工具和"图框精确剪裁"命令制作背景；使用"文本"工具、"矩形"工具、"移除前面对象"命令和"合并"命令制作标志；使用"文本"工具和"椭圆形"工具添加宣传文字。

14.3.2 案例设计

本案例设计流程如图 14-68 所示。

图 14-68

14.3.3 案例制作

1. 制作背景图形

（1）按 Ctrl+N 组合键，新建一个页面。在属性栏的"页面度量"选项中分别设置宽度为 210mm、高度为 285mm，按 Enter 键，页面尺寸显示为设置的大小。

（2）按 Ctrl+I 组合键，弹出"导入"对话框，选择云盘中的"Ch14 > 素材 > 制作茶叶广告 > 01"文件，单击"导入"按钮，在页面中单击导入的图片，将其拖曳到适当的位置并调整其大小，如图 14-69 所示。双击"矩形"工具 ▢，绘制一个与页面大小相等的矩形，效果如图 14-70 所示。

（3）选择"选择"工具 ▯，选取需要的图形，选择"效果 > 图框精确剪裁 > 置于图文框内部"命令，鼠标指针变为黑色箭头形状，在矩形上单击，如图 14-71 所示，将图片置入矩形中，并去除图形的轮廓线，效果如图 14-72 所示。

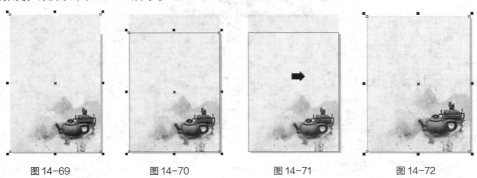

图 14-69　　　　　图 14-70　　　　　图 14-71　　　　　图 14-72

（4）选择"贝塞尔"工具，绘制一个不规则图形，设置图形填充颜色的 CMYK 值为 20、20、30、0，填充图形，并去除图形的轮廓线，效果如图 14-73 所示。用相同的方法绘制不规则图形，效果如图 14-74 所示。

（5）按 Ctrl+I 组合键，弹出"导入"对话框，选择云盘中的"Ch14 > 素材 > 制作茶叶广告 > 02"文件，单击"导入"按钮，在页面中单击导入的图片，将其拖曳到适当的位置并调整其大小，如图 14-75 所示。选择"排列 > 顺序 > 向后一层"命令，向后移动图片，效果如图 14-76 所示。

图 14-73   图 14-74   图 14-75   图 14-76

（6）选择"选择"工具，选取需要的图形，选择"效果 > 图框精确剪裁 > 置于图文框内部"命令，鼠标指针变为黑色箭头形状，在图形上单击，如图 14-77 所示，将图片置入图形中，并去除图形的轮廓线，效果如图 14-78 所示。

图 14-77   图 14-78

2. 制作标志文字

（1）选择"文本"工具，在页面中输入需要的文字。选择"选择"工具，在属性栏中选择适当的字体并设置文字大小，设置文字填充颜色的 CMYK 值为 0、100、100、20，填充文字，效果如图 14-79 所示。选择"矩形"工具，在页面中绘制一个矩形，如图 14-80 所示。

图 14-79   图 14-80

（2）选择"选择"工具，圈选需要的图形和文字，如图 14-81 所示。单击属性栏中的"移除前面对象"按钮 ⬚，将图形剪切，效果如图 14-82 所示。用相同的方法制作其他图形，效果如图 14-83 所示。

（3）选择"矩形"工具 ⬚，绘制一个矩形，设置图形填充颜色的 CMYK 值为 0、100、100、0，填充图形，并去除图形的轮廓线，效果如图 14-84 所示。

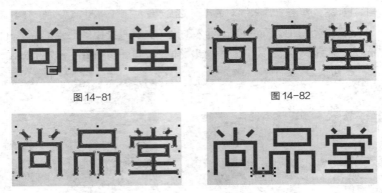

图 14-81   图 14-82

图 14-83   图 14-84

（4）选择"选择"工具 ▸，圈选需要的图形和文字，单击属性栏中的"合并"按钮 ⬚，将选取的图形合并，效果如图 14-85 所示。用相同的方法制作其他图形，效果如图 14-86 所示。

图 14-85   图 14-86

3．添加宣传语

（1）按 Ctrl+I 组合键，弹出"导入"对话框，选择云盘中的"Ch14 > 素材 > 制作茶叶广告 > 03"文件，单击"导入"按钮，在页面中单击导入的图片，将其拖曳到适当的位置并调整其大小，如图 14-87 所示。

（2）选择"文本"工具 字，在页面中输入需要的文字。选择"选择"工具 ▸，在属性栏中选择适当的字体并设置文字大小，设置文字填充颜色的 CMYK 值为 0、100、100、20，填充文字，效果如图 14-88 所示。

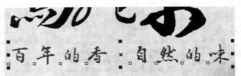

图 14-87   图 14-88

（3）选择"椭圆形"工具 ◯，按住 Ctrl 键，在页面中绘制一个圆形，设置图形填充颜色的 CMYK

值为 0、100、100、20，填充图形，并去除图形的轮廓线，效果如图 14-89 所示。选择"文本"工具 字，拖曳鼠标绘制一个文本框，输入需要的文字，效果如图 14-90 所示。

图 14-89　　　　　　　　　　　　　　　图 14-90

（4）选择"文本 > 文本属性"命令，在弹出的"文本属性"泊坞窗中进行设置，如图 14-91 所示，按 Enter 键，文字效果如图 14-92 所示。

图 14-91　　　　　　　　　　　　　图 14-92

（5）选择"文本"工具 字，在页面中输入需要的文字。选择"选择"工具，在属性栏中选择适当的字体并设置文字大小，效果如图 14-93 所示。在"文本属性"泊坞窗中设置需要的选项，如图 14-94 所示，按 Enter 键，效果如图 14-95 所示。茶叶广告制作完成，效果如图 14-96 所示。

图 14-93　　　　　　　　　　　　　　　图 14-94

图 14-95　　　　　　　　　　　　　　　图 14-96

课堂练习1——制作情人节广告

练习知识要点

使用"文本"工具添加文字；使用"贝塞尔"工具和"渐变填充"工具制作文字效果；使用"贝塞尔"工具、"渐变填充"工具、"转换为位图"命令和"高斯式模糊"命令制作装饰图形；效果如图 14-97 所示。

效果所在位置

云盘/Ch14/效果/制作情人节广告.cdr。

图 14-97

扫码观看
本案例视频

课堂练习2——制作 POP 广告

练习知识要点

使用"矩形"工具和"渐变填充"工具制作背景渐变；使用"多边形"工具、"变形"工具和"透明度"工具制作花形；使用"文本"工具、"导入"命令和"文本换行"命令制作文本绕图效果；效果如图 14-98 所示。

效果所在位置

云盘/Ch14/效果/制作 POP 广告.cdr。

图 14-98

扫码观看
本案例视频

课后习题 1——制作网页广告

习题知识要点

使用"矩形"工具、"椭圆形"工具和"贝塞尔"工具制作背景效果；使用"文本"工具和"阴影"工具制作文字效果；使用"贝塞尔"工具、"椭圆形"工具、"阴影"工具和"透明度"工具制作装饰图形效果；效果如图 14-99 所示。

效果所在位置

云盘/Ch14/效果/制作网页广告.cdr。

图 14-99

扫码观看
本案例视频

课后习题 2——制作开业庆典广告

习题知识要点

使用"艺术笔"工具添加装饰图形；使用"文本"工具和"立体化"工具制作标题文字；使用"椭圆形"工具和"透明度"工具制作阴影图形；使用"文本"工具添加介绍性文字；效果如图 14-100 所示。

效果所在位置

云盘/Ch14/效果/制作开业庆典广告.cdr。

图 14-100

扫码观看
本案例视频

15 第 15 章 包装设计

包装代表着一个商品的品牌形象。好的包装设计可以让商品在同类产品中脱颖而出，吸引消费者的注意力并引发其购买。包装设计可以起到美化商品及传达商品信息的作用，更可以极大地提高商品的价值。本章以多个类别的包装为例，讲解包装的设计方法和制作技巧。

课堂学习目标

- ✔ 了解包装的概念
- ✔ 了解包装的功能和分类
- ✔ 掌握包装的设计思路和过程
- ✔ 掌握包装的制作方法和技巧

15.1 包装设计概述

　　包装最主要的功能是保护商品，其次是美化商品和传达信息。好的包装设计除了遵循设计中的基本原则外，还要满足消费者的心理需求，才能使商品脱颖而出。包装设计如图 15-1 所示。

图 15-1

15.2 制作干果包装

15.2.1 案例分析

　　本案例是为某食品公司设计制作干果包装，在设计上要能运用现代设计元素和语言表现出产品的特色。因为干果是休闲娱乐的食品，要求包装具有趣味，能够让人心情愉悦。

　　在设计制作过程中，使用浅褐色作为包装的主色调，给人干净清爽的印象，能拉近与人们的距离；包装的正面使用充满田园风格的卡通插画，展现出自然、健康的销售卖点，同时增添了活泼的气息；包装的背面使用透明的材料使消费者在购买时对商品内容一目了然，增添了消费者对品牌的信赖感。

　　本案例将使用"贝塞尔"工具和"图框精确剪裁"命令制作包装正面背景；使用"文本"工具添加包装的标题文字和宣传文字；使用"形状"工具调整文字间距；使用"模糊"命令和"透明度"工具制作包装高光部分；使用"插入条码"命令插入条形码。

15.2.2 案例设计

　　本案例设计流程如图 15-2 所示。

制作包装正面　　　　　　　制作包装背面　　　　　　　最终效果

图 15-2

15.2.3　案例制作

1. 制作包装正面效果

（1）按 Ctrl+N 组合键，新建一个页面。在属性栏的"页面度量"选项中分别设置宽度为 285mm、高度为 210mm，按 Enter 键，页面尺寸显示为设置的大小。选择"贝塞尔"工具，绘制图形。设置图形颜色的 CMYK 值为 0、10、20、10，填充图形，并去除图形的轮廓线，效果如图 15-3 所示。

（2）选择"文本"工具，分别输入需要的文字。选择"选择"工具，在属性栏中分别选择合适的字体并设置文字大小，设置文字颜色的 CMYK 值为 0、80、80、80，填充文字，效果如图 15-4 所示。选取需要的文字。按 Ctrl+T 组合键，弹出"文本属性"泊坞窗，将"行间距"设为 69%，效果如图 15-5 所示。

扫码观看
本案例视频

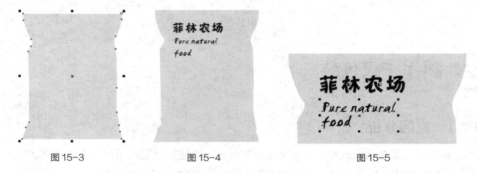

图 15-3　　　　　图 15-4　　　　　图 15-5

（3）按 Ctrl+I 组合键，弹出"导入"对话框。选择云盘中的"Ch15 > 素材 > 制作干果包装 > 01"文件，单击"导入"按钮。在页面中单击导入图片，将其拖曳到适当的位置，效果如图 15-6 所示。

（4）选择"文本"工具，分别输入需要的文字。选择"选择"工具，在属性栏中分别选择合适的字体并设置文字大小，效果如图 15-7 所示。

图 15-6　　　　　　　　　图 15-7

（5）选择"矩形"工具，绘制一个矩形。在属性栏中将"圆角半径"数值框中的值均设为 3mm，按 Enter 键。设置图形颜色的 CMYK 值为 0、10、20、10，填充图形，并去除图形的轮廓线，如图 15-8 所示。

（6）选择"文本"工具，分别输入需要的文字。选择"选择"工具，在属性栏中分别选择合适的字体并设置文字大小，设置文字颜色的 CMYK 值为 0、20、20、0，填充文字，效果如图 15-9 所示。

（7）按 Ctrl+I 组合键，弹出"导入"对话框。选择云盘中的"Ch15 > 素材 > 制作干果包装 > 02"文件，单击"导入"按钮。在页面中单击导入图片，将其拖曳到适当的位置，效果如图 15-10 所示。选择"选择"工具，按数字键盘上的+键，复制图片，并拖曳到适当的位置，效果如图 15-11 所示。

图 15-8 　　　　　　图 15-9 　　　　　　图 15-10 　　　　　　图 15-11

（8）选择"椭圆形"工具 ⊙，按住 Ctrl 键，在适当的位置绘制圆形，如图 15-12 所示。选择"选择"工具 ▷，选取圆形，按数字键盘上的+键，复制一个圆形。按住 Shift 键，向内拖曳圆形右上角的控制手柄到适当的位置，等比例缩小圆形，如图 15-13 所示。选择"贝塞尔"工具 ▷，在页面中绘制不规则闭合图形，如图 15-14 所示。

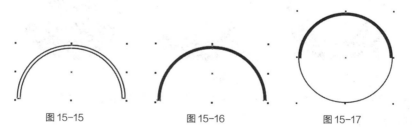

图 15-12　　　　　　图 15-13　　　　　　图 15-14

（9）选择"选择"工具 ▷，选取外围圆形，按 Ctrl+C 组合键，复制圆形。将绘制的图形同时选取，单击属性栏中的"移除前面对象"按钮 ▣，效果如图 15-15 所示。设置图形颜色的 CMYK 值为 0、100、100、45，填充图形，并去除图形的轮廓线，如图 15-16 所示。按 Ctrl+V 组合键，粘贴图形，效果如图 15-17 所示。

图 15-15　　　　　　图 15-16　　　　　　图 15-17

（10）选择"选择"工具 ▷，选取圆形，按数字键盘上的+键，复制一个圆形。按住 Shift 键，向内拖曳圆形右上角的控制手柄到适当的位置，等比例缩小圆形，如图 15-18 所示。选择"贝塞尔"工具 ▷，在页面中绘制不规则闭合图形，如图 15-19 所示。选择"选择"工具 ▷，将圆形和不规则图形同时选取，单击属性栏中的"移除前面对象"按钮 ▣，效果如图 15-20 所示。

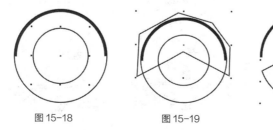

图 15-18　　　　　　图 15-19 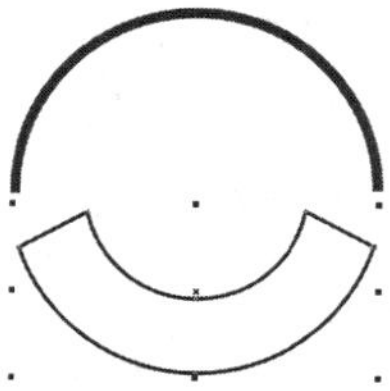　　　　　　图 15-20

（11）设置图形颜色的 CMYK 值为 0、100、100、45，填充图形，并去除图形的轮廓线，如图 15-21 所示。选择"贝塞尔"工具 ，在适当的位置绘制一条弧线，如图 15-22 所示。选择"文本"工具 字，将光标移到弧线上单击，插入光标，如图 15-23 所示。

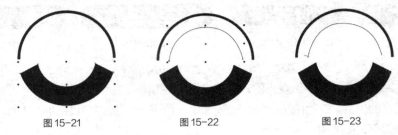

图 15-21　　　　　　　图 15-22　　　　　　　图 15-23

（12）输入需要的文字，选择"选择"工具 ，在属性栏中分别选择合适的字体并设置文字大小。选取曲线，去除其轮廓线，效果如图 15-24 所示。用相同的方法制作下方的白色路径文字，效果如图 15-25 所示。

（13）选择"3 点椭圆形"工具 ，在适当的位置绘制椭圆形，填充为白色，并去除图形的轮廓线，效果如图 15-26 所示。用相同的方法在右侧绘制一个椭圆形，效果如图 15-27 所示。按 Ctrl+I 组合键，弹出"导入"对话框。选择云盘中的"Ch15 > 素材 > 制作干果包装 > 03"文件，单击"导入"按钮。在页面中单击导入图片，将其拖曳到适当的位置，效果如图 15-28 所示。

图 15-24　　　　　　　图 15-25

图 15-26　　　　　　　图 15-27　　　　　　　图 15-28

（14）选择"选择"工具 ，将绘制的图形同时选取，拖曳到适当的位置，效果如图 15-29 所示。按 Ctrl+I 组合键，弹出"导入"对话框。选择云盘中的"Ch15 > 素材 > 制作干果包装 > 04"文件，单击"导入"按钮。在页面中单击导入图片，将其拖曳到适当的位置，效果如图 15-30 所示。

（15）选择"选择"工具 ，选取图片。选择"效果 > 图框精确剪裁 > 置于图文框内部"命令，鼠标指针变为黑色箭头形状，在背景图形上单击。将图片置入图形中，效果如图 15-31 所示。

图 15-29　　　　　　　图 15-30　　　　　　　图 15-31

2. 添加封口、阴影和高光

（1）选择"矩形"工具 🔲，在包装图形上方绘制一个矩形。设置图形颜色的 CMYK 值为 0、10、20、10，填充图形，并去除图形的轮廓线，效果如图 15-32 所示。再绘制一个矩形，设置图形颜色的 CMYK 值为 0、20、40、60，填充图形，并去除图形的轮廓线，效果如图 15-33 所示。再绘制一个矩形，设置图形颜色的 CMYK 值为 0、0、20、0，填充图形，并去除图形的轮廓线，效果如图 15-34 所示。

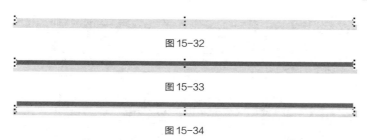

图 15-32

图 15-33

图 15-34

（2）选择"选择"工具 ▲，选取两个矩形。选择"效果 > 图框精确剪裁 > 置于图文框内部"命令，鼠标指针变为黑色箭头形状，在底图矩形上单击。将图形置入矩形中，效果如图 15-35 所示。

图 15-35

（3）选择"矩形"工具 🔲，在图形上方绘制一个矩形。设置图形颜色的 CMYK 值为 0、10、20、10，填充图形，并去除图形的轮廓线，效果如图 15-36 所示。

图 15-36

（4）选择"网状填充"工具 🔳，图形上出现网格，如图 15-37 所示。在适当的位置双击添加网格线，如图 15-38 所示。用相同的方法添加其他网格线，效果如图 15-39 所示。

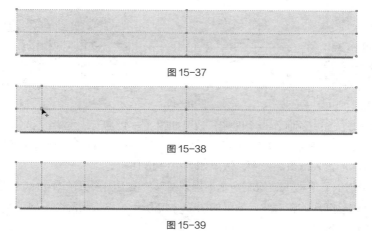

图 15-37

图 15-38

图 15-39

（5）按住 Shift 键，选取需要的节点，如图 15-40 所示。设置填充颜色的 CMYK 值为 0、10、20、30，填充节点，如图 15-41 所示。再次选取需要的节点，如图 15-42 所示。设置填充颜色的 CMYK 值为 8、15、24、0，填充节点，如图 15-43 所示。

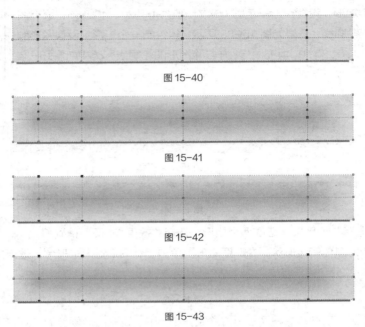

图 15-40

图 15-41

图 15-42

图 15-43

（6）选择"贝塞尔"工具，绘制一个不规则图形，设置图形颜色的 CMYK 值为 0、10、20、30，填充图形，并去除图形的轮廓线，效果如图 15-44 所示。选择"透明度"工具，鼠标指针变为图标，在图形上从左到右拖曳鼠标添加透明度，在属性栏中进行设置，如图 15-45 所示。按 Enter 键确认操作，效果如图 15-46 所示。

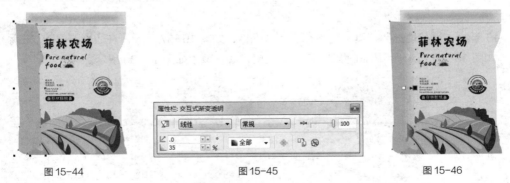

图 15-44

图 15-45

图 15-46

（7）用相同的方法在右侧制作一个图形，效果如图 15-47 所示。选择"选择"工具，选取两个图形。选择"效果 > 图框精确剪裁 > 置于图文框内部"命令，鼠标指针变为黑色箭头形状，在背景图形上单击。将图形置入背景图形中，效果如图 15-48 所示。

（8）选择"贝塞尔"工具，绘制多个不规则图形，设置图形颜色的 CMYK 值为 0、20、20、60，填充图形，并去除图形的轮廓线，效果如图 15-49 所示。再绘制两个不规则图形，填充为白色，并去除图形的轮廓线，效果如图 15-50 所示。

图 15-47 　　　　　 图 15-48 　　　　　 图 15-49 　　　　　 图 15-50

（9）选择"选择"工具 ，将暗灰色图形同时选取。选择"位图 > 转换为位图"命令，在弹出的对话框中进行设置，如图 15-51 所示，单击"确定"按钮，将图形转换为位图，如图 15-52 所示。

图 15-51 　　　　　　　　　　 图 15-52

（10）选择"位图 > 模糊 > 高斯式模糊"命令，在弹出的对话框中进行设置，如图 15-53 所示，单击"确定"按钮，如图 15-54 所示。选择"透明度"工具 ，鼠标指针变为 图标，在图形上从左到右拖曳鼠标添加透明度，在属性栏中进行设置，如图 15-55 所示。按 Enter 键确认操作，效果如图 15-56 所示。

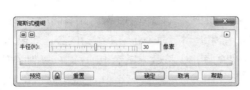 

图 15-53 　　　　　　　　　　 图 15-54

图 15-55 　　　　　　　　　　 图 15-56

（11）选择"选择"工具 ，选取位图。选择"效果 > 图框精确剪裁 > 置于图文框内部"命令，鼠标指针变为黑色箭头形状，在背景图形上单击。将图片置入图形中，效果如图 15-57 所示。用上述方法制作白色图形的模糊效果，如图 15-58 所示。

图 15-57　　　　　　　　图 15-58

3. 制作包装背面效果

（1）选择"选择"工具 ，将整个包装同时选取，按数字键盘上的+键，复制图形。用圈选的方法选取需要的图形，如图 15-59 所示，按 Delete 键，删除图形，如图 15-60 所示。

图 15-59　　　　　　　　图 15-60

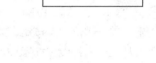
扫码观看
本案例视频

（2）选择"选择"工具 ，选取下方的图形。选择"效果 > 图框精确剪裁 > 编辑内容"命令，图形的编辑状态如图 15-61 所示。选取需要的图形，按 Delete 键，删除图形，如图 15-62 所示。

（3）选择"效果 > 图框精确剪裁 > 结束编辑"命令，结束编辑内容，效果如图 15-63 所示。选择"选择"工具 ，选取正面包装中需要的图形，按数字键盘上的+键，复制图形，并调整其位置和大小，效果如图 15-64 所示。

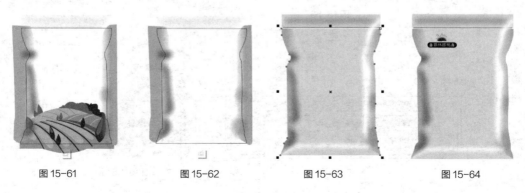

图 15-61　　　　　　图 15-62　　　　　　图 15-63　　　　　　图 15-64

（4）选择"文本"工具 字，输入需要的文字。选择"选择"工具 ，在属性栏中分别选择合适的字体并设置文字大小，如图 15-65 所示。在"文本属性"泊坞窗中将"段后间距"设为 150%，按 Enter 键，效果如图 15-66 所示。

（5）按 Ctrl+I 组合键，弹出"导入"对话框。选择云盘中的"Ch15 > 素材 > 制作干果包装 > 05"文件，单击"导入"按钮。在页面中单击导入图片，将其拖曳到适当的位置，效果如图 15-67 所示。选择"矩形"工具 ，绘制一个矩形。在属性栏中将"圆角半径" 数值框中的值均设为 15mm，按 Enter 键，效果如图 15-68 所示。

图 15-65　　　　　　　图 15-66

（6）选择"选择"工具 ，选取图片。选择"效果 > 图框精确剪裁 > 置于图文框内部"命令，鼠标指针变为黑色箭头形状，在圆角矩形上单击，将图片置入圆角矩形中，效果如图 15-69 所示。用上述方法制作白色高光，效果如图 15-70 所示。

图 15-67　　　　　　图 15-68　　　　　　图 15-69　　　　　　图 15-70

（7）选择"编辑 > 插入条码"命令，在弹出的对话框进行设置，如图 15-71 所示，单击"下一步"按钮，切换到相应的对话框，选项的设置如图 15-72 所示。

图 15-71　　　　　　　　　图 15-72

（8）单击"下一步"按钮，切换到相应的对话框，选项的设置如图 15-73 所示，单击"完成"按钮，将其拖曳到适当的位置并调整其大小，效果如图 15-74 所示。干果包装制作完成，效果如图 15-75 所示。

图 15-73   图 15-74   图 15-75

15.3   制作婴儿米粉包装

15.3.1   案例分析

宝宝食品是一家制作婴幼儿配方食品的专业品牌，精选优质原料，生产国际水平的产品，得到消费者的广泛认可，目前该公司推出了最新研制的益生菌营养米粉。现需要为该产品制作一款包装，包装设计要求体现产品特色、展现品牌形象。

在设计制作过程中，包装使用传统的罐装，风格简单干净，使消费者感到放心；用可爱婴儿照片作为包装素材，突出宣传重点；蓝色的渐变文字在画面中突出显示，使整个包装呈现出温馨可爱的画面。

本案例将使用"贝塞尔"工具、"文本"工具、"形状"工具、"网状填充"工具和"阴影"工具制作装饰图形和文字；使用"渐变填充"工具和"矩形"工具制作文字效果；使用"渐变填充"工具、"椭圆形"工具和"透明度"工具制作包装展示图。

15.3.2   案例设计

本案例设计流程如图 15-76 所示。

制作奶粉罐   添加商标和名称   最终效果

图 15-76

15.3.3   案例制作

1．制作奶粉罐

（1）按 Ctrl+N 组合键，新建一个页面，在属性栏的"页面度量"选项中分别设置宽度为 250mm、高度为 300mm，按 Enter 键，页面尺寸显示为设置的大小。

扫码观看
本案例视频

（2）选择"矩形"工具 □，绘制一个矩形，如图 15-77 所示。在属性栏中进行设置，如图 15-78 所示，按 Enter 键，效果如图 15-79 所示。

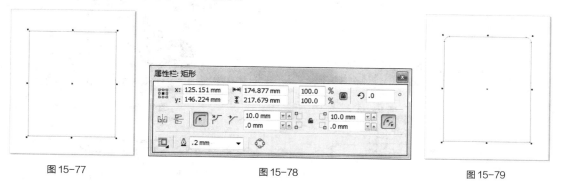

图 15-77　　　　　　　　　　　　　　　　图 15-78　　　　　　　　　　　　　　　　图 15-79

（3）选择"椭圆形"工具 ○，绘制一个椭圆形，如图 15-80 所示。选择"选择"工具 ▷，用圈选的方法将矩形和椭圆形同时选取，单击属性栏中的"合并"按钮 □，将两个图形合并为一个图形，效果如图 15-81 所示。按数字键盘上的+键，复制奶粉罐图形（此图形作为备用）。

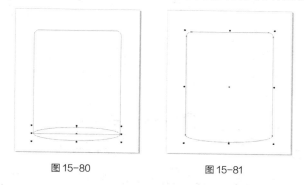

图 15-80　　　　　　　　　图 15-81

（4）选择"贝塞尔"工具 ✎，绘制一个图形，如图 15-82 所示。选择"交互式网状填充"工具 ⊞，在属性栏中进行设置，如图 15-83 所示，按 Enter 键，效果如图 15-84 所示。

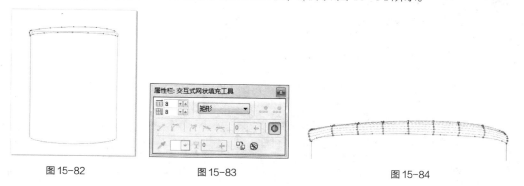

图 15-82　　　　　　　　　图 15-83　　　　　　　　　图 15-84

（5）选择"网状填充"工具 ⊞，用圈选的方法选取需要的节点，如图 15-85 所示。选择"窗口 > 泊坞窗 > 彩色"命令，弹出"颜色泊坞窗"，设置需要的颜色，如图 15-86 所示，单击"填充"按钮，效果如图 15-87 所示。用相同的方法选取其他节点，分别填充适当的颜色，并去除图形的轮廓线，效果如图 15-88 所示。

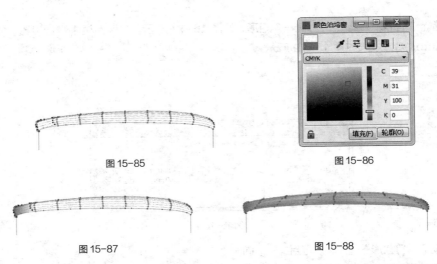

图 15-85

图 15-86

图 15-87

图 15-88

（6）选择"贝塞尔"工具 ，绘制一个图形，如图 15-89 所示。选择"网状填充"工具 ，用上述方法对图形进行网格填充，并去除图形的轮廓线，效果如图 15-90 所示。

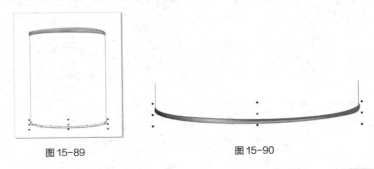

图 15-89

图 15-90

（7）选择"2 点线"工具 ，绘制一条直线，在属性栏中将"轮廓宽度" 选项设为 0.1，按 Enter 键，效果如图 15-91 所示。选择"选择"工具 ，按数字键盘上的+键，复制直线，并拖曳到适当的位置，如图 15-92 所示。

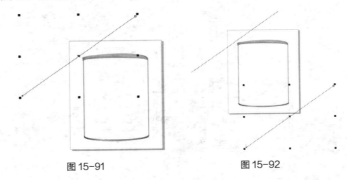

图 15-91

图 15-92

（8）选择"调和"工具 ，在两条直线之间拖曳鼠标应用调和。在属性栏中的设置如图 15-93 所示，按 Enter 键，效果如图 15-94 所示。

（9）选择"透明度"工具 ，在图形上从左向右拖曳鼠标指针，为图形添加透明度效果。在属性栏中进行设置，如图 15-95 所示，按 Enter 键，效果如图 15-96 所示。

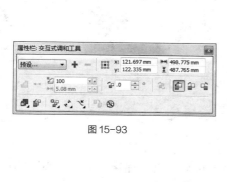

图 15-93

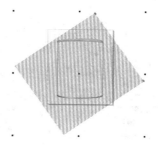

图 15-94

图 15-95

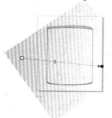

图 15-96

（10）选择"选择"工具，在"CMYK 调色板"中"10%黑"色块上单击鼠标右键，填充调和直线，效果如图 15-97 所示。按 Shift+PageDown 组合键，将调和图形向后移到最底层。

（11）选择"效果 > 图框精确剪裁 > 置于图文框内部"命令，鼠标指针变为黑色箭头，在瓶身上单击，如图 15-98 所示。将调和图形置入瓶身中，效果如图 15-99 所示。

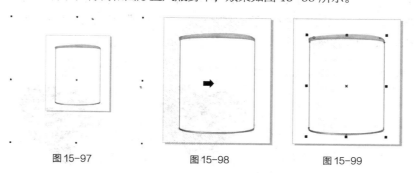

图 15-97　　　　　　　　图 15-98　　　　　　　　图 15-99

2．添加商标和名称

（1）按 Ctrl+I 组合键，弹出"导入"对话框，选择云盘中的"Ch15 > 素材 > 制作婴儿奶粉包装 > 01"文件，单击"导入"按钮，在页面中单击导入图片，将其拖曳到适当的位置，效果如图 15-100 所示。

（2）选择"贝塞尔"工具，绘制一个图形，如图 15-101 所示。在"CMYK调色板"中"红"色块上单击鼠标，填充图形，并去除图形的轮廓线，效果如图 15-102 所示。

（3）选择"选择"工具，按数字键盘上的+键，复制图形，并调整其大小，效果如图 15-103 所示。

扫码观看
本案例视频

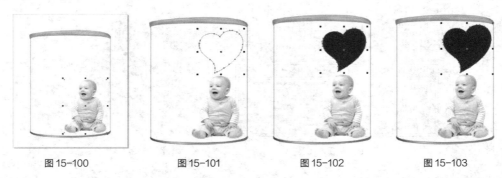

图 15-100　　　　　图 15-101　　　　　图 15-102　　　　　图 15-103

（4）选择"阴影"工具 ⬚，在图形上从上向下拖曳鼠标指针，为图形添加阴影效果。在属性栏中进行设置，如图 15-104 所示，按 Enter 键，效果如图 15-105 所示。

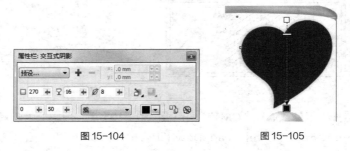

图 15-104　　　　　　　　　　图 15-105

（5）选择"选择"工具 ▹，在"CMYK 调色板"中"白"色块上单击鼠标，填充图形，效果如图 15-106 所示。按 Ctrl+PageDown 组合键，将图形向后移动一层，效果如图 15-107 所示。

（6）选择"文本"工具 字，输入需要的文字。选择"选择"工具 ▹，在属性栏中选取适当的字体并设置文字大小，填充为白色，效果如图 15-108 所示。

图 15-106　　　　　　图 15-107　　　　　　图 15-108

（7）按 Ctrl+Q 组合键，将文字转换为曲线。选择"形状"工具 ▹，用圈选的方法选取需要的节点，如图 15-109 所示。水平向右拖曳到适当的位置，效果如图 15-110 所示。用相同的方法调整其他节点，文字效果如图 15-111 所示。

图 15-109　　　　　　图 15-110　　　　　　图 15-111

（8）选择"选择"工具，选择红色心形图形。按数字键盘上的+键，复制图形。按 Shift+PageUp 组合键，将复制的图形向前移动到最顶层，效果如图 15–112 所示。在"CMYK 调色板"中的"黄"色块上单击鼠标，填充图形，并调整其位置和大小，效果如图 15–113 所示。用相同的方法制作其他心形图形，并填充为黄色，效果如图 15–114 所示。

图 15–112　　　　　　图 15–113　　　　　　图 15–114

（9）选择"文本"工具，输入需要的文字。选择"选择"工具，在属性栏中选取适当的字体并设置文字大小，效果如图 15–115 所示。选择"形状"工具，文字的编辑状态如图 15–116 所示，向左拖曳文字下方的图标调整字距，松开鼠标后，效果如图 15–117 所示。

图 15–115　　　　　　　　图 15–116　　　　　　　　图 15–117

（10）选择"渐变填充"工具，弹出"渐变填充"对话框，点选"自定义"单选框，在"位置"选项中分别添加并输入 0、58、100 几个位置点，单击右下角的"其它"按钮，分别设置几个位置点颜色的 CMYK 值为 0（100、100、0、0）、58（100、0、0、0）、100（100、100、0、0），其他选项的设置如图 15–118 所示，单击"确定"按钮，填充文字，效果如图 15–119 所示。

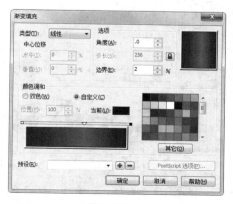

图 15–118　　　　　　　　　图 15–119

（11）按 F12 键，弹出"轮廓笔"对话框，在"颜色"选项中设置轮廓线颜色为白色，其他选项的设置如图 15-120 所示，单击"确定"按钮，效果如图 15-121 所示。

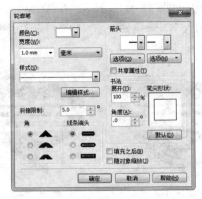

图 15-120

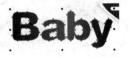

图 15-121

（12）选择"阴影"工具 ⬛️，在文字上从上向下拖曳鼠标指针，为文字添加阴影效果。在属性栏中将"阴影颜色"选项的 CMYK 值设为 100、0、0、0，其他选项的设置如图 15-122 所示，按 Enter 键，效果如图 15-123 所示。

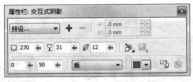

图 15-122

图 15-123

（13）选择"2 点线"工具 ✎，绘制一条直线，如图 15-124 所示。按 F12 键，弹出"轮廓笔"对话框，在"颜色"选项中设置轮廓线颜色的 CMYK 值为 0、40、60、20，其他选项的设置如图 15-125 所示，单击"确定"按钮，效果如图 15-126 所示。按 Ctrl+PageDown 组合键，将直线向后移动一层，效果如图 15-127 所示。

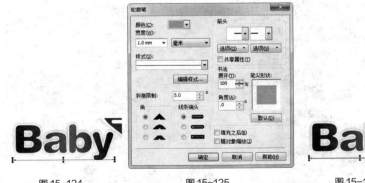

图 15-124　　　　　　　　图 15-125　　　　　　　　图 15-126　　　　　　　图 15-127

（14）选择"矩形"工具 ⬜️，绘制一个矩形，如图 15-128 所示。选择"渐变填充"工具 ◨，弹出"渐变填充"对话框，点选"自定义"单选框，在"位置"选项中分别添加并输入 0、50、100 几个位置点，单击右下角的"其它"按钮，分别设置几个位置点颜色的 CMYK 值为 0（100、100、0、

0）、50（100、0、0、0）、100（100、100、0、0），其他选项的设置如图 15-129 所示，单击"确定"按钮，填充图形，并去除图形的轮廓线，效果如图 15-130 所示。

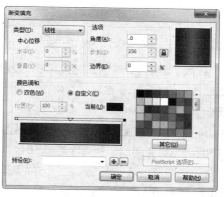

图 15-128　　　　　　　　　　　　图 15-129　　　　　　　　　　图 15-130

（15）选择"文本"工具 字，输入需要的文字。选择"选择"工具 ，在属性栏中选取适当的字体并设置文字大小，效果如图 15-131 所示。选择"形状"工具 ，文字的编辑状态如图 15-132 所示，向左拖曳文字下方的 图标调整字距，松开鼠标后，效果如图 15-133 所示。在"CMYK 调色板"中的"白"色块上单击鼠标，填充文字，效果如图 15-134 所示。

图 15-131　　　　　　　图 15-132　　　　　　　图 15-133　　　　　　　图 15-134

（16）选择"选择"工具 ，选择需要的图形，如图 15-135 所示。按数字键盘上的+键，复制图形，水平向下拖曳到适当的位置，效果如图 15-136 所示。

（17）选择"文本"工具 字，输入需要的文字。选择"选择"工具 ，在属性栏中选取适当的字体并设置文字大小，设置文字颜色的 CMYK 值为 100、0、0、0，填充文字，效果如图 15-137 所示。

图 15-135　　　　　　　　　图 15-136　　　　　　　　图 15-137

3. 添加宣传图形和文字

（1）选择"星形"工具 ，在属性栏中进行设置，如图 15-138 所示。按住 Ctrl 键，拖曳鼠标指针绘制图形，设置图形颜色的 CMYK 值为 100、0、0、0，填充图形，并去除图形的轮廓线，效果如图 15-139 所示。在属性栏中将"旋转角度" .0 °选项设为 9，按 Enter 键，效果如图 15-140 所示。

扫码观看
本案例视频

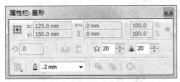

图 15-138

图 15-139

图 15-140

（2）选择"选择"工具 ，按数字键盘上的+键，复制图形。设置图形颜色的 CMYK 值为 100、100、0、0，填充图形，效果如图 15-141 所示。在属性栏中将"旋转角度" 选项设为 0，按 Enter 键，效果如图 15-142 所示。

（3）选择"椭圆形"工具 ，按住 Ctrl 键，在适当的位置拖曳鼠标指针绘制一个圆形，设置图形颜色的 CMYK 值为 0、0、100、0，填充图形，并去除图形的轮廓线，效果如图 15-143 所示。

（4）选择"透明度"工具 ，在图形上从右上方向左下方拖曳鼠标指针，为图形添加透明度效果。在属性栏中进行设置，如图 15-144 所示，按 Enter 键，效果如图 15-145 所示。

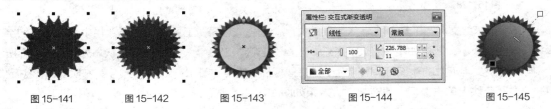

图 15-141　　　　图 15-142　　　　图 15-143　　　　图 15-144　　　　图 15-145

（5）选择"文本"工具 ，输入需要的文字。选择"选择"工具 ，在属性栏中选取适当的字体。选择"文本"工具 ，分别选取需要的文字，调整其大小，效果如图 15-146 所示。设置文字颜色的 CMYK 值为 0、0、100、0，填充文字，效果如图 15-147 所示。

（6）选择"形状"工具 ，文字的编辑状态如图 15-148 所示，向左拖曳文字下方的 图标调整字距，松开鼠标后，效果如图 15-149 所示。

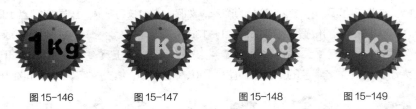

图 15-146　　　　图 15-147　　　　图 15-148　　　　图 15-149

（7）选择"文本"工具 ，输入需要的文字。选择"选择"工具 ，在属性栏中选取适当的字体并设置文字大小，设置文字颜色的 CMYK 值为 100、0、0、0，填充文字，效果如图 15-150 所示。选择"形状"工具 ，文字的编辑状态如图 15-151 所示，向下拖曳文字下方的 图标调整行距，松开鼠标后，效果如图 15-152 所示。

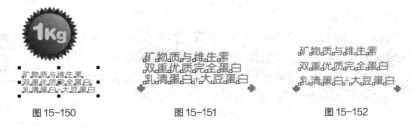

图 15-150　　　　　　　　图 15-151　　　　　　　　图 15-152

（8）选择"椭圆形"工具 ⊙，按住 Ctrl 键，在适当的位置拖曳鼠标指针绘制一个圆形，设置图形颜色的 CMYK 值为 100、100、0、0，填充图形，并去除图形的轮廓线，效果如图 15–153 所示。

（9）选择"文本 > 插入符号字符"命令，弹出"插入字符"泊坞窗，按需要进行设置并选择需要的字符，如图 15–154 所示，单击"插入"按钮，插入字符。选择"选择"工具 ▹，拖曳到适当的位置并调整其大小，效果如图 15–155 所示，填充为白色，并去除图形的轮廓线，效果如图 15–156 所示。

（10）选择"选择"工具 ▹，用圈选的方法选取需要的图形，按 Ctrl+G 组合键，将其群组。连续按两次数字键盘上的+键，复制图形，并分别垂直向下拖曳到适当的位置，效果如图 15–157 所示。

图 15–153　　　　图 15–154　　　　图 15–155　　　　图 15–156　　　　图 15–157

（11）选择"贝塞尔"工具 ✎，绘制一个图形，如图 15–158 所示。选择"渐变填充"工具 ■，弹出"渐变填充"对话框，点选"自定义"单选框，在"位置"选项中分别添加并输入 0、54、100 几个位置点，单击右下角的"其它"按钮，分别设置几个位置点颜色的 CMYK 值为 0（100、0、0、0）、54（60、0、0、0）、100（100、0、0、0），其他选项的设置如图 15–159 所示，单击"确定"按钮，填充图形，效果如图 15–160 所示。多次按 Ctrl+PageDown 组合键，将图形向后移动到适当的位置，效果如图 15–161 所示。

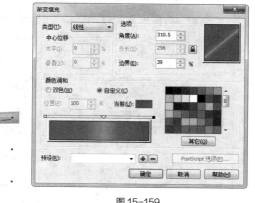

图 15–158　　　　　　　图 15–159　　　　　　　图 15–160　　　　图 15–161

（12）选择"椭圆形"工具 ⊙，按住 Ctrl 键，在适当的位置拖曳鼠标指针绘制一个圆形，设置图形颜色的 CMYK 值为 100、0、0、0，填充图形，效果如图 15–162 所示。

（13）按 F12 键，弹出"轮廓笔"对话框，在"颜色"选项中设置轮廓线颜色为白色，其他选项的设置如图 15–163 所示，单击"确定"按钮，效果如图 15–164 所示。

（14）选择"阴影"工具 ▫，在文字上从上向下拖曳鼠标指针，为图形添加阴影效果。在属性栏中将"阴影颜色"选项的 CMYK 值设为 0、0、100、0，其他选项的设置如图 15–165 所示，按 Enter

键，效果如图 15-166 所示。

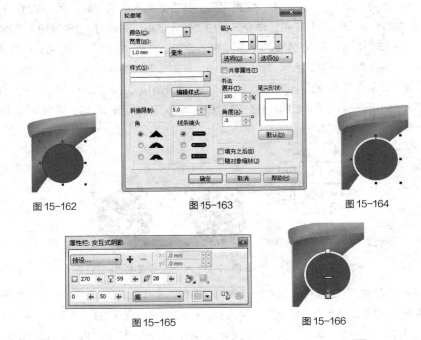

图 15-162　　　　　　图 15-163　　　　　　　　图 15-164

图 15-165　　　　　　　　　图 15-166

（15）选择"文本"工具 字，分别输入需要的文字。选择"选择"工具 ，分别在属性栏中选取适当的字体并设置文字大小，填充为白色，效果如图 15-167 所示。用上述方法制作右下角的图形和文字，并填充适当的颜色，效果如图 15-168 所示。

（16）选择"选择"工具 ，选择下方需要的米粉罐（备用）图形，如图 15-169 所示。按数字键盘上的+键，复制图形。按 Shift+PageUp 组合键，将图形向前移动到最顶层。在"CMYK 调色板"中的"无填充"按钮 上单击鼠标右键，去除图形的轮廓线，效果如图 15-170 所示。

图 15-167　　　　　　图 15-168　　　　　　　图 15-169　　　　　　　图 15-170

（17）选择"渐变填充"工具 ，弹出"渐变填充"对话框，点选"自定义"单选框，在"位置"选项中分别添加并输入 0、4、12、30、50、54、65、82、100 几个位置点，单击右下角的"其它"按钮，分别设置几个位置点颜色的 CMYK 值为 0（0、0、0、30）、4（0、0、0、10）、12（0、0、0、0）、30（0、0、0、0）、50（0、0、0、30）、54（0、0、0、30）、65（0、0、0、0）、82（0、0、0、0）、100（0、0、0、40），其他选项的设置如图 15-171 所示，单击"确定"按钮，填充图形，效果如图 15-172 所示。

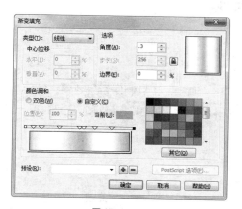

图 15-171 图 15-172

（18）选择"透明度"工具，在属性栏中将"透明度类型"选项设为"标准"，其他选项的设置如图 15-173 所示，按 Enter 键，效果如图 15-174 所示。

图 15-173 图 15-174

（19）选择"选择"工具，选取需要的图形，如图 15-175 所示。按 Shift+PageUp 组合键，将图形向前移动到最顶层，效果如图 15-176 所示。

（20）选择"椭圆形"工具，绘制一个椭圆形，设置图形颜色的 CMYK 值为 0、0、0、20，填充图形，并去除图形的轮廓线，效果如图 15-177 所示。按 Shift+PageDown 组合键，将图形向后移动到最底层，效果如图 15-178 所示。婴儿米粉包装制作完成。

图 15-175 图 15-176 图 15-177 图 15-178

课堂练习 1——制作红豆包装

🔗 练习知识要点

使用"渐变填充"工具、"2 点线"工具和"调和"工具制作背景效果；使用"文本"工具添加装饰文字；使用"轮廓笔"工具制作产品名称；使用"贝塞尔"工具和"透明度"工具制作包装展示效果；效果如图 15-179 示。

⊙ 效果所在位置

云盘/Ch15/效果/制作红豆包装.cdr。

图 15-179

扫码观看
本案例视频

课堂练习 2——制作牛奶包装

🔗 练习知识要点

使用"贝塞尔"工具和"渐变填充"工具绘制瓶身；使用"矩形"工具和"图框精确剪裁"命令制作瓶盖；使用"椭圆形"工具和"贝塞尔"工具制作标志和标签；效果如图 15-180 所示。

⊙ 效果所在位置

云盘/Ch15/效果/制作牛奶包装.cdr。

图 15-180

扫码观看
本案例视频

课后习题 1——制作橙汁包装盒

🔗 习题知识要点

使用"矩形"工具、"形状"工具和"立体化"工具制作包装结构图；使用"添加透视"命令制作透视效果；效果如图 15-181 所示。

◎ 效果所在位置

云盘/Ch15/效果/制作橙汁包装盒.cdr。

扫码观看
本案例视频

图 15-181

课后习题 2——制作洗发水包装

🔗 习题知识要点

使用"贝塞尔"工具、"矩形"工具、"渐变填充"工具和"调和"工具绘制洗发水瓶身；使用"椭圆形"工具、"透明度"工具和"阴影"工具绘制洗发水包装阴影；使用"文本"工具和"图案填充"工具制作标题文字；使用"文本"工具和"变形"工具添加宣传文字；效果如图 15-182 所示。

◎ 效果所在位置

云盘/Ch15/效果/制作洗发水包装.cdr。

扫码观看
本案例视频

图 15-182

第 16 章
VI 设计

VI（Visual Identity System，视觉识别系统）是企业形象设计的整合，它通过具体的符号将企业理念、文化特质、企业规范等抽象概念直观地进行表达，以标准化、系统化的方式，塑造企业形象和传播企业文化。本章以伯仑酒店的 VI 设计为例，讲解基础系统和应用系统中各个项目的设计方法和制作技巧。

课堂学习目标

- ✔ 了解 VI 设计的概念
- ✔ 了解 VI 设计的功能
- ✔ 掌握 VI 设计的内容
- ✔ 掌握整套 VI 的设计思路和过程
- ✔ 掌握整套 VI 的制作方法和技巧

16.1 VI 设计概述

在越来越重视品牌营销的今天，VI 设计对现代企业非常重要。没有 VI 设计，就意味着企业的形象将淹没于商海之中，让人辨别不清；就意味着企业是一个缺少灵魂的赚钱机器；就意味着企业的产品与服务毫无个性，消费者对企业毫无眷恋；就意味着企业团队的涣散和士气的低落。VI 设计如图 16-1 所示。

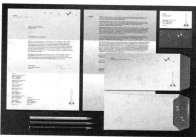

图 16-1

VI 设计一般包括基础和应用两大部分。

基础部分包括标志、标准字、标准色、标志和标准字的组合。

应用部分包括办公用品（信封、信纸、名片、请柬、文件夹等）、企业外部建筑环境（公共标识牌、路标指示牌等）、企业内部建筑环境（各部门标识牌、广告牌等）、交通工具（巴士、货车等）、服装服饰（管理人员制服、员工制服、文化衫、工作帽、胸卡等）等。

16.2 标志设计

16.2.1 案例分析

本案例是为伯仑酒店制作标志。伯仑酒店是一家集住宿、餐饮、娱乐、商务办公为一体的商务性酒店。因此在标志设计上要求体现出企业的经营理念、企业文化和发展方向；在设计语言和手法上要求以单纯、简洁、易识别的图形和文字符号进行表达。

在设计制作过程中，通过盾形的标志来显示企业的文化、精神和理念；金色、红色和绿色的颜色搭配展示出力量和品质，显示出沉稳可靠的品牌形象和时尚先进的经营特色；在盾牌两侧添加植物图形，表现出公司不断成长、不断创新的经营理念；整个标志设计简洁明快，主体清晰明确。

本案例将使用"贝塞尔"工具、"矩形"工具和"移除前面对象"命令制作标志图形；使用"文本"工具添加文字；使用"贝塞尔"工具和"椭圆形"工具绘制装饰图形。

16.2.2 案例设计

本案例设计流程如图 16-2 所示。

制作标志和标准字　　　　绘制装饰图形　　　　　　最终效果

扫码观看
本案例视频

图 16-2

16.2.3　案例制作

1.　绘制标志图形

（1）按 Ctrl+N 组合键，新建一个页面，在属性栏的"页面度量"选项中分别设置宽度为 150mm、高度为 120mm，按 Enter 键，页面尺寸显示为设置的大小。选择"贝塞尔"工具 ，绘制一个图形，如图 16-3 所示。设置填充色的 CMYK 值为 0、50、0、0，填充图形，并去除图形的轮廓线，效果如图 16-4 所示。

（2）选择"矩形"工具 ，绘制两个矩形，如图 16-5 所示。选择"选择"工具 ，按住 Shift 键，选取需要的图形，如图 16-6 所示。单击属性栏中的"移除前面对象"按钮 ，修剪图形，效果如图 16-7 所示。按 Ctrl+K 组合键，将图形拆分。

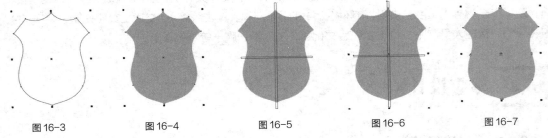

图 16-3　　　　　　图 16-4　　　　　　图 16-5　　　　　　图 16-6　　　　　　图 16-7

（3）选择"选择"工具 ，选取需要的图形，如图 16-8 所示。设置图形颜色的 CMYK 值为 95、52、95、25，填充图形，效果如图 16-9 所示。用相同的方法填充其他图形，效果如图 16-10 所示。

（4）选择"文本"工具 ，分别输入需要的文字，选择"选择"工具 ，分别在属性栏中选取适当的字体并设置文字大小。设置文字颜色的 CMYK 值为 0、20、60、20，填充文字，效果如图 16-11 所示。

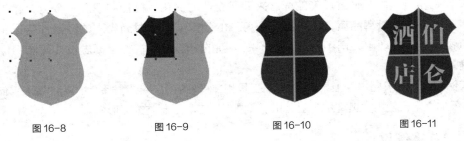

图 16-8　　　　　　　　图 16-9　　　　　　　　图 16-10　　　　　　　　图 16-11

2.　添加装饰图形

（1）选择"贝塞尔"工具 ，绘制一个图形。设置填充颜色的 CMYK 值为 0、20、60、20，填充图形，并去除图形的轮廓线，效果如图 16-12 所示。

（2）选择"椭圆形"工具 ，按住 Ctrl 键的同时，绘制一个圆形。设置填充颜色的 CMYK 值为 0、20、60、20，填充图形，并去除图形的轮廓线，效果如图 16-13 所示。选择"选择"工具 ，多次按数字键盘上的+键，复制图形，并分别拖曳到适当的位置，效果如图 16-14 所示。

图 16-12   图 16-13   图 16-14

（3）选择"选择"工具 ，用圈选的方法选取需要的图形，如图 16-15 所示。按 Ctrl+G 组合键，将图形群组。按数字键盘上的+键，复制图形。在属性栏中单击"水平镜像"按钮 ，水平翻转图像，并拖曳到适当的位置，效果如图 16-16 所示。

（4）选择"椭圆形"工具 ，按住 Ctrl 键，绘制一个圆形。设置填充颜色的 CMYK 值为 0、20、60、20，填充图形，并去除图形的轮廓线，效果如图 16-17 所示。标志设计制作完成，效果如图 16-18 所示。

图 16-15   图 16-16   图 16-17   图 16-18

16.3　制作模板

16.3.1　案例分析

制作模板是 VI 设计基础部分中的一项内容。设计要求制作两个模板，要具有实用性，能将 VI 设计的基础部分和应用部分快速地分类总结。

在设计制作过程中，用 A、B 来区分模板，添加与模板相对应的文字。设计制作风格要简洁明快，符合企业需求。

本案例将使用文本工具添加文字；使用形状工具调整文字的间距；使用椭圆形工具绘制装饰图形；使用 2 点线工具绘制直线。

16.3.2　案例设计

本案例设计流程如图 16-19 所示。

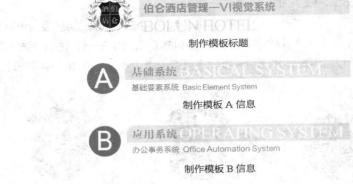

制作模板标题

制作模板 A 信息

制作模板 B 信息

模板 A 最终效果　　　　　　　　模板 B 最终效果

图 16-19

16.3.3　案例制作

1．制作模板 A

（1）按 Ctrl+N 组合键，新建一个页面，在属性栏的"页面度量"选项中分别设置宽度为 297mm、高度为 210mm，按 Enter 键，页面尺寸显示为设置的大小。双击"矩形"工具 ，绘制一个与页面大小相等的矩形，如图 16-20 所示。

（2）按 Ctrl+I 组合键，弹出"导入"对话框，选择光盘中的"Ch16 > 效果 > 制作标志设计"文件，单击"导入"按钮，在页面中单击导入图片，将其拖曳到适当的位置，效果如图 16-21 所示。

扫码观看
本案例视频

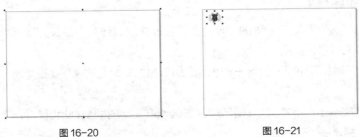

图 16-20　　　　　　　　图 16-21

（3）选择"矩形"工具 ，绘制一个矩形。在属性栏中进行选项设置，如图 16-22 所示，按 Enter 键，图形效果如图 16-23 所示。设置图形颜色的 CMYK 值为 0、0、0、10，填充图形，并去除图形的轮廓线，效果如图 16-24 所示。

图 16-22

图 16-23

（4）选择"文本"工具 字，分别输入需要的文字，选择"选择"工具 ，分别在属性栏中选取适当的字体并设置文字大小，填充适当的颜色，效果如图 16-25 所示。

图 16-24   图 16-25

（5）选择"选择"工具 ，选取文字"伯仑……"，选择"形状"工具 ，文字的编辑状态如图 16-26 所示，向右拖曳文字下方的 图标调整字距，松开鼠标后，效果如图 16-27 所示。用相同的方法调整其他文字间距，效果如图 16-28 所示。

图 16-26   图 16-27

（6）选择"椭圆形"工具 ，按住 Ctrl 键，绘制一个圆形。设置图形颜色的 CMYK 值为 0、20、40、40，填充图形，并去除图形的轮廓线，效果如图 16-29 所示。

图 16-28   图 16-29

（7）选择"文本"工具 字，输入需要的文字，选择"选择"工具 ，在属性栏中选取适当的字体并设置文字大小，填充为白色，效果如图 16-30 所示。

（8）选择"矩形"工具 ，绘制一个矩形。在属性栏中进行选项设置，如图 16-31 所示，按 Enter 键，图形效果如图 16-32 所示。设置图形颜色的 CMYK 值为 0、0、0、10，填充图形，并去除图形的轮廓线，效果如图 16-33 所示。

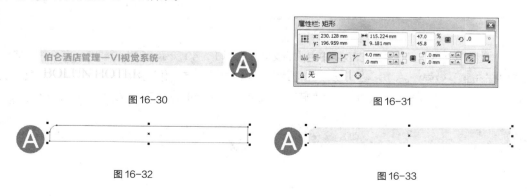

图 16-30   图 16-31

图 16-32   图 16-33

（9）选择"文本"工具 ，分别输入需要的文字，选择"选择"工具 ，分别在属性栏中选取适当的字体并设置文字大小，填充适当的颜色，效果如图 16-34 所示。

图 16-34

（10）选择"选择"工具 ，选取文字"基础系统"。选择"形状"工具 ，拖曳文字下方的 图标调整字距，松开鼠标后，效果如图 16-35 所示。用相同的方法分别调整其他文字间距，效果如图 16-36 所示。

图 16-35

图 16-36

（11）选择"2 点线"工具 ，绘制一条直线。在"CMYK 调色板"中"20%黑"色块上单击鼠标右键，填充轮廓线，效果如图 16-37 所示。模板 A 制作完成，效果如图 16-38 所示。模板 A 部分表示 VI 手册中的基础部分。

图 16-37

图 16-38

2. 制作模板 B

（1）选择"文件 > 打开"命令，弹出"打开绘图"对话框。选择"Ch16 > 效果 > 制作模板 A"文件，单击"打开"按钮，效果如图 16-39 所示。

图 16-39

扫码观看
本案例视频

（2）选择"文本"工具 ，选取需要更改的文字，如图 16-40 所示。输入需要的文字，并将文字拖曳到适当的位置，效果如图 16-41 所示。用上述方法修改其他文字，并将文字拖曳到适当的位置，效果如图 16-42 所示。模板 B 制作完成，效果如图 16-43 所示。模板 B 部分表示 VI 手册中的应用部分。

图 16-40

图 16-41

图 16-42   图 16-43

16.4 制作标志制图

16.4.1 案例分析

标志制图是 VI 设计基础部分中的一项内容。通过设计的规范化和标准化，企业在应用标志时可更加规范，即使在不同环境下使用，也不会发生变化。

在设计制作过程中，通过网格规范标志，通过标注使标志的相关信息更加准确。企业在进行相关应用时，要严格按照标志制图的规范操作。

本案例将使用"手绘"工具和"交互式调和"工具制作网格；使用"度量"工具标注图形；使用"文本"工具输入介绍性文字。

16.4.2 案例设计

本案例设计流程如图 16-44 所示。

制作网格图形   添加标志图形   最终效果   扫码观看
                        图 16-44   本案例视频

16.4.3 案例制作

1. 制作网格图形

（1）按 Ctrl+N 组合键，新建一个 A4 页面。选择"2 点线"工具 ✐，按住 Ctrl 键，绘制一条直线，在"CMYK 调色板"中的"20% 黑"色块上单击鼠标右键，填充直线。按住 Ctrl 键，垂直向下拖曳直线，并在适当的位置上单击鼠标右键，复制直线，效果如图 16-45 所示。

（2）选择"调和"工具 ➋，在两条直线之间拖曳鼠标指针，为其添加调和效果，效果如图 16-46

所示。在属性栏中进行选项设置，如图 16-47 所示。按 Enter 键，效果如图 16-48 所示。

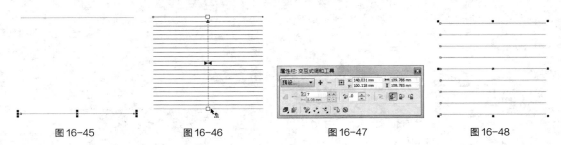

图 16-45　　　　　图 16-46　　　　　图 16-47　　　　　图 16-48

（3）选择"选择"工具 ，选择"排列 > 变换 > 旋转"命令，弹出"变换"面板，各选项的设置如图 16-49 所示。单击"应用"按钮，效果如图 16-50 所示。

（4）选择"选择"工具 ，用圈选的方法将两个图形同时选取，单击属性栏中的"对齐和分布"按钮 ，弹出"对齐与分布"面板，各选项的设置如图 16-51 所示。按 Enter 键，效果如图 16-52 所示。

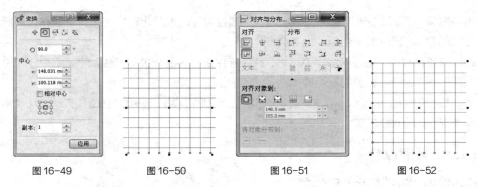

图 16-49　　　　　图 16-50　　　　　图 16-51　　　　　图 16-52

（5）选择"选择"工具 ，分别调整两组调和图形的长度到适当的位置，效果如图 16-53 所示。单击选取其中一组调和图形，按 Ctrl+K 组合键，将图形进行拆分，再按 Ctrl+U 组合键，取消图形的群组。用相同的方法选取另一组调和图形，拆分并解组图形。

（6）选择"选择"工具 ，按住 Shift 键的同时，单击垂直方向右侧的两条直线，将其同时选取，如图 16-54 所示。按住 Ctrl 键，水平向右拖曳直线，并在适当的位置上单击鼠标右键，复制直线，效果如图 16-55 所示。

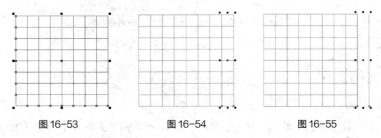

图 16-53　　　　　图 16-54　　　　　图 16-55

（7）选择"选择"工具 ，选取制出的一条直线，如图 16-56 所示。按 Delete 键，将其删除。按住 Shift 键，依次单击水平方向需要的几条直线，将其同时选取，如图 16-57 所示。拖曳直线左侧中间的控制手柄到适当的位置，调整直线的长度，效果如图 16-58 所示。

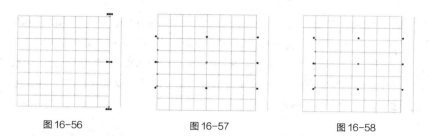

图 16-56　　　　　　图 16-57　　　　　　图 16-58

（8）选择"选择"工具 ，按住 Shift 键，单击水平方向需要的几条直线，将其同时选取，如图 16-59 所示。向右拖曳直线右侧中间的控制手柄到适当的位置，调整直线的长度，如图 16-60 所示。

（9）选择"选择"工具 ，用圈选的方法将两条直线同时选取，如图 16-61 所示。选择"调和"工具 ，在两条直线之间拖曳鼠标指针，为其添加调和效果，在属性栏中进行选项设置，如图 16-62 所示。按 Enter 键，效果如图 16-63 所示。

图 16-59　　　　　　图 16-60　　　　　　图 16-61

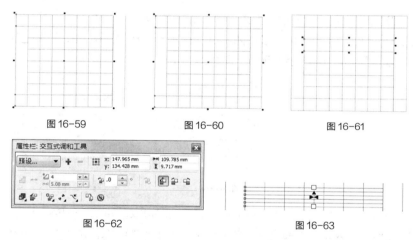

图 16-62　　　　　　　　　　　　　　　图 16-63

（10）选择"选择"工具 ，按住 Ctrl 键，垂直向下拖曳图形，并在适当的位置上单击鼠标右键，复制一个图形。按住 Ctrl 键，再连续按 D 键，按需要再制出多个图形，效果如图 16-64 所示。在属性栏中将"旋转角度" 选项设为 90°，按 Enter 键，图形效果如图 16-65 所示。

（11）选择"选择"工具 ，按住 Shift 键，单击水平方向最上方的调和图形，将其同时选取，如图 16-66 所示。按 T 键，再按 L 键，使图形顶部左对齐，效果如图 16-67 所示。

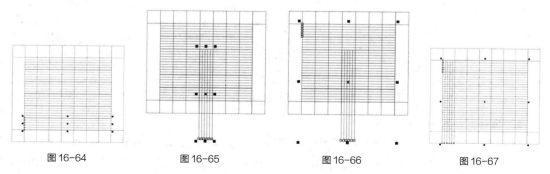

图 16-64　　　　　图 16-65　　　　　图 16-66　　　　　图 16-67

（12）选择"选择"工具 ，选取垂直方向左侧的调和图形，向上拖曳图形下方中间的控制手柄，缩小图形，效果如图 16-68 所示。按住 Ctrl 键，水平向右拖曳图形，并在适当的位置单击鼠标右键，复制一个图形。按住 Ctrl 键，再连续按 D 键，按需要再制出多个图形，效果如图 16-69 所示。

（13）选择"选择"工具 ，分别选取图形，按 Ctrl+K 组合键，将图形拆分，再按 Ctrl+U 组合键，将图形解组。在制作网格过程中，部分直线有重叠现象，分别选取水平方向重叠的直线，按 Delete 键，将其删除，效果如图 16-70 所示。

图 16-68   图 16-69   图 16-70

（14）选择"选择"工具 ，选取垂直方向的一条直线，如图 16-71 所示。按 Shift+PageDown 组合键，将其后置。再次选取需要的直线，如图 16-72 所示。按 Delete 键，删除直线。用相同的方法分别选取垂直方向重叠的直线并将其删除，效果如图 16-73 所示。

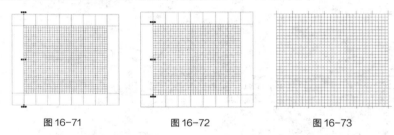

图 16-71   图 16-72   图 16-73

（15）选择"选择"工具 ，用圈选的方法将直线同时选取，如图 16-74 所示。选择"CMYK 调色板"中的"20%黑"色块，填充直线，按 Esc 键，取消选取状态，如图 16-75 所示。

（16）选择"矩形"工具 ，绘制一个矩形，在"CMYK 调色板"中的"20%黑"色块上单击鼠标左键，填充图形，并去除图形的轮廓线，效果如图 16-76 所示。按 Shift+PageDown 组合键，将其后置，效果如图 16-77 所示。按 Ctrl+A 组合键，将图形全部选取，按 Ctrl+G 组合键，将其群组，效果如图 16-78 所示。

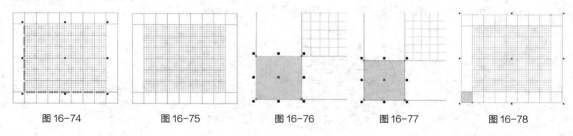

图 16-74   图 16-75   图 16-76   图 16-77   图 16-78

2. 编辑标志规范

（1）选择"文件 > 打开"命令，弹出"打开绘图"对话框。选择光盘中的"Ch16 > 效果 > 制作标志设计"文件，效果如图 16-79 所示。选择"选择"工具 ，将标志图形拖曳到适当的位置并调整其大小，如图 16-80 所示。按 Ctrl+U 组合键，取消标志图形的群组效果。

（2）选择"选择"工具 ，选取需要的图形，在"CMYK 调色板"中的"50%黑"色块上单击鼠标右键，填充图形，效果如图 16-81 所示。用相同的方法分别选取其他图形，并填充适当的颜色，效果如图 16-82 所示。

图 16-79

图 16-80

图 16-81

图 16-82

（3）选择"选择"工具 ，将群组图形粘贴到模板 A 中，并调整其位置和大小，如图 16-83 所示。选择"文本"工具 ，输入需要的文字。选择"选择"工具 ，在属性栏中选择合适的字体并设置文字大小。设置文字颜色的 CMYK 值为 0、20、40、40，填充文字，效果如图 16-84 所示。

图 16-83

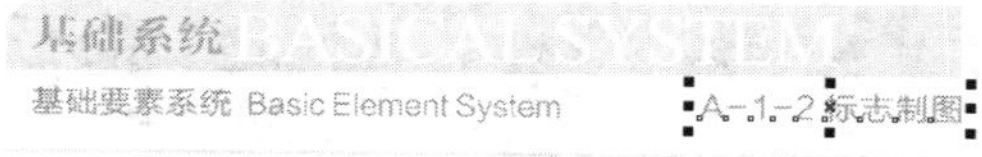

图 16-84

（4）选择"文本"工具 ，输入需要的文字。选择"选择"工具 ，在属性栏中选择合适的字体并设置文字大小，效果如图 16-85 所示。选择"文本 > 文本属性"命令，在弹出的面板中进行选项设置，如图 16-86 所示，按 Enter 键，文字效果如图 16-87 所示。标志制图制作完成，效果如图 16-88 所示。

图 16-85

图 16-86

图 16-87

图 16-88

课堂练习 1——制作标志组合规范

练习知识要点

使用"文本"工具添加文字；使用"形状"工具调整文字间距；使用"标注"工具对图形进行标注；效果如图 16-89 所示。

效果所在位置

云盘/Ch16/效果/制作标志组合规范.cdr。

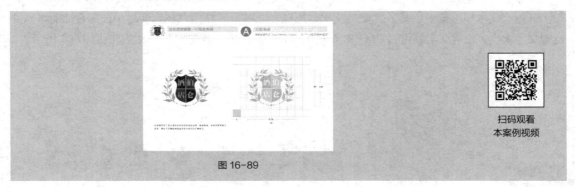

扫码观看
本案例视频

图 16-89

课堂练习 2——制作标准色

练习知识要点

使用"文本"工具输入文字；使用"文本"工具对矩形的颜色值进行标注；效果如图 16-90 所示。

效果所在位置

云盘/Ch16/效果/制作标准色.cdr。

扫码观看
本案例视频

图 16-90

课后习题 1——制作公司名片

习题知识要点

使用"矩形"工具绘制名片；使用"文本"工具输入内容文字；使用"水平"或"垂直"度量工具对名片进行标注；效果如图 16-91 所示。

效果所在位置

云盘/Ch16/效果/制作公司名片.cdr。

扫码观看
本案例视频

图 16-91

课后习题 2——制作信封

习题知识要点

使用"矩形"工具和"贝塞尔"工具绘制信封的结构图；使用"文本"工具输入内容文字；效果如图 16-92 所示。

效果所在位置

云盘/Ch16/效果/制作信封.cdr。

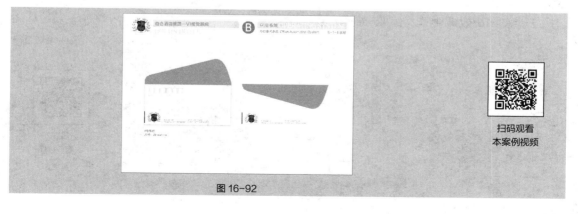

扫码观看
本案例视频

图 16-92

课后习题 3——制作纸杯

🔗 习题知识要点

使用"贝塞尔"工具和"图框精确剪裁"命令制作纸杯平面结构图；使用"矩形"工具绘制杯沿；使用"文本"工具输入内容文字；效果如图 16-93 所示。

◎ 效果所在位置

云盘/Ch16/效果/制作纸杯.cdr。

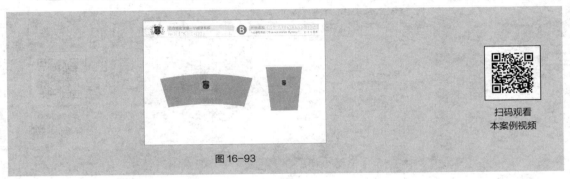

图 16-93

扫码观看
本案例视频

课后习题 4——制作文件夹

🔗 习题知识要点

使用"矩形"工具、"椭圆形"工具和"调和"工具制作文件夹正面效果；使用"渐变填充"工具填充图形；使用"调和"工具制作文件夹侧面的圆孔效果；使用"文本"工具输入内容文字；效果如图 16-94 所示。

◎ 效果所在位置

云盘/Ch16/效果/制作文件夹.cdr。

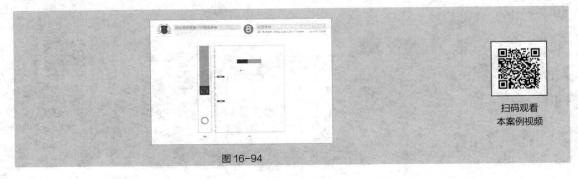

图 16-94

扫码观看
本案例视频